公输般造多少家居
样式雷描帝子
居游心血成文园阁
卷尔书楼勤奉

恭祝馬老新作问世

從事机械五十秋，图学迷宫任您游。
著作宏富桃李多，不老人生竞风流。
三更灯火战寒暑，精心专著壮志酬。
图文并茂新科技，鉸金读者喜心头。

吴小兵書於靖江二〇一三年十一月十一日

钣金展开图及工艺基础

马德成 编著

化学工业出版社

·北京·

图书在版编目（CIP）数据

钣金展开图及工艺基础/马德成编著. —北京：化学工业出版社，2014.3（2023.3重印）
ISBN 978-7-122-19146-5

Ⅰ.①钣… Ⅱ.①马… Ⅲ.①钣金工-机械图-识别②钣金工-制图 Ⅳ.①TG38

中国版本图书馆CIP数据核字（2013）第283700号

责任编辑：王 烨　　文字编辑：云 雷
责任校对：蒋 宇　　装帧设计：刘丽华

出版发行：化学工业出版社（北京市东城区青年湖南街13号 邮政编码100011）
印 装：北京天宇星印刷厂
787mm×1092mm 1/16 印张13 字数317千字 2023年3月北京第1版第13次印刷

购书咨询：010-64518888　　售后服务：010-64518899
网 址：http://www.cip.com.cn
凡购买本书，如有缺损质量问题，本社销售中心负责调换。

定 价：49.00元

为全面践行科学发展观，进一步提高劳动者职业技术素质，增强技术创新能力，满足广大就业人员技术培训的迫切需要。根据国家职业资格鉴定范围和技术等级考试核心内容，编著了《钣金展开图及工艺基础》，书中比较系统地介绍了钣金工应掌握的基本理论知识、专业技术知识和有关操作技能，具有很强的实用性。书中内容力求适应钣金工从业人员技术提高的实际需要，并尽力贴近钣金工职业资格鉴定要求，图文并茂，易学易懂。

考虑到展开图与实样图有着不可分割的密切关系，为此，书中对机械图样中常用的几何作图方法、零件的表面交线、变换投影面等钣金工应知应会的基础知识作了比较详细的讲解。

画钣金展开图是本书的核心内容，书中对现代实际生产中所接触到的大多数钣金制件的放样展开作图方法作了认真细致的图示和清晰的说明。

书中对钣金工制作工艺中的放样、下料、剪切、冲裁、弯曲、压延、放边、收边、卷边、咬缝、焊接等基本操作要领及有关计算公式都作了全面介绍，并对板厚处理问题作了分析讲解。

本书可作为工厂企业钣金工培训教材，包括农民工及城镇失业人员转岗晋级培训。也适于本科院校、高职高专、技校学生及有关工程技术人员阅读参考。

编写中，曾得到苏、锡、常几家大型钣金企业的支持和帮助，并有马菊芳高级工程师的全面审阅，在此一并感谢。

由于作者水平所限，加之时间仓促，书中不妥之处难免，诚请读者指正。

编著者

目录
contents

第 1 章

钣金工的基础知识

1-1 几种常用的几何作图方法

1-1-1 线段的任意等分

作已知 AB 线段的任意等分（如将 AB 线段分为 5 等分），步骤如下。

① 如图 1-1，首先画一直线 AB，再从 A 点作一直线 AC 与 AB 成一角度（大于 20°小于 40°）。

② 由 A 点开始在 AC 上截取任意 5 等分，等分点为 1、2、3、4、5。

③ 连接 $B5$ 线段，通过 4、3、2、1 各点作 $B5$ 的平行线，分别交 AB 线于 $4'$，$3'$，$2'$，$1'$各点。则将 AB 线段分为 5 等分。

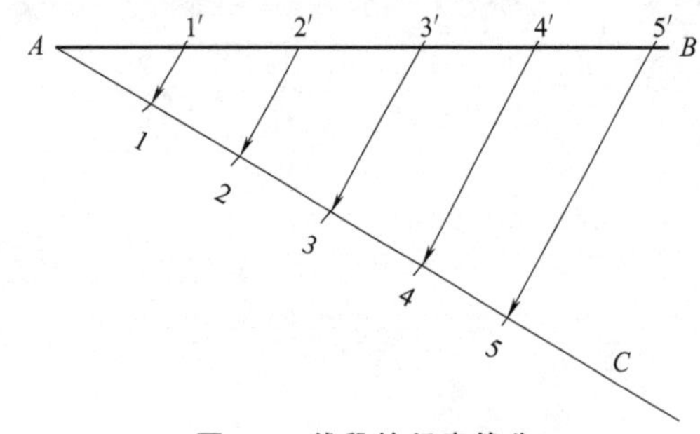

图 1-1　线段的任意等分

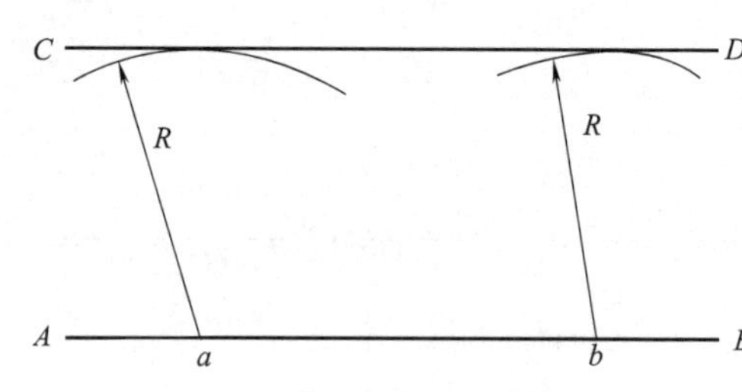

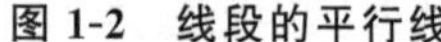

图 1-2　线段的平行线

1-1-2 作线段的平行线

作已知 AB 线段的平行线，步骤如下。

① 如图 1-2，首先画一直线 AB，在 AB 直线上任意取 a、b 两点为圆心，以任意 R 长为半径向同一侧画弧。

② 作两圆弧的公切线 CD，则 CD 平行于 AB。

1-1-3 圆周的等分

1. 圆周的六等分

作法提示：

用该圆的半径作为弦长去六等分圆周，如图 1-3 所示。

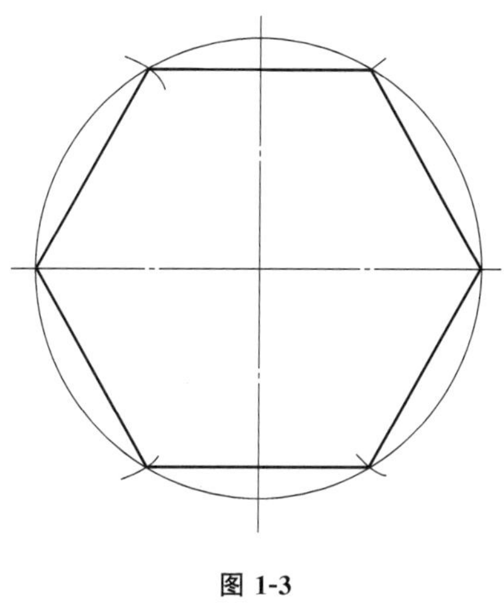

图 1-3

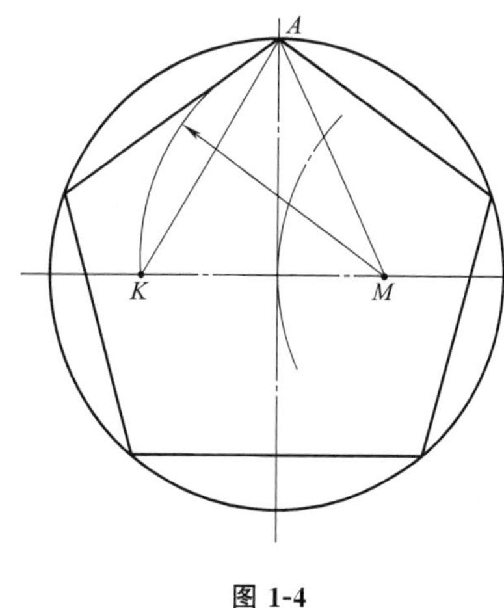

图 1-4

2. 圆周的五等分

作 法： 如图 1-4 所示：

① 取半径中点 M；

② 以 M 为圆心，MA 为半径作弧交直径于 K；

③ AK 即为圆的五等分弦长。

3. 圆周的任意等分法

作 法： 如图 1-5：

① 以 B 为圆心，BA 为半径，作弧交 DC 延长线于 E；

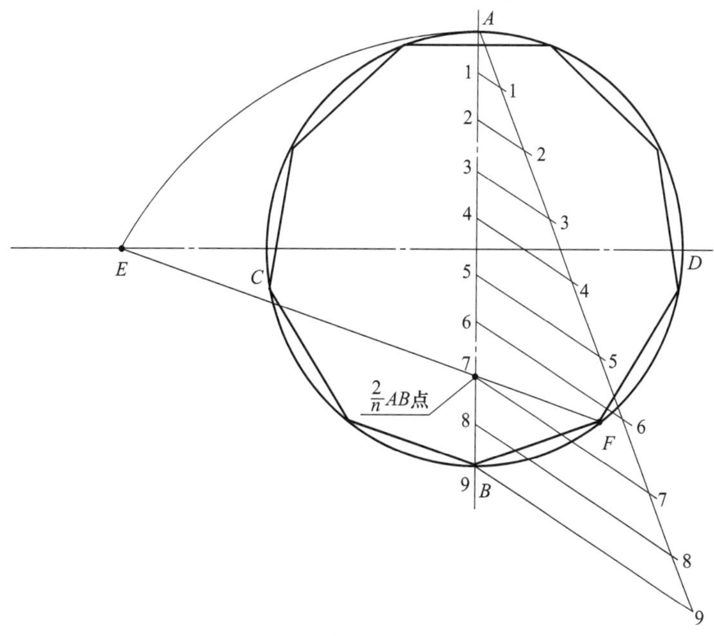

图 1-5

② 过 E 点、$\frac{2}{n}AB$ 点作直线交圆于 F（n 为等分数）；

③ 连 BF，则 BF 弦的直线长度即是 n 等分的边长。

4. 用等分系数法等分圆周

弦长 a÷直径 $D=K$

$D\times K=$弦长 a

常用等分系数表见表 1-1。

表 1-1　常用等分系数表

等分数 n	3	4	5	6	7	8	9
等分系数 K	0.866	0.707	0.588	0.500	0.434	0.383	0.342

椭圆的近似画法

已知长轴与短轴交于 O，求作椭圆。

椭圆的作图方法（图 1-6 四心近似椭圆画法）如下。

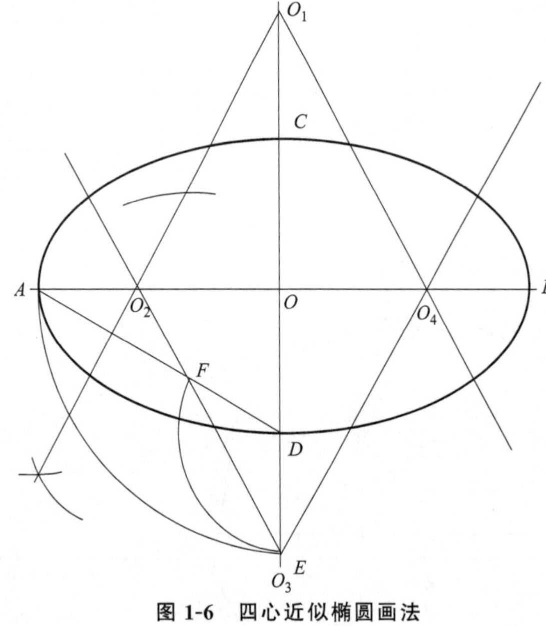

图 1-6　四心近似椭圆画法

作 法：

① 作长轴 AB、短轴 CD、垂直交于 O；

② 以 O 为圆心，OA 为半径作弧交 CD 延长线于 E；

③ 以 D 为圆心，ED 为半径作弧交 AD 连线于 F；

④ 作 AF 的垂直平分线，交 DC 于 O_1，交 BA 于 O_2，并分别求对称点 O_3、O_4；

⑤ 分别连 O_1O_2、O_1O_4、O_3O_2、O_3O_4，并延长之；

⑥ 分别以 O_1、O_3 为圆心，通过 D、C 画椭圆大弧；

⑦ 分别以 O_2、O_4 为圆心，通过 A、B 画椭圆小弧。

蛋圆形的画法

1. 蛋圆形的第一种画法（图 1-7）

① 先以 A 点为圆心画圆，分别以交点 B 和交点 C 为圆心，以 BC 和 CB 为半径画弧相

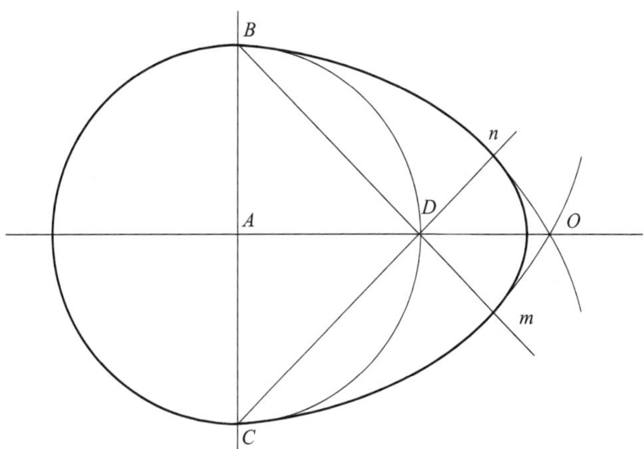

图 1-7 蛋圆形画法（一）

交于 O 点。

② 作 BC 直径上的内接角 $\angle BDC$，则 $\angle BDC$ 为直角，分别延长 BD、CD，分别与 $\overset{\frown}{BO}$、$\overset{\frown}{CO}$ 两弧交于 n、m 点。

③ 以 D 点为圆心，Dn 或 Dm 为半径画弧分别与 $\overset{\frown}{BO}$、$\overset{\frown}{CO}$ 两弧相切。

④ 则 $\overset{\frown}{BC}$、$\overset{\frown}{Bn}$、$\overset{\frown}{Cm}$、$\overset{\frown}{nm}$ 四段弧组成蛋圆形。

2. 蛋圆形的第二种画法（图 1-8）

① 先画十字线定圆心位置 B 点，然后以 B 为圆心，R 为半径画圆，过 B 点作 AB 线的垂直线交大圆于 C、G 点，截 $CD=r$。

② 连 AD 直线，并作 AD 的垂直平分线，交 CG 的延长线于 O 点，并求 O' 点，使 $BO=BO'$。

③ 分别以 O 和 O' 为圆心，以 OC、$O'G$ 为半径画弧，与 A 点为圆心、$CD=r$ 为半径画的圆弧相切于 E、F 点。

④ 则 CG、CE、GF、EF 四段弧组成蛋圆形。

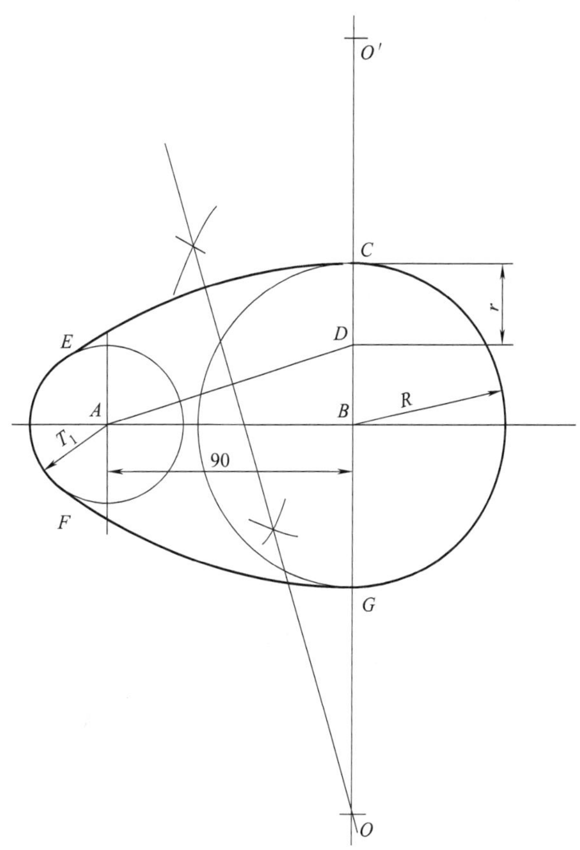

图 1-8 蛋圆形的画法（二）

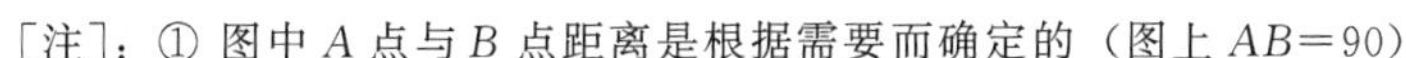

[注]：① 图中 A 点与 B 点距离是根据需要而确定的（图上 $AB=90$）。

② 此法适于画较长的蛋圆形。

③ r 的尺寸，无特别要求时，可选 $r=\frac{R}{2}$（图上 $R=50$）。

1-2 切口体、相贯体的表面交线求作方法

在画钣金工展开图之前，首先应在制件的实样图中准确地求作出该制件的表面交线，然后方可顺利地画出制件的展开图。

如果表面交线求作得不准确，就会直接影响到放样展开图的准确与否，作为放样钣金工，应该具备准确作出表面交线的技能。

1-2-1 切口体的截交线求作方法

当立体被平面截切，就会产生切平面与立体表面的交线，即截交线。

截交线的性质：

公有线——截交线是切平面与被切立体表面的公有线；

公有点——截交线上所有点均为切平面与被切。立体表面上的公有点。

1. 平面立体切口体

（1）六棱柱切口体的截交线（图 1-9）

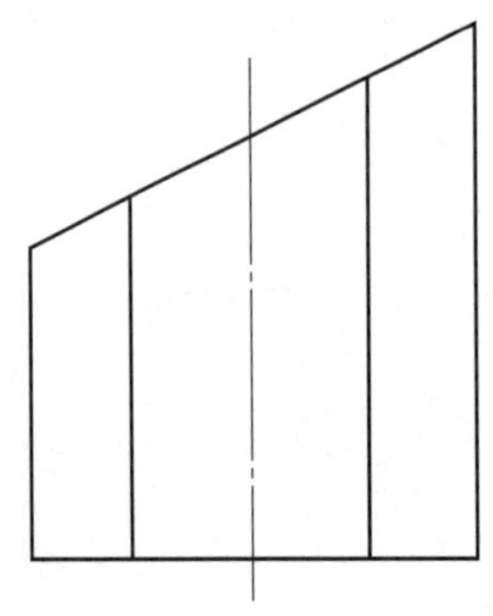

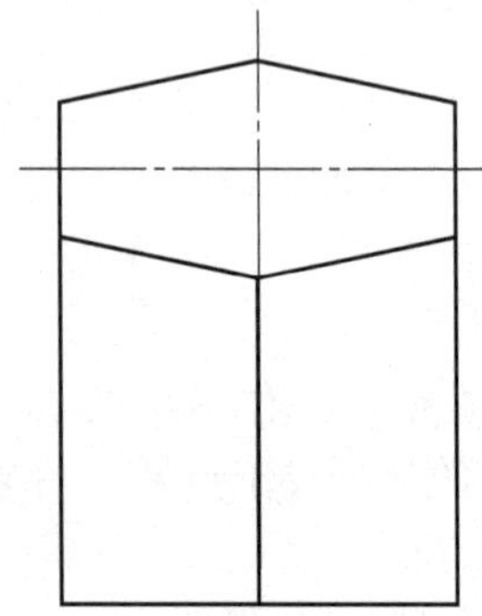

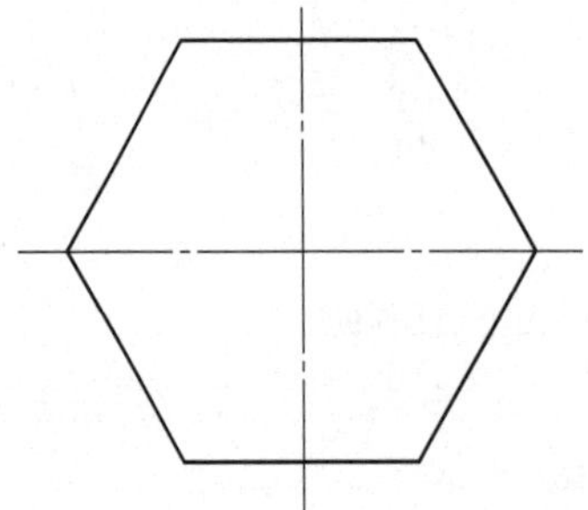

图 1-9　六棱柱切口体的截交线

（2）四棱锥切口体的截交线（图 1-10）

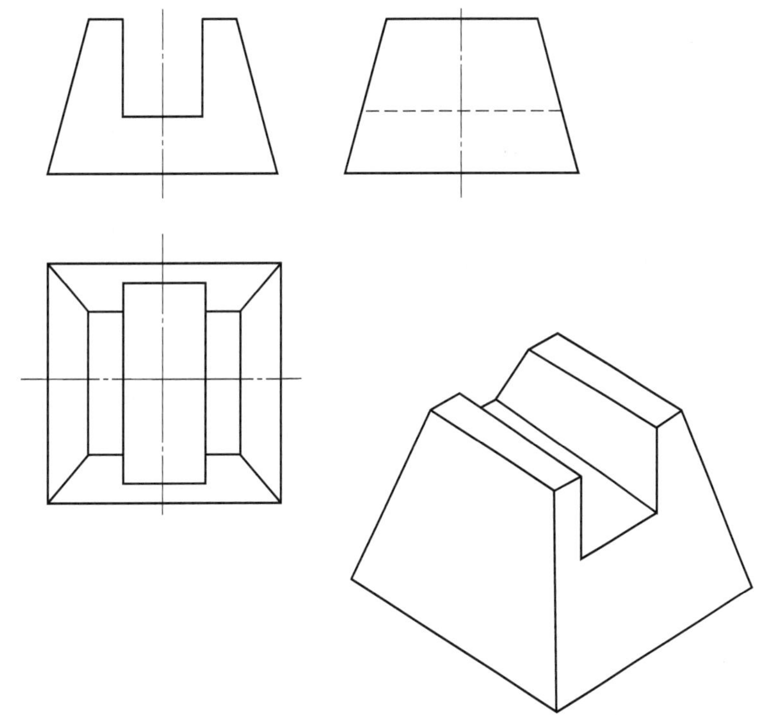

图 1-10 四棱锥切口体的截交线

（3）三棱锥切口体的截交线（图 1-11）

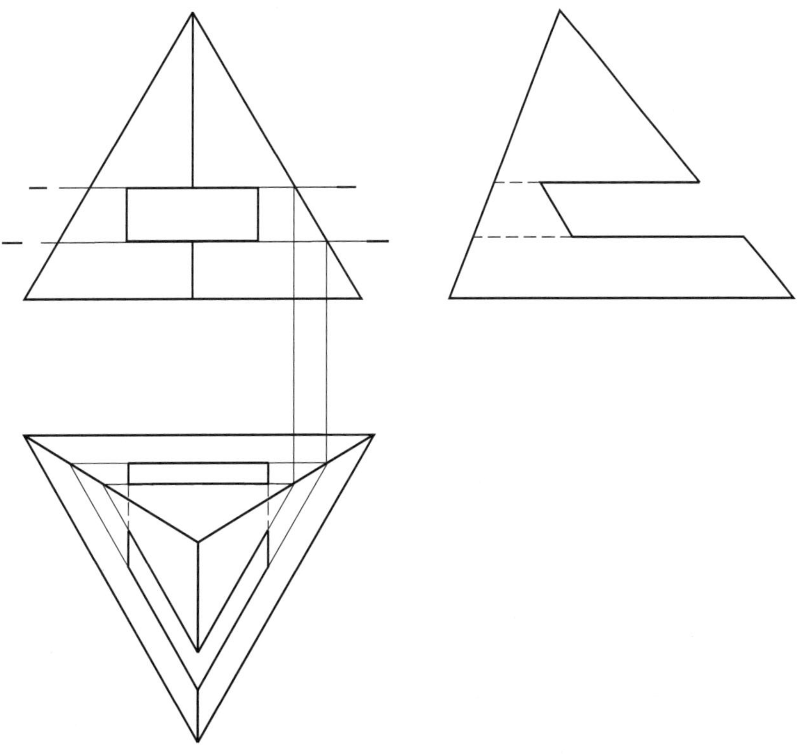

图 1-11 三棱锥切口体的截交线

2. 曲面立体切口体

(1) 圆柱切口体

1) 圆柱削扁的截交线（图 1-12）

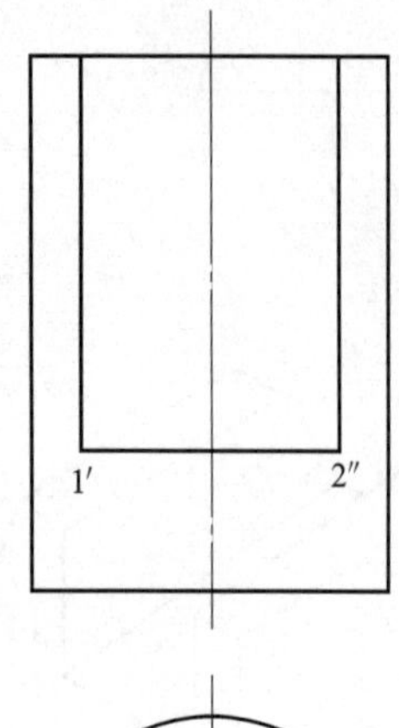

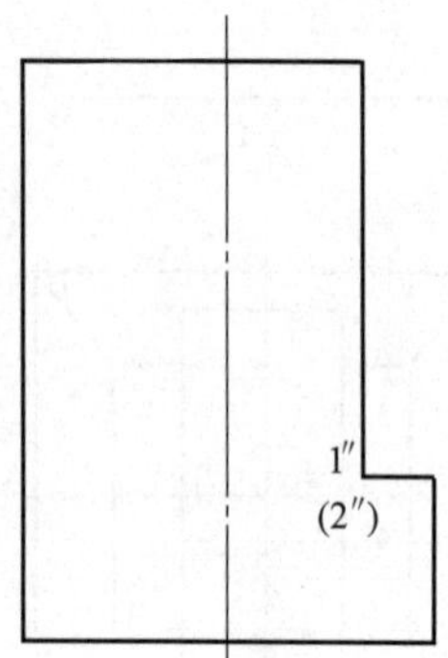

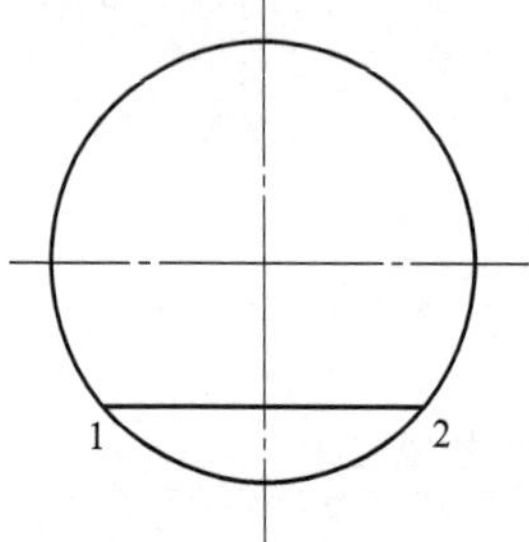

图 1-12 圆柱削扁的截交线

2) 圆柱开槽的截交线（图 1-13）

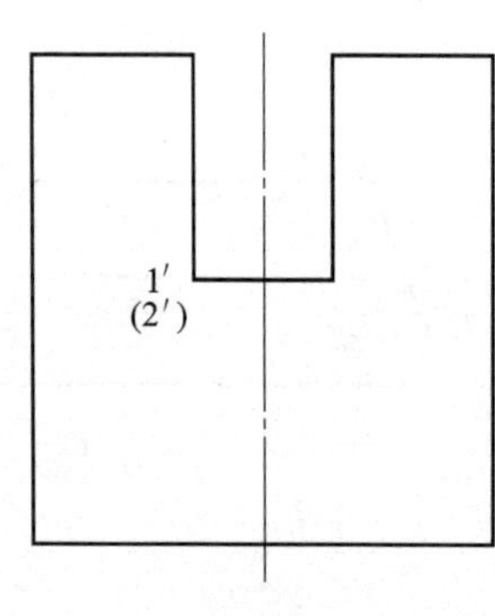

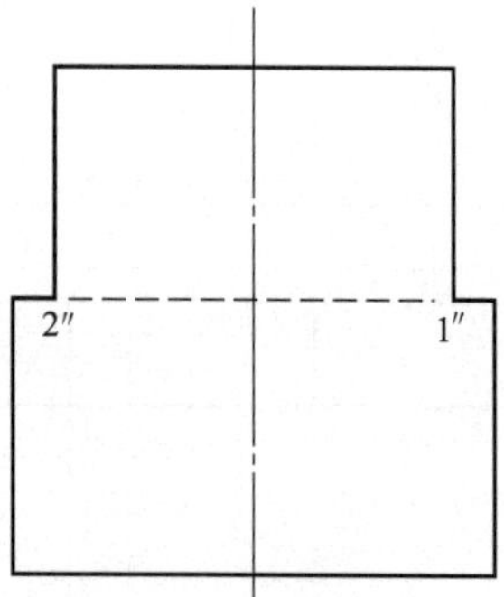

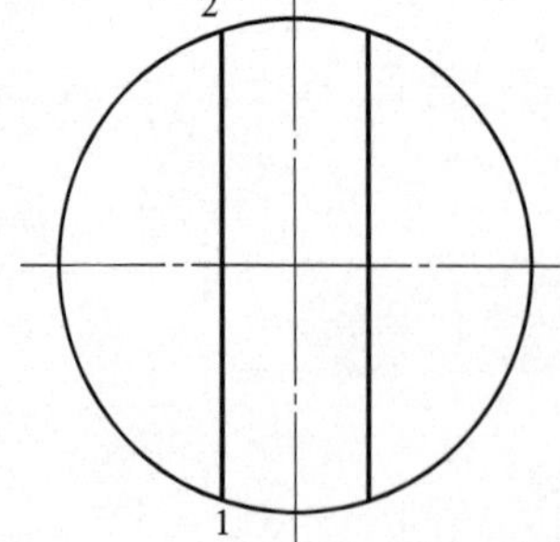

图 1-13 圆柱开槽的截交线

3）圆柱斜切的截交线（图 1-14）

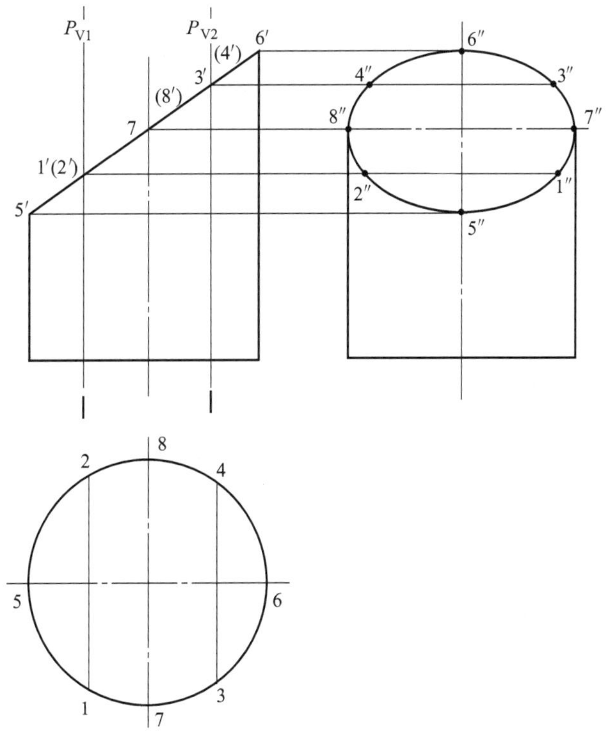

图 1-14 圆柱斜切的截交线

作 法:

① 求特殊点 5、6、7、8 点的侧面投影；

② 作 P_{V1} 辅助面，求得 1、2 点侧面投影；

③ 作 P_{V2} 辅助面，求得 3、4 点侧面投影；

④ 光滑连接椭圆各点。

(2) 圆锥切口体

1）圆锥削扁的截交线（图 1-15）

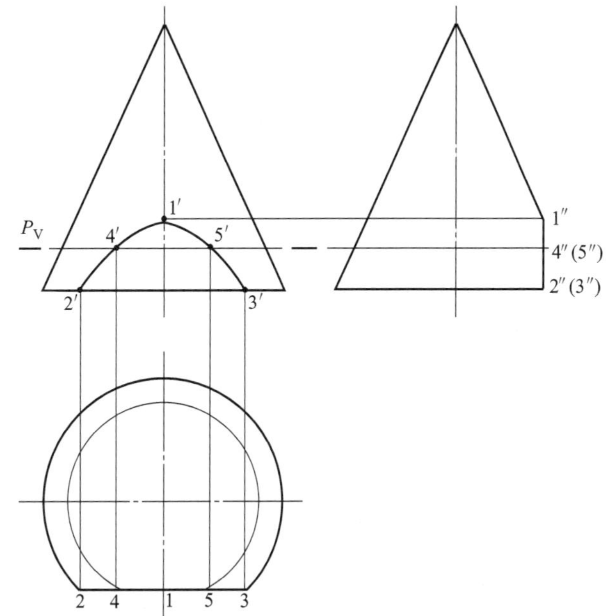

图 1-15 圆锥削扁的截交线

作 法:

① 求特殊点 1、2、3；

② 求一般点 4、5，用辅助面 P_V 水平截切，必产生一假想圆，该圆与截平面的交点 4、5 便是截交线上的点；

③ 用同样的方法可求到更多的一般点；

④ 光滑连接双曲线各点。

2）圆锥开槽的截交线（图 1-16）

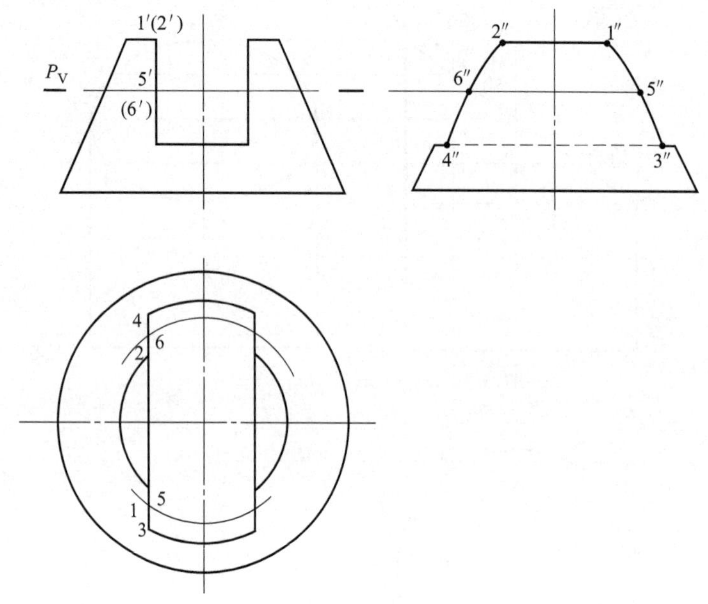

图 1-16　圆锥开槽的截交线

作 法:

① 求特殊点 1、2，即圆台上端小圆与两切平面的交点（右方两交点未注）；

② 求特殊点 3、4，即槽底小圆弧与两切平面的交点（右方两交点未注）；

③ 求一般位置点，用 P_V 辅助平面水平截切圆台，便会产生一假想圆，该圆与两切平面的交点即为截交线上的点 5、6（右方两交点未注）；

④ 将左视图上截交线各点光滑连接起来。

注意：此截交线是部分双曲线。

3）圆锥斜切的截交线（图 1-17）

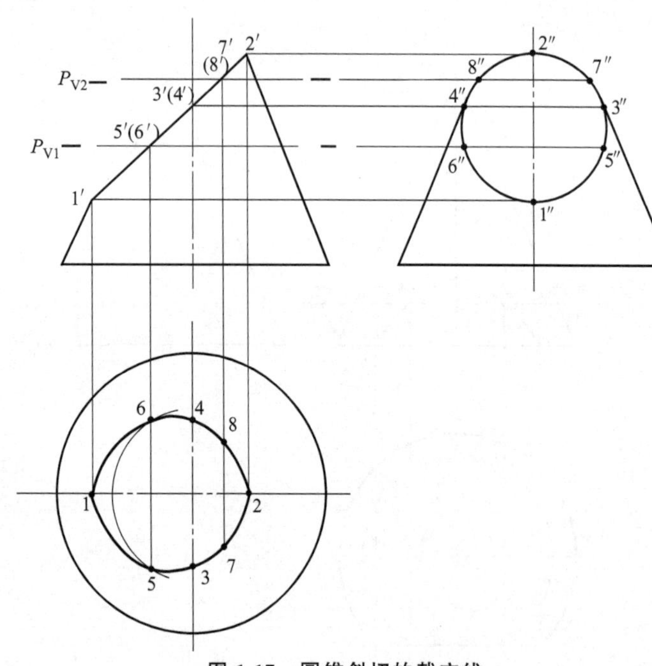

图 1-17　圆锥斜切的截交线

作 法:

① 求特殊点 1、2；

② 求特殊点 3、4；

③ 用 P_{V1} 辅助面水平截切圆锥，在水平面投影的假想圆上找得 5、6 点；

④ 同样用 P_{V2} 辅助面水平截切圆锥，在水平面投影的假想圆上找得 7、8 点；

⑤ 将俯视图上截交线上各点光滑连接成椭圆曲线；

⑥ 将左视图上截交线上各点光滑连接成椭圆曲线。

(3) 球切口体

1）球削扁的截交线（图 1-18）

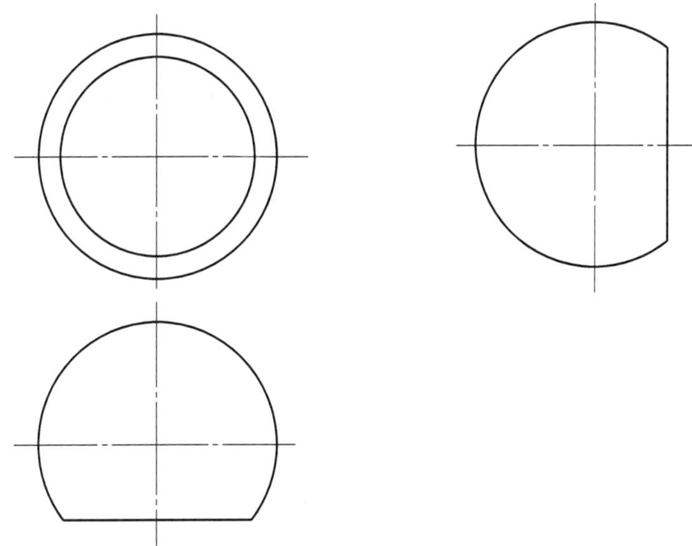

图 1-18 球削扁的截交线

平面切割球，产生的截交线为圆，当切平面平行于投影面，则截交线在该投影面投影为正圆。

2）球开槽的截交线（图 1-19）

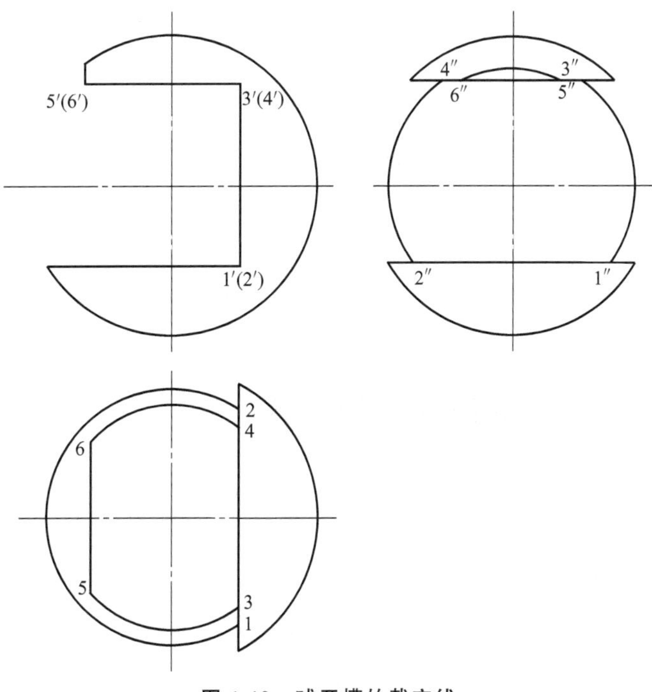

图 1-19 球开槽的截交线

3）球斜切的截交线（图 1-20）

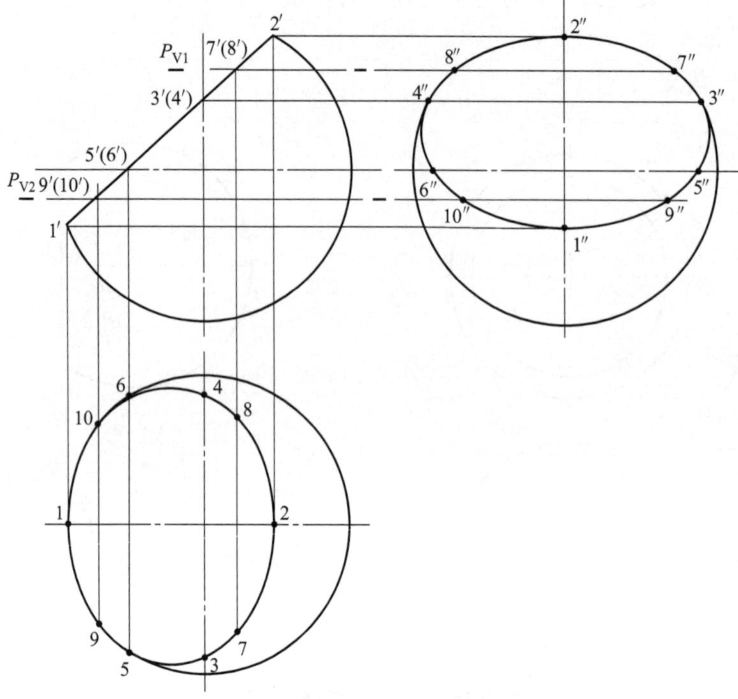

图 1-20　球斜切的截交线

作法:

① 求特殊点 1、2 的三面投影；

② 求特殊点 3、4 的三面投影；

③ 求特殊点 5、6 的三面投影；

④ 用辅助面 P_{V1} 水平截切球求得一般位置点 7、8 的三面投影；

⑤ 用辅助面 P_{V2} 水平截切球求得一般位置点 9、10 的三面投影；

⑥ 光滑连接截交线的水平投影及截交线的侧面投影。

注意：球的水平轮廓在水平投影中画到 5 点、6 点为止。余下部分为截交线；球的侧面轮廓在侧面的投影中，画到 3 点、4 点为止，其余为截交线的投影。

1-2-2 相贯体的相贯线求作方法

两个或两个以上立体相交而形成的表面交线，称为相贯线。

相贯线的性质：

相贯线是相交立体表面的公有线；

相贯线上的所有点，都是相交立体表面的公有点。

相贯线的做法：

(1) 圆柱与圆柱正交相贯线的求作方法（图 1-21）

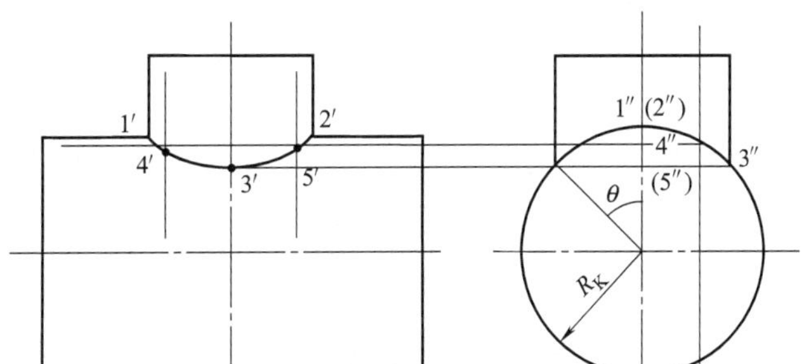

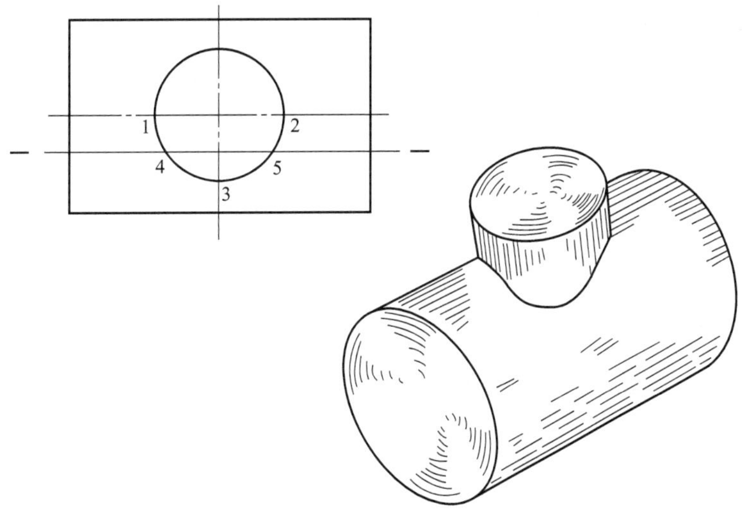

图 1-21 圆柱与圆柱正交相贯线的求作方法

作法:

① 求特殊点 1、2、3 点三面投影;

② 求一般位置点 4、5(用辅助平面法);

③ 光滑连接相贯线上各点。

由于相贯线是在加工过程中自然形成的,其画图的准确与否,并不直接影响到实际相贯线的准确性,所以在生产现场为了作图简便起见,允许用简化的方法绘制圆柱正交的相贯线。但对于钣金工展开图,其交线不得采用简化画法。

圆柱正交的简化画法:

① 当 $\theta \leqslant 45°$时,以 $R_大$ 为半径作弧;

② 当 θ 近似 60°时,以$\frac{2}{3}R_大$ 为半径作弧,其余作切线;

③ 当 θ 近似 75°时,以$\frac{1}{3}R_大$ 为半径作弧,其余作切线;

④ 当 $\theta=90°$时,即两正交圆柱直径相等,其交线为空间椭圆曲线,在与此空间椭圆相垂直的投影面上的投影为直线。

注意:相贯线总是画在贯入的那个立体的表面上。

相交两圆柱直径的差距大小是影响相贯线空间形状的主要因素。

(2) 圆柱与圆柱斜交相贯线的求作方法（图 1-22）

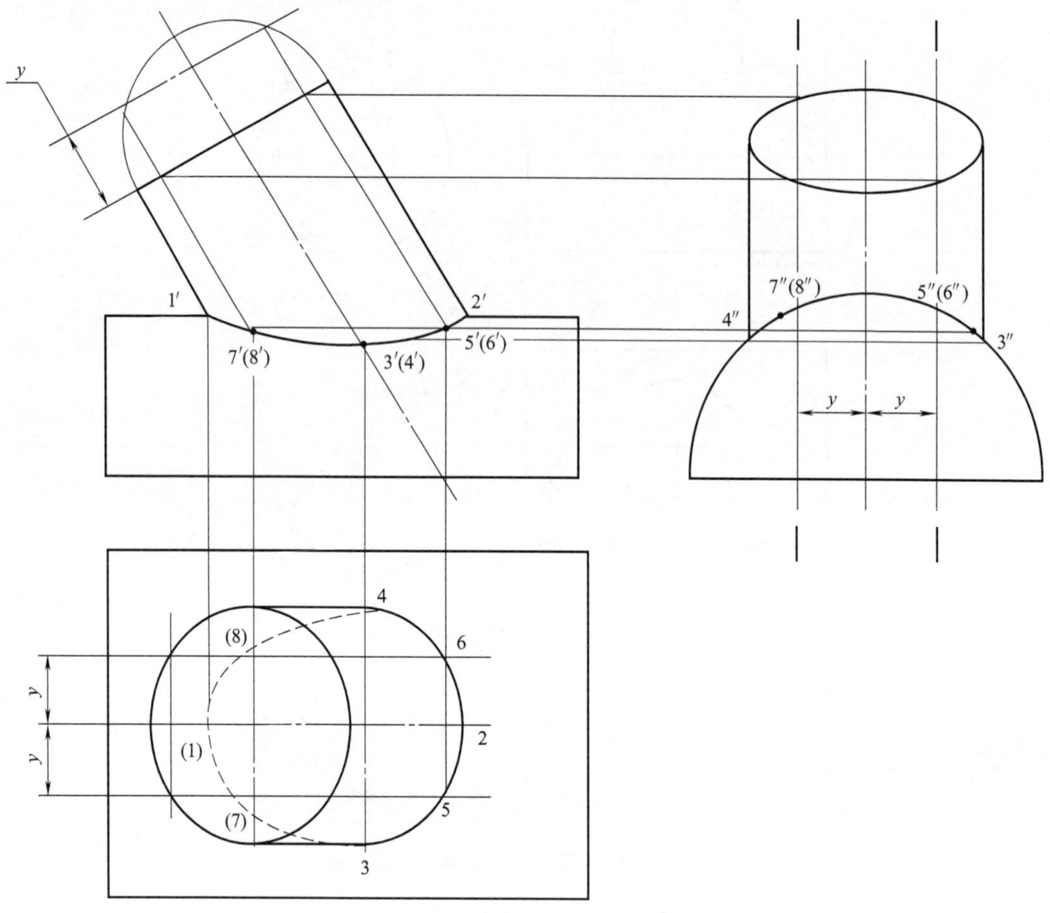

图 1-22　圆柱与圆柱斜交相贯线的求作方法

作法:

① 求特殊点 1、2；3、4。

② 用辅助面法求一般位置点 5、6；7、8。

③ 将相贯线上各点光滑连接，注意相贯线在水平面上投影有一部分不可见，应画成虚线。

该题所选用的辅助平面只能采用正平面为辅助平面，不可以采用其他平面，否则不利于简便解题，不能准确求到相贯线上的一般位置点的投影。这也是作图的技巧，不容忽视。

(3) 圆柱与圆锥正交相贯线的求作方法（图 1-23）

作法:

① 求特殊点 1、2；3、4。

② 用辅助平面法求一般位置点 5、6。

③ 用辅助平面法求一般位置点 7、8。

④ 光滑连接相贯线的正面及水平投影。

注意：该题求一般位置点所选的辅助平面应为水平面，以便截切后产生的辅助投影为最简单的圆。否则会使作图复杂化，且不能准确求到相贯线上的一般位置点。

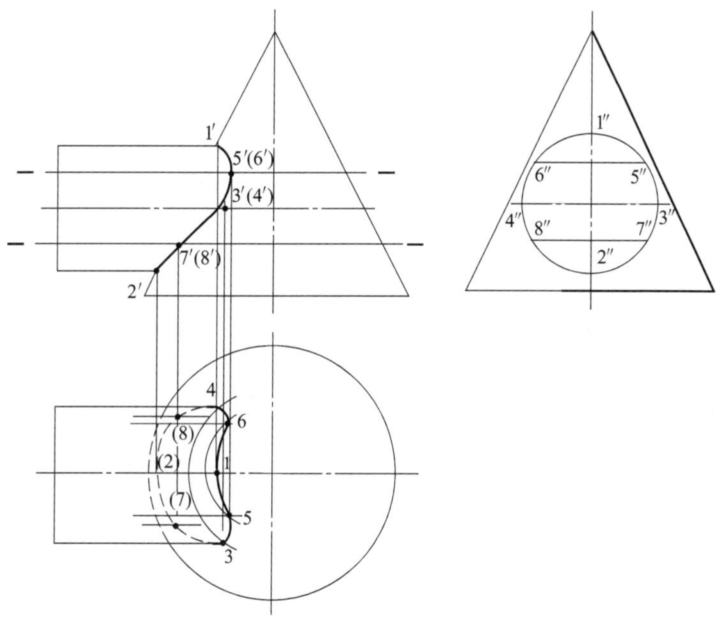

图 1-23 圆柱与圆锥正交相贯线的求作方法

(4) 圆柱与圆锥偏交相贯线的求作方法（图 1-24）

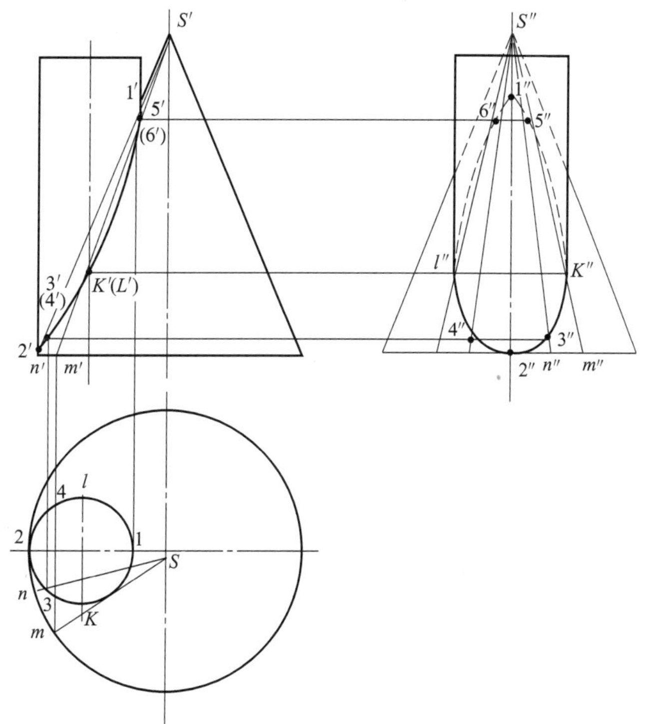

图 1-24 圆柱与圆锥偏交相贯线的求作方法

作法：

① 求特殊点 1、2；

② 用辅助线法求特殊点 K、L，过小圆柱前后最大轮廓，即过水平投影圆的前后直径端

点作 SM 素线，便可求得 K、L 的三投影；

③ 用辅助线法，作 SN 线，可求得一般位置点 3、4；5、6。

④ 光滑连接相贯线的正面投影和侧面投影。

如果选用辅助平面法解此题，只能采用水平面的辅助平面。

(5) 圆柱与球相交（圆柱轴线通过球心）相贯线的求作方法（图 1-25）

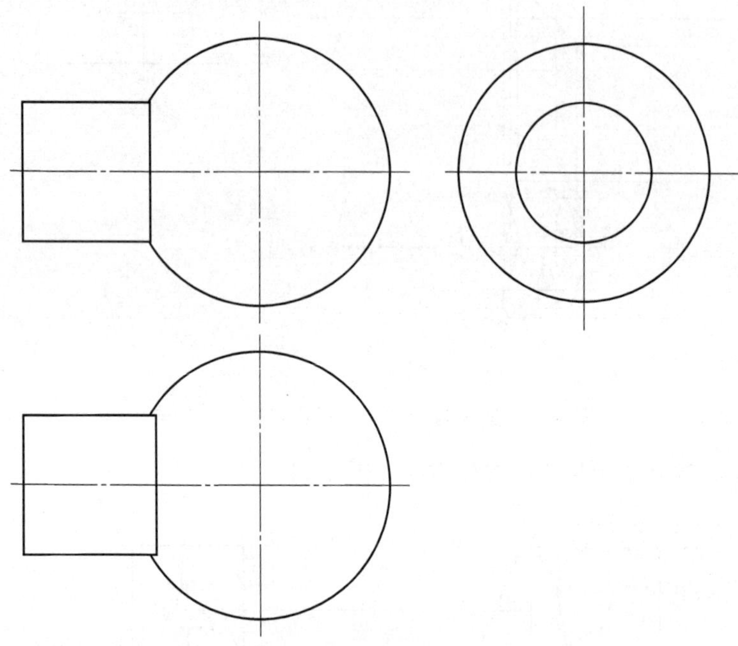

图 1-25　圆柱与球相交相贯线的求作方法

说明：

当圆柱的轴线通过球心时，其表面交线即相贯线为一圆，该圆在其所垂直的投影面上的投影为一直线，当该圆倾斜某一投影面时，其投影为椭圆，如图 1-26 所示。

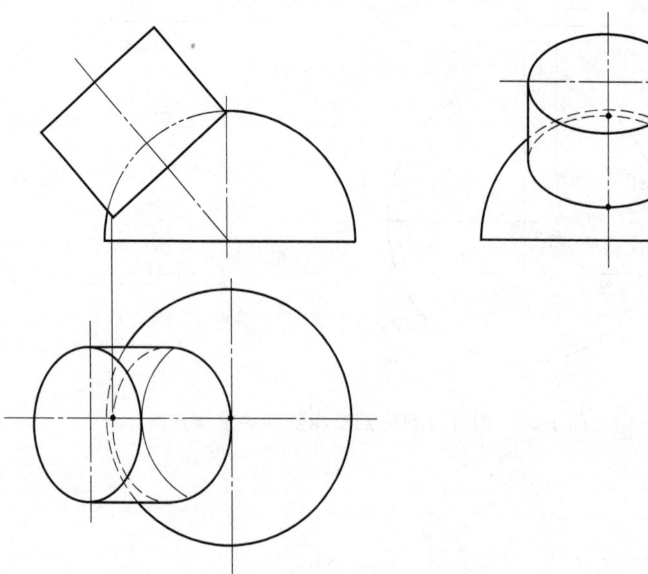

图 1-26　投影

(6) 圆柱与球偏交相贯线的求作方法（图 1-27）

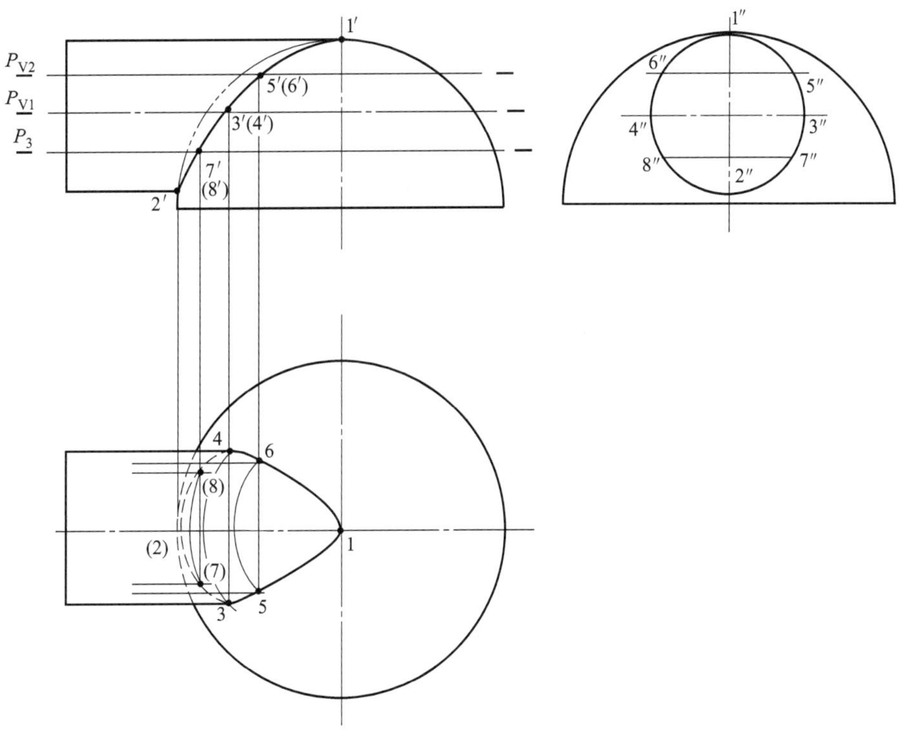

图 1-27 圆柱与球偏交相贯线的求作方法

作 法:

① 求特殊点 1、2；

② 用辅助平面法求特殊点 3、4；即用 P_{V1} 通过小圆柱轴线假想地切割，对于球在水平面产生一假想圆的投影，而对于小圆柱产生一线框的投影，其交点即为最前、最后点 3、4；

③ 作辅助平面 P_{V2}，求得相贯线上的一般位置点 5、6；

④ 同样的方法作辅助平面 P_{V3}，求得相贯线上一般位置点 7、8；

⑤ 光滑连接相贯线的正面投影和水平投影。

注意：该题不宜采用辅助线法，因为在球面上是没有直线的。

(7) 用辅助球面法求相贯线（图 1-28）

作 法:

根据圆柱、圆锥的轴线通过球心相交时，其交线必定为一个圆，当此圆垂直于某一投影面，则其投影为一直线这一原理，故在具备条件的情况下，可以用辅助球面法求相贯线，而且方便易作，上图作法如下：

① 以两圆锥轴线的交点为球心，以任意半径画球的投影圆，该圆与两圆锥的最大轮廓线的交点分别连成直线，则两直线的交点为两圆锥的公有点，即相贯线上的一般位置点。

② 用同样的方法，以两圆锥的轴线的交点为球心，以适当的任意半径画球的投影圆，

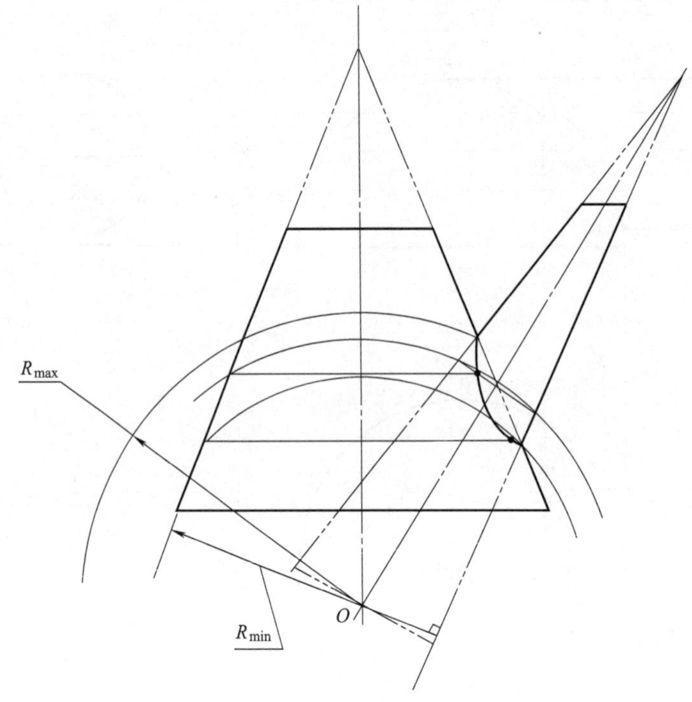

图 1-28 用辅助球面法求相贯线

该圆与两圆锥的轮廓必有交点，分别连直线，两直线的交点即为相贯线上一般位置点。

③ 将两圆锥轮廓线的交点即特殊点，与一般位置点光滑连接起来，即为所求之相贯线。

讨论：

① 辅助球面法球的半径在一定范围内是任意的，但不得大于所允许的最大半径，也不得小于所允许的最小半径。

② 辅助球面法球的最大半径是球心 O 至两曲面轮廓交点中最远的那一点距离。

③ 辅助球面法球的最小半径可通过下面的方法求得，即从球心 O 向两曲面的轮廓线作垂线，两垂线中较长的一个就是球的最小半径，因为再小的半径所作的辅助球面无法与曲面轮廓相交了，当然也就求不到相贯上的点了。

采用球面法求相贯线的方法作图既方便又准确，尤其适用画展开图前先求相贯线的作图，在钢板上只需画一个视图，便可顺利地求出相贯线的投影。

1-2-3 零件表面交线的小结

(1) 表面交线的形成

截交线——平面切割立体而产生的表面交线多为平面曲线，特殊时为直线。

相贯线——两个或两个以上形体相交而形成的表面交线，一般是空间曲线，特殊情况下为平面曲线或直线，它可能是外交线，也可能是内交线。

影响表面交线的形状有三个因素：

① 形体表面的几何形状；

② 平面与形体，或形体与形体的相对位置；

③ 形体本身尺寸变化。

(2) 表面交线的性质

截交线、相贯线都是公有线，公有线上的点当然都是公有点。只是截交线是切平面与被切立体公有线，而相贯线则是相交两形体之间的公有线。

(3) 表面交线的作图方法

截交线和相贯线求作的方法都是先求特殊位置上的公有点，再求一般位置上的公有点，求一般点都少不了要用辅助面的方法。选择辅助面的原则是：要使所作的辅助面与形体的交线的投影为最简单的圆或直线。尽可能地运用视图的重影性。作图步骤是：

① 利用重影性，按三等规律，作出一些特殊点；

② 选择适当辅助面，求作一般位置的点；

③ 依次连接各点，注意可见性，交线的虚线一般不画出。

1-3 投影变换基本知识

在画钣金工展开图的过程中，往往会碰到需要求直线的实长或求平面的真形等方面的问题。除运用直角三角形法之外，还可以运用换面法或旋转法，比较快速地求到直线的实长或平面的真形。为此，在这里对投影变换中的换面法和旋转法的基本知识作简要介绍。

1-3-1 换面法

1. 换面法的基本规律

(1) 点的一次变换

点的换面要领：点的新的投影到新轴的距离，等于该点的旧的投影到旧轴的距离。

如图 1-29 (b) 所示，B 点在 V/H 体系中的两个投影为 b、b'，若用一个与 V 面垂直的新的投影面 H_1 代替 H 面，建立新的 V/H_1 体系，V 面、H_1 面的交线称为新的投影轴 X_1，由于 V 为不变的投影面，所以过 B 点的正面投影 b' 的位置不变，而 B 点的 H_1 面上的投影为新的投影 b_1，$b_{x1}b_1=b_xb$ 且 $b'b_1$ 应垂直于 X_1 轴。

点的换面法的基本规律可归纳如下：

① 不论在新的或原来的（即被代替的）投影面体系中，点的两面投影的连线必垂直于相应的投影轴。

② 点的新投影到新投影轴的距离等于原来的投影到相应的原来投影轴的距离。

(2) 点的二次变换

由于新投影面必须垂直于原来体系中的一个投影面，因此在解题时，有时变换一次还不

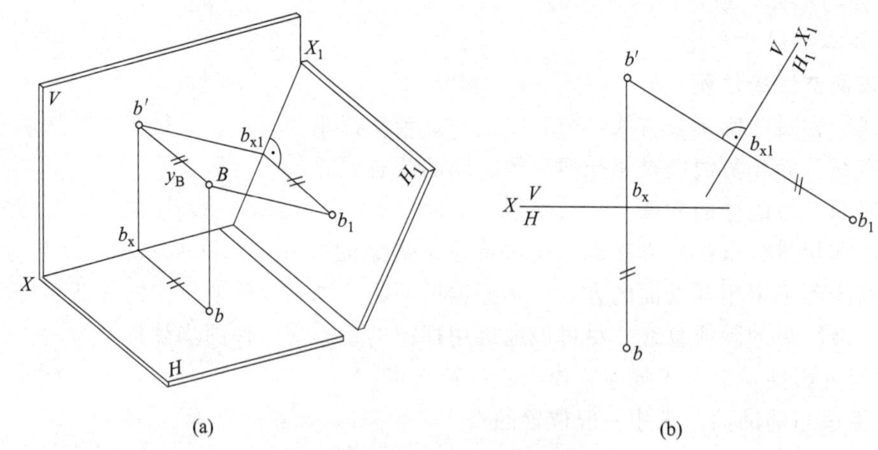

图 1-29　点的一次变换（变换 H 面）

能解决问题，而必须变换二次或多次。这种变换二次或多次投影面的方法称为二次变换或多次变换。

在进行二次或多次变换时，由于新投影面的选择必须符合前述两个条件。因此不能同时变换两个投影面，而必须变换一个投影面后，在新的两投影面体系中再变换另一个还未被代替的投影面。

二次变换的作图方法与一次变换的完全相同，只是将作图过程重复一次而已。如图 1-30所示为点的二次变换，其作图步骤如下：

① 先变换一次，以 V_1 面代替 V 面，组成新体系 V_1/H，作出新投影 a_1'。

② 在 V_1/H 体系基础上，再变换一次，这时如果仍变换 V_1 面就没有实际意义，因此第二次变换应变换前一次变换中还未被代替的投影面，即以 H_2 面来代替 H 面组成第二个新体系 V_1/H_2，这时 $a_1'a_2 \perp X_2$ 轴，$a_2a_{x2}=aa_{x1}$。由此作出新投影 a_2。

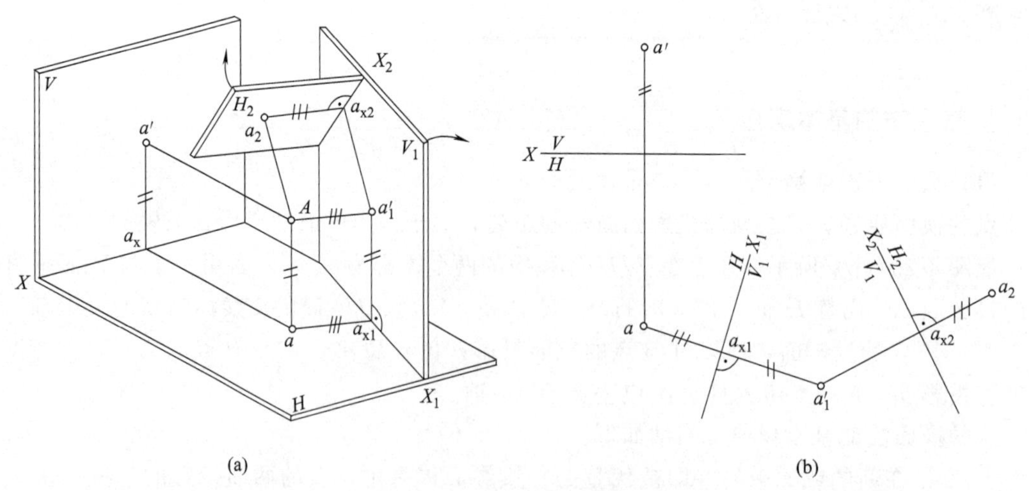

图 1-30　点的二次变换

二次变换投影面时，也可先变换 H 面，再变换 V 面，即由 V/H 体系先变换成 V/H_1 体系，再变换成 V_2/H_1 体系。变换投影面的先后次序按图示情况及实际需要而定。

2. 换面法中六个基本问题

(1) 将投影面倾斜线变换成投影面平行线

如图 1-31 所示，AB 为一投影面倾斜线，如要变换为正平线，则必须变换 V 面使新投影面 V_1 面平行 AB，这样 AB 在 V_1 面上的投影 $a'_1b'_1$ 将反映 AB 的实长，$a'_1b'_1$ 与 X_1 轴的夹角反映直线对 H 面的倾角 α。具体作图步骤如下：

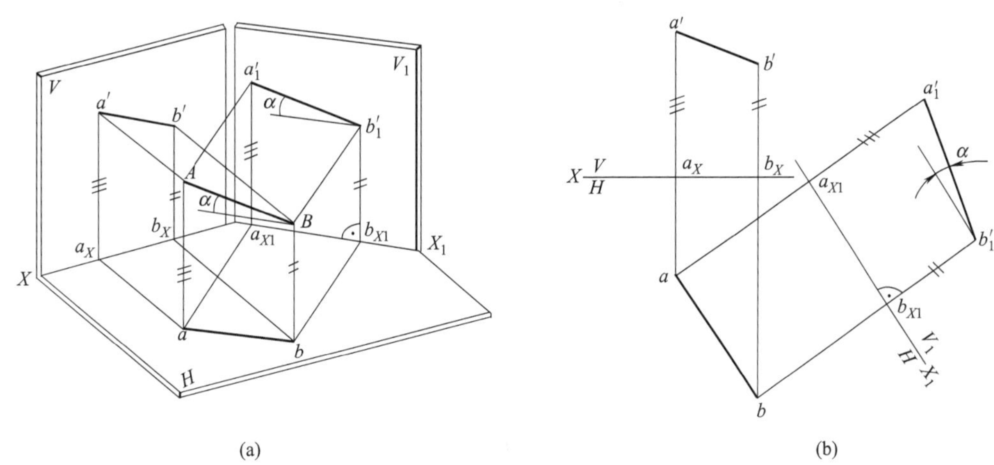

图 1-31 倾斜线变换成平行线（求 α 角）

［注］：V_2、H_2 表示变换二次后的新投影面，X_2 表示变换二次后的新投影轴。投影符号也是如此标记。

① 作新投影轴 $X_1 /\!/ ab$。

② 分别由 a、b 两点作 X_1 轴的垂线，与 X_1 轴交于 a_{X1}、b_{X1}，然后在垂线上量取 $a'_1a_{X1}=a'a_X$，$b'_1b_{X1}=b'b_X$，得到新投影 a'_1、b'_1。

③ 连接 a'_1、b'_1 得投影 $a'_1b'_1$，它反映 AB 的实长，与 X 轴的夹角反映 AB 对 H 面的倾角 α。

如果要求出 AB 对 V 面的倾角 β，则要以新投影面 H_1 平行 AB，作图时以 X_1 轴 $/\!/ a'b'$，如图 1-32 所示。

(2) 将投影面平行线变换成投影面垂直线

如图 1-33 所示，AB 为一水平线，要变换成投影面垂直线。根据投影面垂直线的投影特性，反映实长的投影必定为不变投影，只要变换正面投影，即作新投影面 V_1 垂直 AB，作图时作 X_1 轴 $\perp ab$，则 AB 在 V_1 面上的投影重影为一点 $a'_1(b'_1)$。

(3) 将投影面倾斜线变换成投影面垂直线

由上述两个基本问题可知，将投影面倾斜线变换成投影面垂直线，必须经过二次变换，第一次将投影面倾斜线变换成投影面平行线，第二次将投影面平行线变换成投影面垂直线。如图 1-34 所示，AB 为一投影面倾斜线，如先变换 V 面，使 V_1 面 $/\!/ AB$，则 AB 在 V_1/H 体系中为投影面平行线，再变换 H 面，作 H_2 面 $\perp AB$，则 AB 在 V_1/H_2 体系中为投影面垂直线。其具体作图步骤如下：

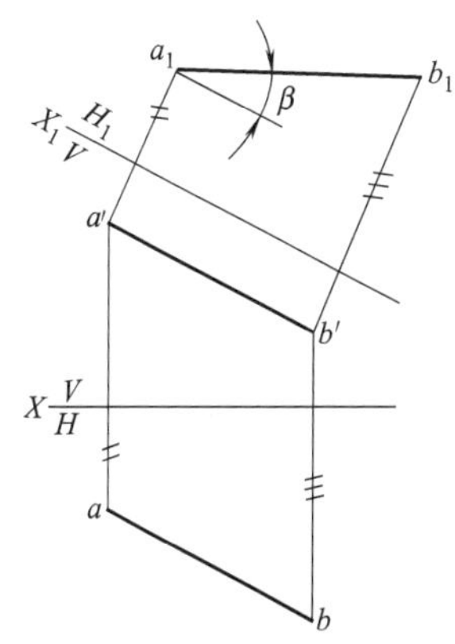

图 1-32 倾斜线变换成平行线（求 β 角）

① 先作 X_1 轴 $/\!/ ab$，求得 AB 在 V_1 面上的新投影 $a'_1b'_1$。

② 再作 X_2 轴 $\perp a'_1b'_1$，得出 AB 在 H_2 面上的投影 $a_2(b_2)$，这时 a_2 与 b_2 重影为一点。

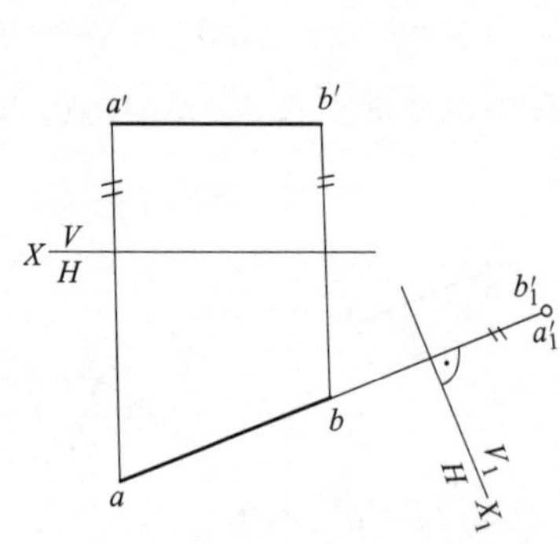

图 1-33　平行线变换成垂直线

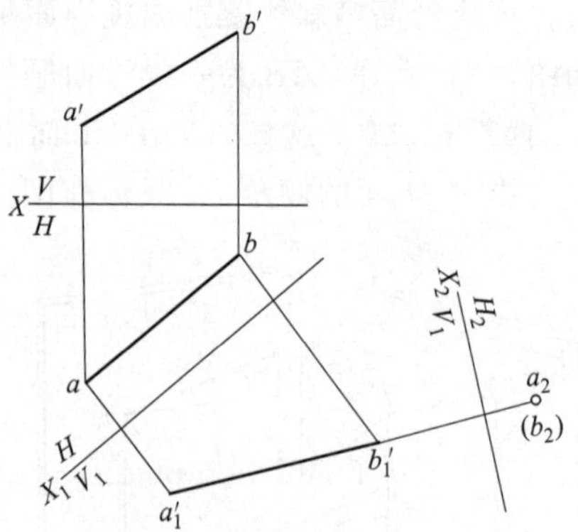

图 1-34　倾斜线变换成垂直线

(4) 将投影面倾斜面变换成投影面垂直面

如图 1-35 所示，△ABC 为投影面倾斜面，如要变换为正垂面，必须取新投影面 V_1 代替 V 面，V_1 面既垂直△ABC，又垂直 H 面，为此可在三角形上先作一水平线，然后作 V_1 面与该水平线垂直，则它也一定垂直 H 面，其作图步骤如下：

① 在△ABC 上作水平线 CD，其投影为 $c'd'$ 和 cd。

② 作 X_1 轴 $\perp cd$。

③ 作△ABC 在 V_1 面上的投影 $a'_1b'_1c'_1$，而 $a'_1b'_1c'_1$ 重影为一直线，它与 X_1 轴的夹角即反映△ABC 对 H 面的倾角 α_1。

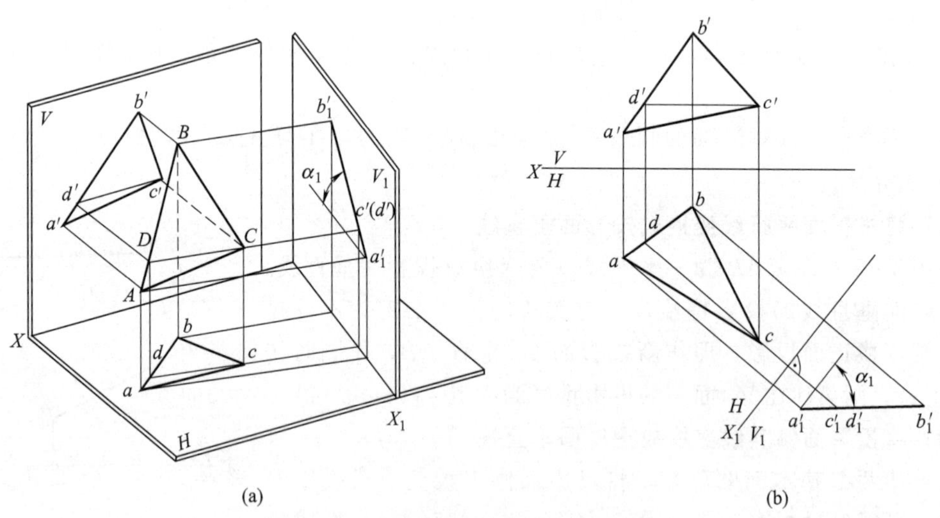

图 1-35　倾斜面变换成垂直面（求 α_1 角）

如要求△ABC 对 V 面的倾角 β_1，可在此平面上取一正平线 AE，作 H_1 面垂直 AE，则△ABC 在 H_1 面上的投影为一直线，它与 X_1 轴的夹角反映该平面对 V 面的倾角 β_1。具体作图如图 1-36 所示。

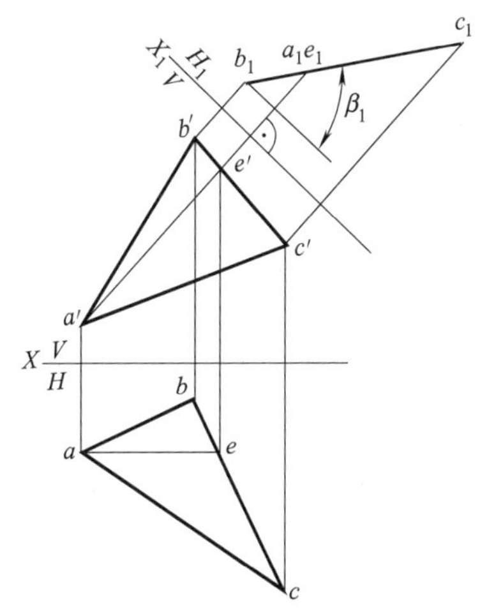

图 1-36　倾斜面变换成垂直面（求 β_1 角）

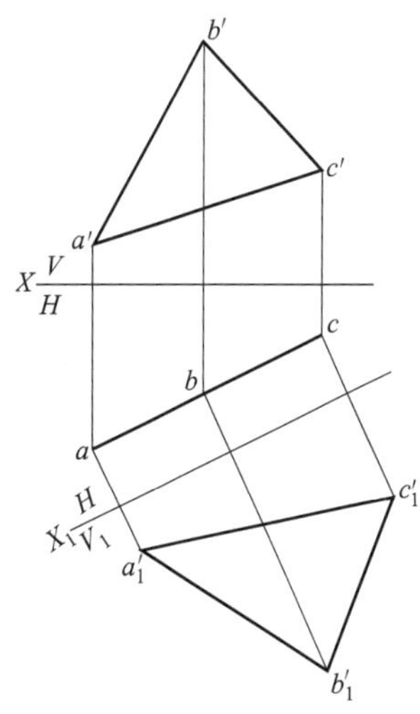

图 1-37　垂直面变换成平行面

(5) 将投影面垂直面变换成投影面平行面

如图 1-37 所示为铅垂面△ABC，要求变换成投影面平行面。根据投影面平行面的投影特性，重影为一直线的投影必定为不变投影，因此必须变换 V 面，使新投影面 V_1 平行△ABC。作图时取 X_1 轴∥abc，则△ABC 在 V_1 面上的投影△$a'_1b'_1c'_1$反映实形。

(6) 将投影面倾斜面变换成投影面平行面

由前两种变换可知，将倾斜面变换成投影面平行面必须经过二次变换，即第一次将投影面倾斜面变换成投影面垂直面，第二次再将投影面垂直面变换成投影面平行面。如图 1-38 所示，先将△ABC 变换成垂直 H_1 面，再变换使△ABC 平行 V_2 面。具体作图如下：

① 在△ABC 上取正平线 AE，作新投影面 H_1⊥AE，即作 X_1 轴⊥$a'e'$，然后作出△ABC 在 H_1 面上的新投影 $a_1b_1c_1$，它重影成一直线。

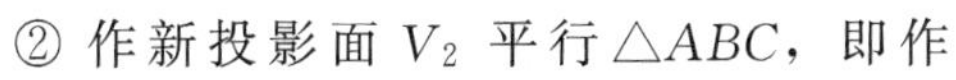

② 作新投影面 V_2 平行△ABC，即作 X_2 轴∥$a_1b_1c_1$，然后作出△ABC 在 V_2 面上的新投影△$a'_2b'_2c'_2$。则△$a'_2b'_2c'_2$反映△ABC 的实形。

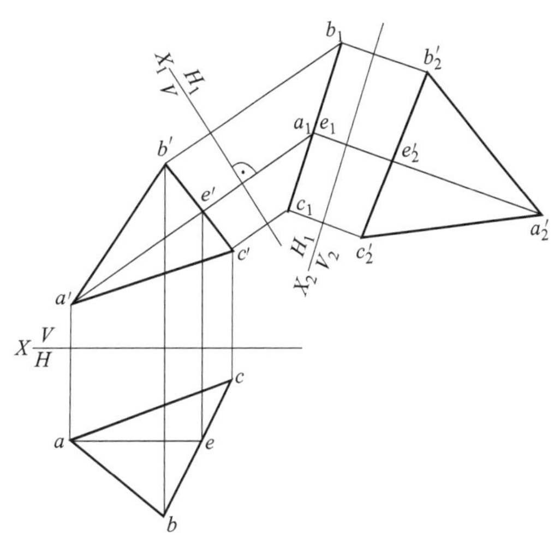

图 1-38　倾斜面变换成平行面

3. 换面法的应用实例

【例 1】　求 C 点到 AB 直线的距离（图 1-39）

分析：点到直线的距离就是点到直线的垂线实长。如图 1-39（a），为便于作图，可先将直线 AB 变换成投影面平行线，然后利用直角投影定理从 C 点向 AB 作垂线，得垂足 K，再求出 CK 实长。也可将直线 AB 变换成投影面垂直线，C 点到 AB 的垂线 CK 为投影面平行

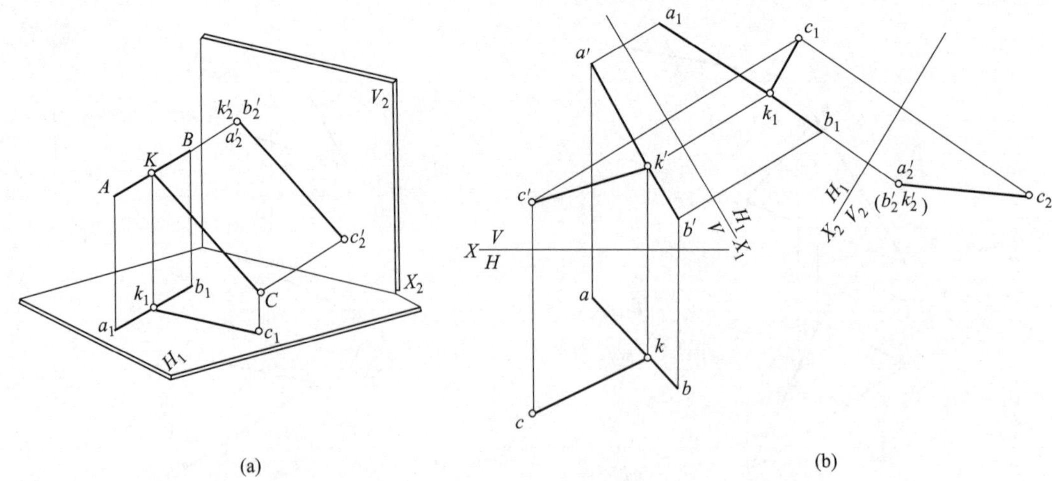

图 1-39　求点到直线的距离

线，在投影图上反映实长。

作图：［图 1-39（b)］

① 先将直线 AB 变换成 H_1 面的平行线。C 点在 H_1 面上的投影为 c_1。

② 再将直线 AB 变换成 V_2 面的垂直线，AB 在 V_2 面上的投影重影为 $a'_2(b'_2)$，C 点在 V_2 面上的投影为 c'_2。

③ 过 c_1 作 $c_1k_1 \perp a_1b_1$，即 $c_1k_1 /\!/ X_2$ 轴得 k_1，k'_2与 $a'_2b'_2$重影，连接 c'_2、k'_2，$c'_2k'_2$即反映 C 点到 AB 直线的距离。

如要求出 CK 在 V/H 体系中的投影 $c'k'$和 ck，可根据 $c'_2k'_2$、c_1k_1 返回作出。

【例 2】 求侧平线 MN 与△ABC 的交点 K（图 1-40）

分析：由于图示位置的 MN 为侧平线，因此用辅助平面法求交点时，辅助平面与△ABC 的交线的两个投影与 MN 的两个同面投影均重影，因此其交点不能直接作出。如用换面法，先将△ABC 变换为投影面垂直面，然后利用重影性即可求出其交点。

作图：

① 将△ABC 变换为 H_1 面的垂直面（也可变换为 V_1 面的垂直面），它在 H_1 面上的投影为 $a_1c_1b_1$。

② 将 MN 同时进行变换，它在 H_1 面上的投影为 m_1n_1。

③ 由于 $a_1c_1b_1$ 具有重影性，因此 m_1n_1 与 $a_1c_1b_1$ 的交点 k_1 即为 MN 与△ABC 的交点 K 在 H_1 面上的投影。

④ 由 k_1 求出其正面投影 k'，再利用坐标 y_k 求出其水平投影 k，k、k'即为交点 K 在 V/H 体系中的两投影。

图 1-40　求侧平线与倾斜面的交点

1-3-2 旋转法

1. 旋转法的基本规律

（1）点的旋转规律

当一点绕垂直于投影面的轴旋转时，它的运动轨迹在轴所垂直的投影面上的投影为一个圆，而在轴所平行的投影面上的投影为一平行相应的投影轴的直线。

图 1-41 为 A 点绕垂直于 V_1 面的 OO 轴旋转时的投影情况，它的运动轨迹在 V 面上的投影是一个圆，而在 H 面上的投影为一平行于 X 轴的直线。

（2）直线与平面的旋转规律

纯粹的点的旋转实际意义不是太大，而直线与平面的旋转原理确是与点的旋转原理相同。

直线的旋转可归结为直线上的两个点的旋转，直线的旋转也就是直线上两点绕同一轴旋转，且同方向，旋转同一角度，这就是直线与平面旋转时的“三同”规律。

如图 1-42 所示为倾斜线 AB 绕垂直于 H 面旋转轴 OO 按逆时针方向旋转 θ 角，根据上述“三同”规律，其作图步骤如下：

① 首先使 A 点绕 OO 轴旋转 θ 角（逆时针方向），作图时连 Oa，将 Oa 绕 O 逆时针旋转 θ 角，到达 Oa_1 的位置。

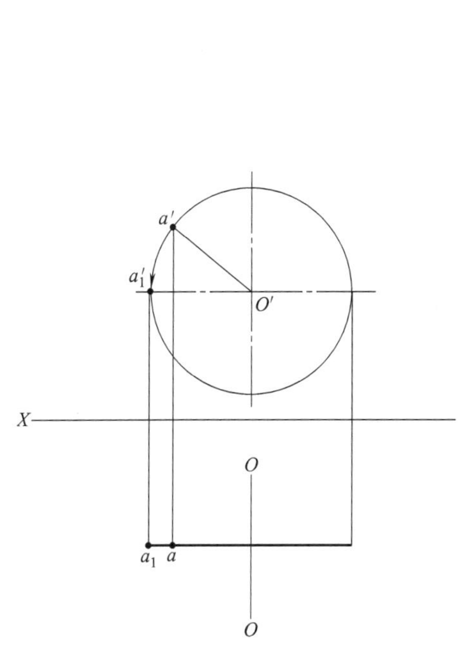

图 1-41　A 点投影情况

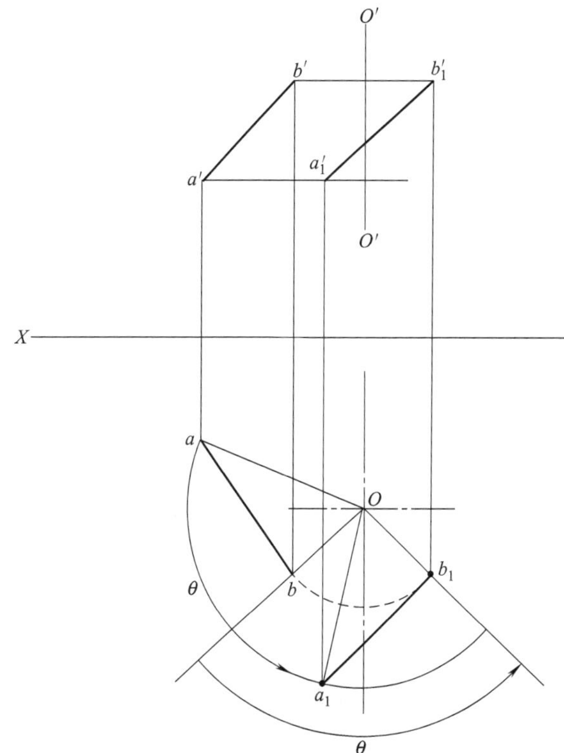

图 1-42　直线与平面的旋转

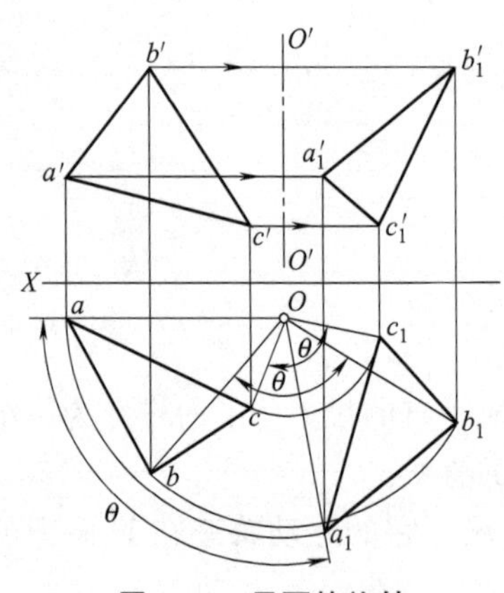

图 1-43　平面的旋转

② 同样的原理将 B 点绕 O 逆时针旋转相应的 θ 角，到达 Ob_1 的位置。

③ 由于这时点 A、B 在 V 面的投影轨迹是平行于 X 轴的直线，通过主、俯长对正的投影关系，便可得到 A、B 在 V 面的投影 a'_1、b'_1。

因为平面是由若干条直线构成的，所以平面的旋转规律也必须按照"三同"规律，例如图 1-43 所示三角形 $\triangle ABC$ 三个顶点 A、B、C 三点分别绕同一轴 OO，按同一逆时针方向，旋转同一 θ 角，从而获得 ABC 平面旋转后新的投影。

除上述"三同"规律外，直线与平面当绕垂直于投影面的轴旋转时，它在轴所垂直的投影面上的新的投影与原有在该投影面上的投影具有旋转后的不变性，即直线的长度不变如图 1-42 中的 $a_1b_1=ab$；对于平面来说，即是平面的形状不变，如图 1-43 中$\triangle a_1b_1c_1=\triangle abc$。为什么会在旋转后具有这样的"不变性"呢？这是因为直线或平面在旋转时相对于旋转轴所垂直的投影面的倾角未变而致。

作图时，可根据直线或平面的一个投影在旋转前后的不变性，首先作出其不变投影，然后再根据点绕投影面垂直轴的旋转规律作出另一投影。

根据上述性质，有时为使图形清楚起见，如图 1-44（a）所示可将旋转后的投影 $\triangle a_1b_1c_1$ 转移到某个适当位置，只要其形状和大小不变，而其另一投影仍按点绕投影面垂直轴的旋转规律作图。这时不必指明旋转轴的位置，这种方法称为不指明轴旋转法，又称平移法。如需确定旋转轴可用图 1-44（b）所示的方法，即作 C、C_1 和 B、B_1 的中垂面，其交线即为垂直轴 OO。

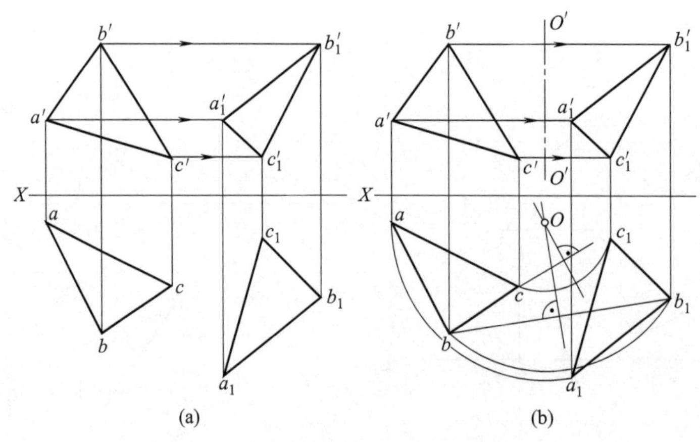

图 1-44　绕不指明轴旋转（平移法）

2. 旋转法中的六个基本问题

（1）将投影面倾斜线旋转成投影面平行线

将投影面倾斜线旋转成投影面平行线，可以求出线段实长和对投影面的倾角。如图 1-

45 所示，AB 为投影面倾斜线，要旋转成正平线，则其水平投影必须旋转到平行 X 轴的位置。因此应选择铅垂线作为旋转轴，为作图简便起见，使 OO 轴通过端点 A，这样只要旋转另一端点 B 就可以完成作图。具体作图步骤如下：

① 过 $A(a, a')$ 作 OO 轴垂直 H 面。

② 以 O 为圆心，Ob 为半径画圆弧（顺时针或逆时针方向都可以）。

③ 由 a 作 X 轴的平行线与圆弧相交于 b_1，得 ab_1。

④ 从 b' 作 X 轴的平行线，在该线上求出 b'_1，$a'b'_1$ 即反映直线 AB 的实长，$a'b'_1$ 与 X 轴的夹角反映 AB 对 H 面的倾角 α。

（2）将投影面平行线旋转成投影面垂直线

图 1-46 所示为一正平线 AB，要旋转成投影面垂直线，则反映实长的正确投影必须旋转成垂直 X 轴，因此应选择正垂线为旋转轴。为简便起见，使 OO 轴通过 B 点，当旋转后的投影 a'_1b' 垂直 X 轴时，水平投影重影为一点 a_1b。a'_1b' 和 a_1b 为铅垂线 A_1B 的两个投影。

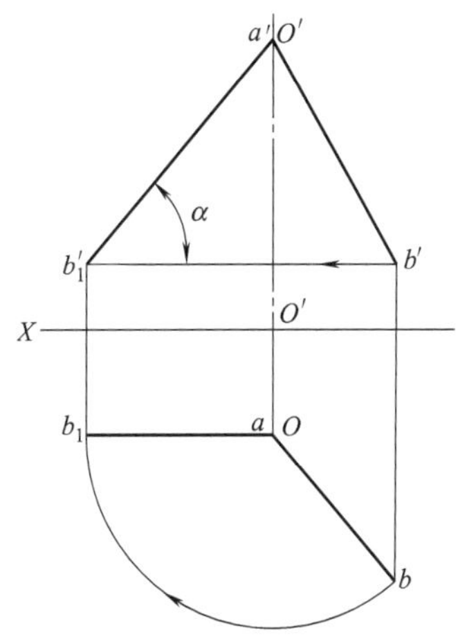

图 1-45　倾斜线旋转成平行线

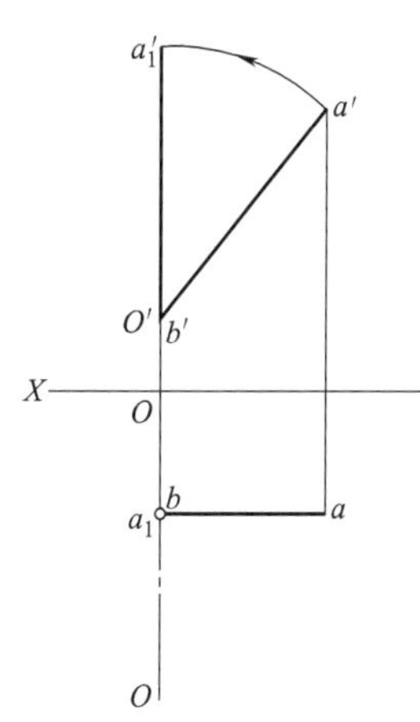

图 1-46　平行线旋转成垂直线

（3）将投影面倾斜线旋转成投影面垂直线

由以上两个基本问题可知，要将投影面倾斜线旋转成投影面垂直线要经过二次旋转。如图 1-47 所示 AB 直线先绕过 B 点并垂直 V 面的轴（为简化起见，图中未画此轴）旋转成水平线 A_1B，其水平投影 a_1b 与 X 轴的夹角即反映直线对 V 面的倾角 β。然后再绕过 A_1 点并垂直 H 面的轴旋转，使水平线 A_1B 成为正垂线 A_1B_2 其 V 面投影 $a'_1b'_2$ 重影旋转时，必须交替选用垂直 H 和 V 面的旋转轴，如同两次换面中必须交替变换 H 面和 V 面一样。

（4）将投影面倾斜面旋转成投影面垂直面

将投影面倾斜面旋转成投影面垂直面，可以求出平面对投影面的倾角。如图 1-48 所示 $\triangle ABC$ 为投影面倾斜面，要旋转成铅垂面并求出 β_1 角，则必须在平面上找一直线将它旋转成铅垂线。由前述可知，正平线经一次旋转即可旋转成铅垂线，因此先在平面上取一正平线 CN，将它旋转成铅垂线 CN_1，再按“三同”规律及旋转时的不变性将 AB 随之旋转，这时 $\triangle a_1cb_1$ 必定重影为一直线，$\triangle A_1B_1C$ 即为铅垂面。a_1cb_1 与 X 轴的夹角即反映平面对 V 面的倾角 β_1。

（5）将投影面垂直面旋转成投影面平行面

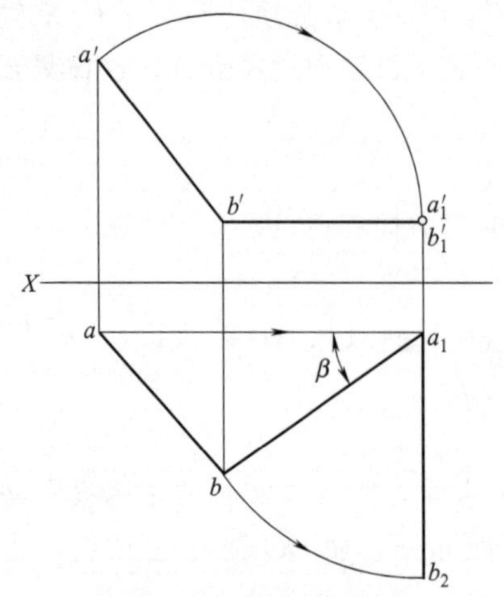

图 1-47 倾斜线旋转成垂直线

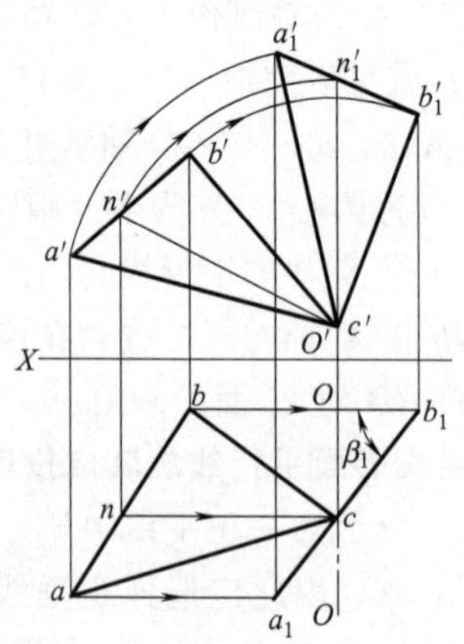

图 1-48 倾斜面旋转成垂直面

如图 1-49 所示$\triangle ABC$为一铅垂面要旋转成正平面。作图时可过 B 点作垂直 H 面的旋转轴旋转$\triangle ABC$，使具有重影性的投影平行于 X 轴，此时该平面即为正平面，其正面投影$\triangle a'_1b'c'_1$反映实形。

(6) 将投影面倾斜面旋转成投影面平行面

将投影面倾斜面旋转成投影面平行面，要经过二次旋转。如图 1-50 所示，先通过 C 点作垂直 H 面的轴，将投影面倾斜面$\triangle ABC$ 旋转成正垂面$\triangle A_1B_1C$，$a'_1b'_1c'$与 X 轴的夹角即反映平面对 H 面的倾角 α_1，然后再过 A_1 点作垂直 V 面的旋转轴，将正垂面$\triangle A_1B_1C$ 旋转成水平面$\triangle A_1B_2C_2$，其水平投影$\triangle a_1b_2c_2$ 反映平面实形。

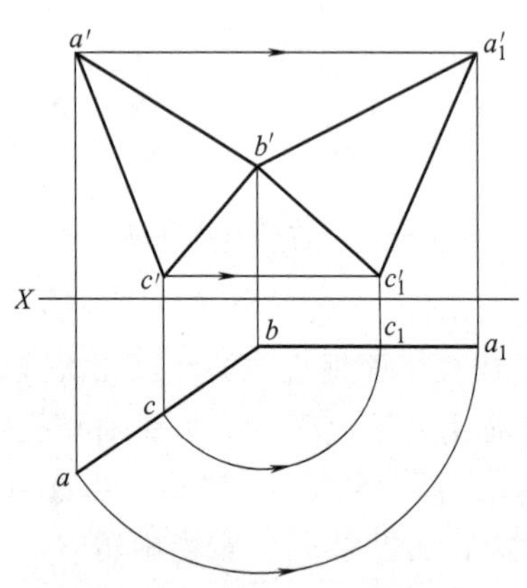

图 1-49 垂直面旋转成平行面

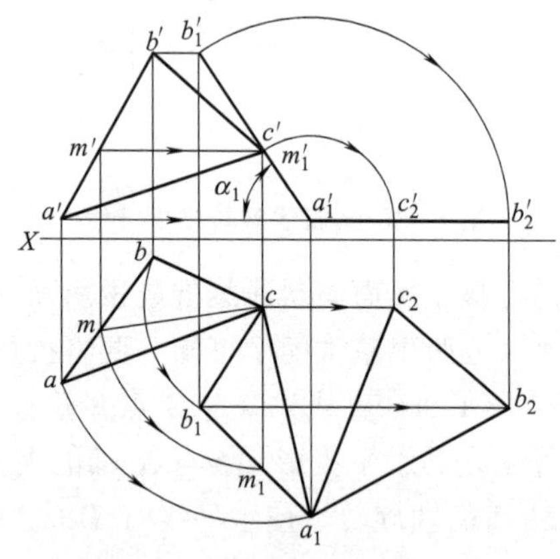

图 1-50 倾斜面旋转成平行面

3. 旋转法的应用举例

【例 3】 过点 A 作直线与已知直线 BC 垂直相交（图 1-51）

分析：可将直线 BC 旋转成平行线，再利用直角投影定理作出其垂线。

作图：本题利用不指明轴旋转法作图。

① 将 BC 直线旋转成正平线 B_1C_1（b_1c_1，$b'_1c'_1$）（也可以旋转成水平线）这时 $b_1c_1 /\!/ X$ 轴。A 点的新位置为 A_1（a_1、a'_1）。[注]：通过搭直角三角形求得 a_1 点（这里采用的是平

移法）

② 从 a'_1 作 $a'_1k'_1 \perp b'_1c'_1$ 得 k'_1，即为垂足 k_1 的正面投影，由 k'_1 再作出其水平投影 k_1。

③ 将 k_1 点返回到 BC 上，得 k 点。作图时可作 $k'_1k' // X$ 轴与 $b'c'$ 相交，得交点 k'，再求出 k，$a'k'$、ak 即为 BC 垂线 AK 的两个投影。

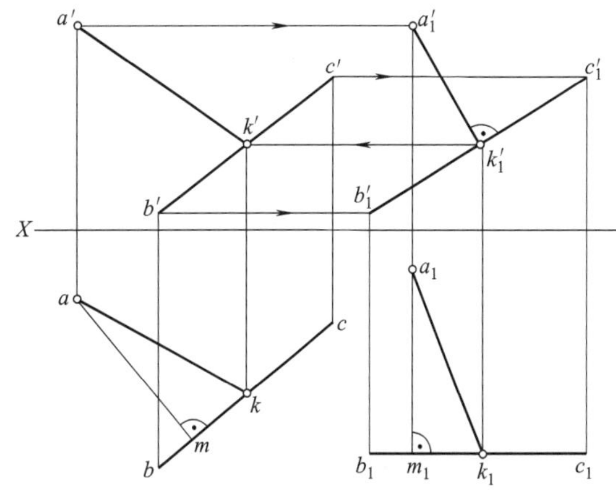

图 1-51　过已知点作直线与已知直线垂直相交

【例 4】 绕垂直于投影面的轴把 AB 直线旋转到平面 $CDEF$ 上（图 1-52）。

分析：如果直线上有两点在平面上，则直线在平面上。通常可先求出直线与平面的交点，通过交点作旋转轴，旋转后该交点不动仍在平面上，因此只要旋转直线另一点到平面上即可。旋转后的点要符合平面上点的投影性质。

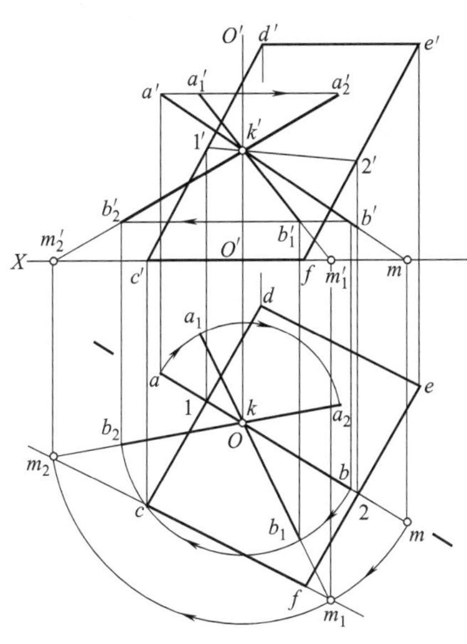

图 1-52　将一直线旋转到已知平面上

作图：

① 用辅助平面法求出直线 AB 与平面 $CDEF$ 的交点 K。过 K 点作铅垂线 OO。（k' 在 $1'2'$ 与 $a'b'$ 的交点上）

② 求出直线 AB 的水平迹点 M，将 M 点转到平面上。由于平面上 CF 直线也在 H 面上，故 M 点绕 OO 轴旋转时，必定与 CF 直线相交，其交点为 M_1、M_2。这两点即为 M 点旋转到平面上的两个位置。

③ K 点旋转时不动，即仍在平面上，故 KM_1、KM_2 也必定在平面上，A、B 两点旋转后的位置分别为 A_1、A_2，B_1、B_2，也一定在平面上，因此 A_1B_1、A_2B_2 即为直线 AB 旋转到平面上后的两个位置。即 a_1b_1、$a'_1b'_1$ 分别在 $CDEF$ 的 H 与 V 面投影上。a_2b_2、$a'_2b'_2$ 同样如此。

第2章

常用钣金制件展开图

2-1 平面钣金制件展开图

2-1-1 斜截棱柱制件展开图 （图 2-1）

用正截面法求作展开图。

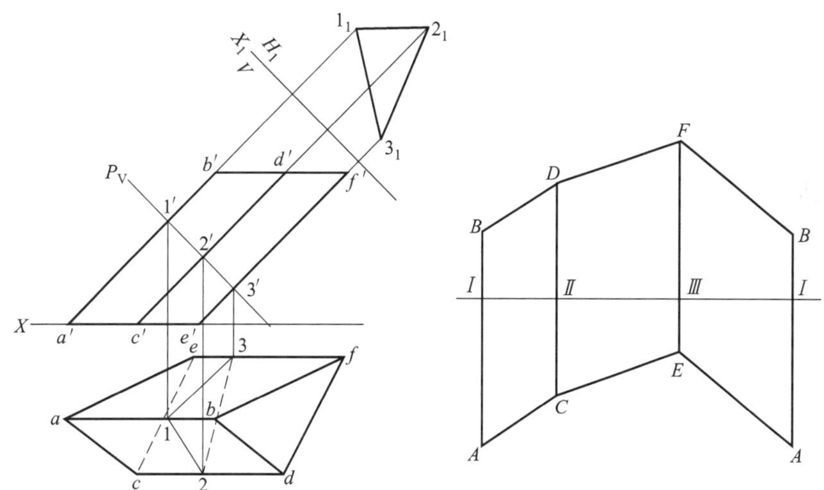

图 2-1 斜截棱柱的展开

作法：

① 作正垂截面 P_V，则其空间截交线构成△Ⅰ Ⅱ Ⅲ，其 H 面投影为△123，V 面投影 $1'2'3'$。

② 作 H_1 面平行于 P_V，即平行于 $1'2'3'$，通过变换投影面求得实形$\triangle 1_1 2_1 3_1$。

③ 将$\triangle 1_1 2_1 3_1$ 展开成一直线Ⅰ Ⅱ Ⅲ Ⅰ。

④ 过Ⅰ、Ⅱ、Ⅲ、Ⅰ各点分别作垂直线，并截取Ⅰ$A=1'a'$，Ⅰ$B=1'b'$，Ⅱ$C=2'c'$，Ⅱ$D=2'd'$，Ⅲ$E=3'e'$，Ⅲ$F=3'f'$，Ⅰ$A=1'a'$，Ⅰ$B=1'b'$。

⑤ 依次连 $ACEABFDBA$，即得该斜截棱柱的展开图。

2-1-2 斜口方形棱锥管制件的展开图 （图 2-2）

该制件形状特点是方形斜口为一平面，AB 与 EF 交叉，不在同一平面，故必须将

ABEF 分成△ABF 和△AEF 两个平面再进行展开。

作法：

① 用直角三角形法求 AB、BF 的实长。

② 水平线的投影 1a、2e、ef、3b、4f 及正平线的投影 a′b′、e′f′、1′2′、3′4′都是反映相应边的实长。

③ 画对称中心点划线，取ⅠⅡ＝1′2′，过Ⅰ、Ⅱ分别作ⅠⅡ的垂直线，并在垂线上取ⅠA＝1a，ⅡE＝2e，得 A、E 点，则ⅠⅡEA 为实形。

④ 以 AE 为一条边，以 AF 和 EF（即 ef 或 e′f′）为另外两边作△AEF 实形。

⑤ 以 AF 为一条边，以 BF 和 AB（即 a′b′）为另外两条边作△ABF 实形。

⑥ 如图 2-2 所示，△BKF 为直角三角形，根据直径上的圆内接角为直角的原理，可用 BF 为直径作半圆求得 K 点，连 FK 并延长之，取 FⅣ＝f4，求得Ⅳ点。

⑦ 由 B 点作 FⅣ的平行线 BⅢ＝b3，求得Ⅲ点。

⑧ 连接ⅢⅣ，得四边形 BFⅣⅢ的实形。

⑨ 该制件的完整展开图是与所求得的展开图呈对称状态的全部图形。其对称中心线为ⅠⅡ点划线。

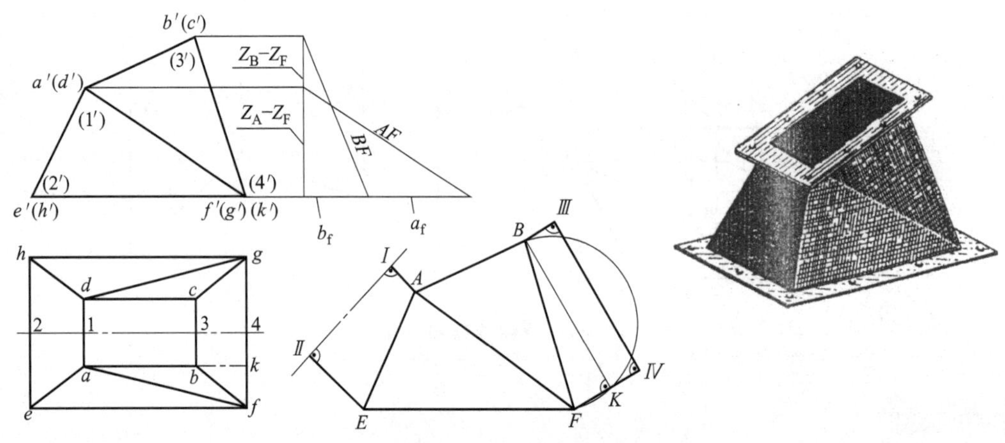

图 2-2 斜口方形棱锥管制件展开图

2-1-3 斜截四方柱筒的展开图

（1）分析

由立体图可知，四方柱筒各棱线都为实长，各垂直棱线相互平行，各垂直棱线的高度由立体图上量得。各垂直棱线之间的距离分别等于长方形四方筒口的长和宽。

（2）画展开图

① 作水平线 cbedc，使 cb＝ed，be＝dc。

② 分别过 c、b、e、d、c 各点向上作其垂直线，并取 hc＝HC、ab＝AB、fe＝FE、gd＝GD、hc＝HC（按规定可用细实线表示折角棱线 ab、fe、gd）。

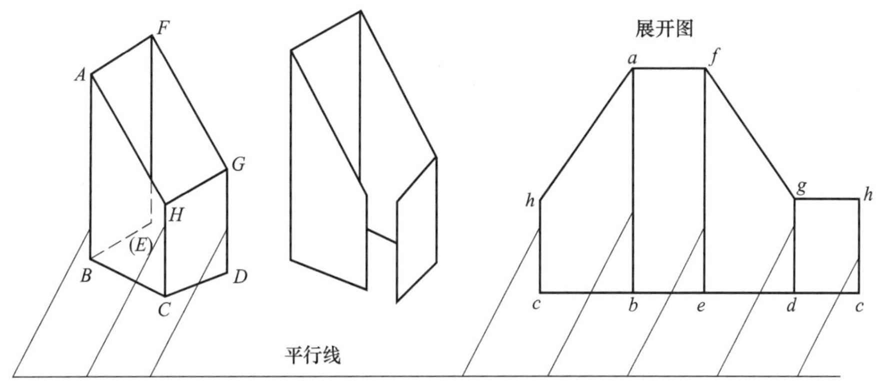

图 2-3　斜截四方柱筒展开图

③ 连 ha、af、fg、gh，则 $afghcdebch$ 为所求作的展开图，如图 2-3 右侧所示。

两正垂面斜截四方柱筒展开图（图 2-4）

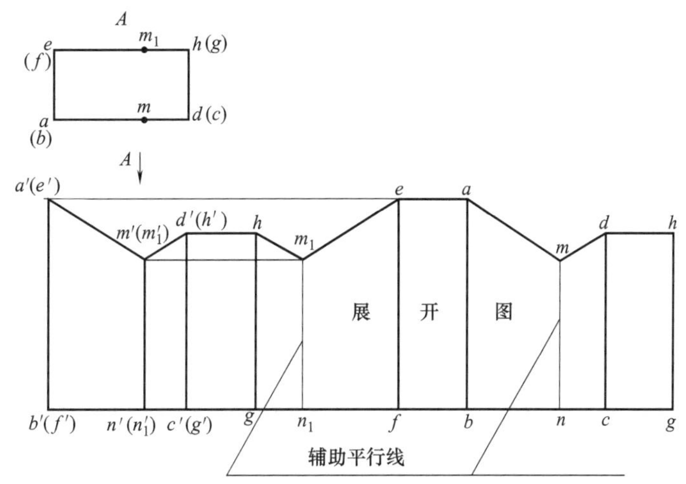

图 2-4　两正垂面斜截四方柱筒展开图

(1) 分析

由图 2-4 左边视图可知，四方柱筒上部左右处被两个正垂面分别切割，且相交于 M 及 M_1，交点 M 的高度应为 $m'n'$。四方柱筒各棱线均为铅垂线，都反映其实长。

(2) 画展开图（如图 2-4 右侧所示）

① 作水平线 gn_1fbncg，并且使 $gn_1=g'n'_1$、$n_1f=n'_1f'$、$fb=f'b'$、$bn=b'n'$、$nc=n'c'$、$cg=c'g'$。

② 过各点分别作铅垂线 gh、n_1m_1、fe、ba、nm、cd、gh、并且取 $gh=g'h'$、$n_1m_1=n'_1m'_1$、$fe=f'e'$、$ba=b'a'$、$nm=n'm'$、$cd=c'd'$、$gh=g'h'$。注意 mn、m_1n_1 线不是棱线，而是用来确定 M 及 M_1 转折点高度位置的，按规定应画成细实线。

③ 依次连接 hm_1eamdh，即得两正垂面斜截四方柱筒的展开图 $ghm_1eamdhgcnbfn_1g$。

2-1-5 上小下大长方形四棱台的展开图

由图 2-5（a）主、俯视图所表达的上小下大的长方形四棱台四角都是倾斜线，即投影图上都不反映其实长，若连对角线 Ab、Bc，它们也不反映其实长，这时可采用直角三角形法，求出其实长，进而再画展开图，作法如下：

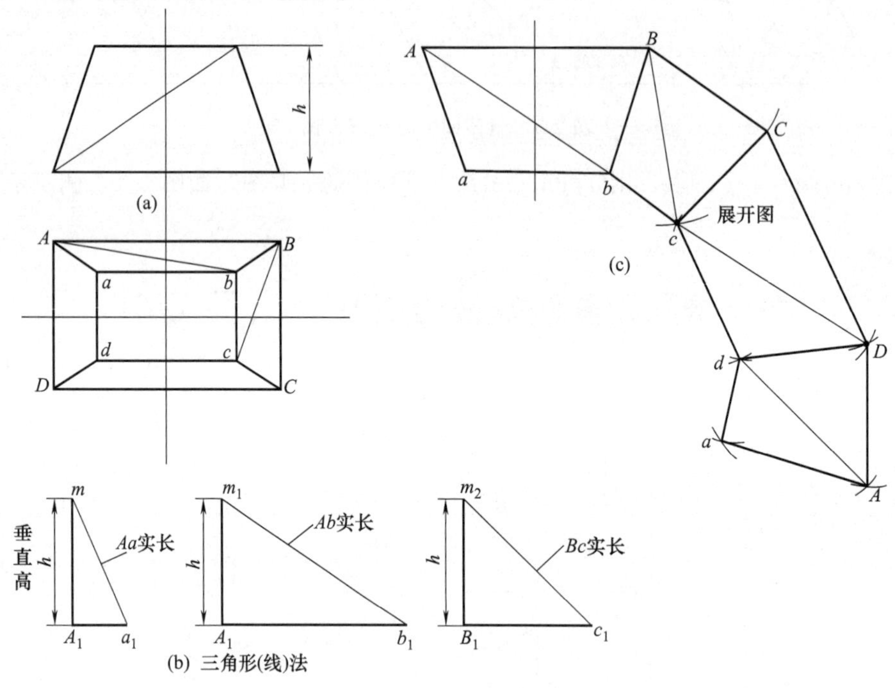

图 2-5　上小下大长方台展开图

① 作 $mA_1 \perp A_1a_1$、$m_1A_1 \perp A_1b_1$、$m_2B_1 \perp B_1c_1$，且使 $A_1a_1 = Aa$、$A_1b_1 = Ab$、$B_1c_1 = Bc$；$mA_1 = h$、$m_1A_1 = h$、$m_2B_1 = h$，则 ma_1 是 Aa 的实长，m_1b_1 是 Ab 的实长，m_2c_1 是 Bc 的实长，如图 2-5（b）所示。

② 如图 2-5（c）作水平线 ab，使 ab 等于俯视图中的 ab，然后以 a 和 b 为圆心分别以 Aa 的实长 ma_1 和 Ab 的实长 m_1b_1 为半径画弧交于 A 点，连接 Aa。

③ 如图 2-5（c）中，分别以 A、b 为圆心，以 Bb 的实长（即 Aa 的实长）ma_1 和俯视图中的 AB 为半径画弧交于 B 点，连接 Bb、AB（俯视图中 AB 是正平线，反映实长）。

④ 如图 2-5（c）中，分别以 B、b 为圆心，以 Bc 实长 m_2c_1 和俯视图中 bc 为半径画弧，相交于 c 点，又以 c 点为圆心，Aa 实长 ma_1 为半径画弧，同时又以 B 点为圆心，BC 为半径画弧，两弧相交于 C 点。连 BC、bc、Cc（注意：bc 是正垂线，在俯视图中的投影 bc 反映实长；BC 线是正垂线，反映实长）。

⑤ 如图 2-5（c）中，以 C 为圆心、AB 长为半径画弧，再以 c 为圆心，以 Ab 实长 m_1b_1 为半径画弧，两弧相交于 D 点，再以 D、c 点为圆心，以 Aa 实长 ma_1 和俯视图中的正平线 cd 为半径分别画弧，相交于 d 点。连 CD、cd、Dd。

⑥ 如图 2-5（c）中，分别以 D、d 为圆心，以 BC 及 Bc 的实长 m_2c_1 为半径画弧，两弧相

交于 A 点。再分别以 A 点、d 点为圆心，以 Aa 的实长 ma_1 和 bc（反映实长）为半径画弧，两弧的交点 a。连接 DA、Aa、da，则 $ABCDAadcbaA$ 为所求得的展开图，如图 2-5（c）所示。

2-1-6 长方形四棱台的展开图

图 2-6 已知长方形四棱台的主、俯视图，求作其展开图。

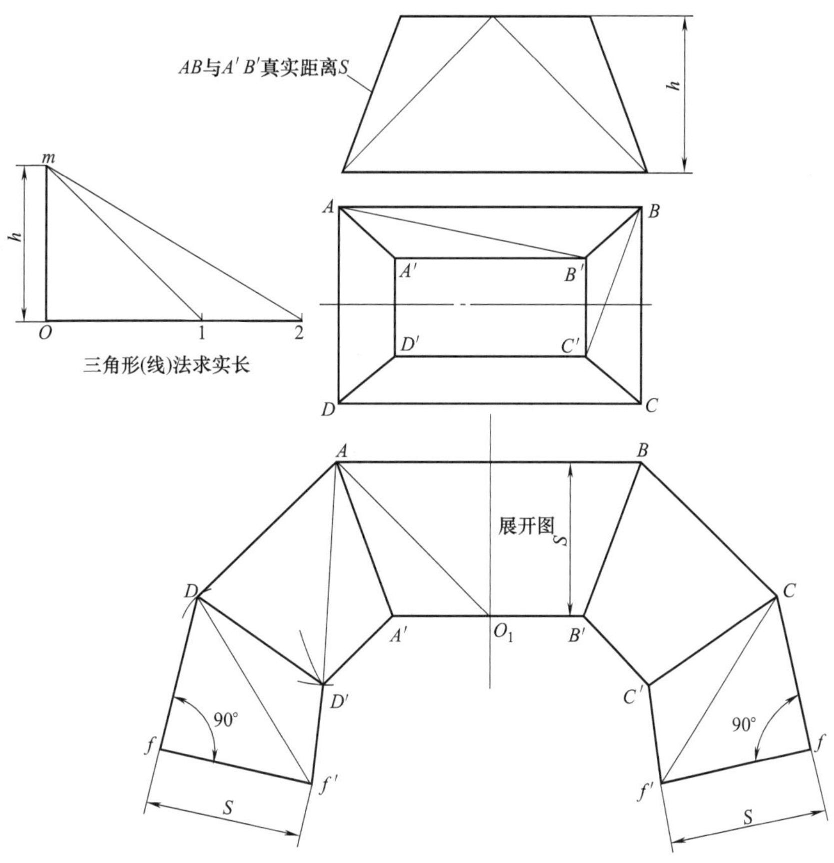

图 2-6　长方形四棱台的视图和展开图

画展开图的步骤如下。

图 2-6 与图 2-5 所表达的物体形状相同，但展开的方法略有不同。主要表现在图 2-6 是将 $DCC'D'$ 梯形平面分成两半绘制，作法如下：

① 首先在主视图和俯视图上连大面和小面的对角线，以便于用三角形法求其实长。

② 用直角三角形法求大、小面对角线的实长，作两条线互相垂直，并取 $Om=h$，$O1=BC'$，$O2=AB'$，则 $m1$ 为小面对角线 BC'的实长，$m2$ 是大面对角线 AB'的实长。

③ 主视图左右两条边即为 AB 与 $A'B'$两条平行线之间的真实距离 S（注意：h 不是 AB、$A'B$ 之间的真实距离，而是其真实距离的正面投影高度）。

④ 画中心线，画 $AB /\!/ A'B'$，且以中心线两边对称，其距离应等于 S。

⑤ 分别以 A、B 两点为圆心，小面对角线的实长 $m1$ 为半径画弧，同时，以 A'、B'两点为圆心，小面的小边长 $A'D'$、$B'C'$为半径画弧，得两弧交点 D'、C'。

⑥ 再以 D'、C'为圆心，以 AA'或 BB'为半径画弧，并以 A、B 为圆心，以小面的长边 AD 或 BC 为半径画弧，两弧的交点得 D、C 点。

⑦ 分别以 D、C 为圆心，以大面一半的对角线 AO_1 或 BO_1 为半径画弧，同时又以 D'、C'为圆心，以 $A'O_1$ 或 $B'O_1$ 为半径画弧，两弧的交点为 f'。

⑧ 分别以 f'为圆心，以 AB 与 $A'B'$之间的实际距离 S 为半径画弧，同时又以 D、C 为圆心，以大面的长边的$\frac{1}{2}$为半径（$\frac{1}{2}AB$）画弧，两弧的交点得 f 点，如果作图准确的话，两个 f 角应是 90°直角。

⑨ 连接各点，得全部展开图 $fDABCff'C'B'A'D'f'$，如图 2-6 所示。

2-1-7 正六角筒和正方形筒相接展开图

图 2-7（a）中的主、俯视图，表达了六角筒与正方形筒相交成 45°。由于相交两立体均

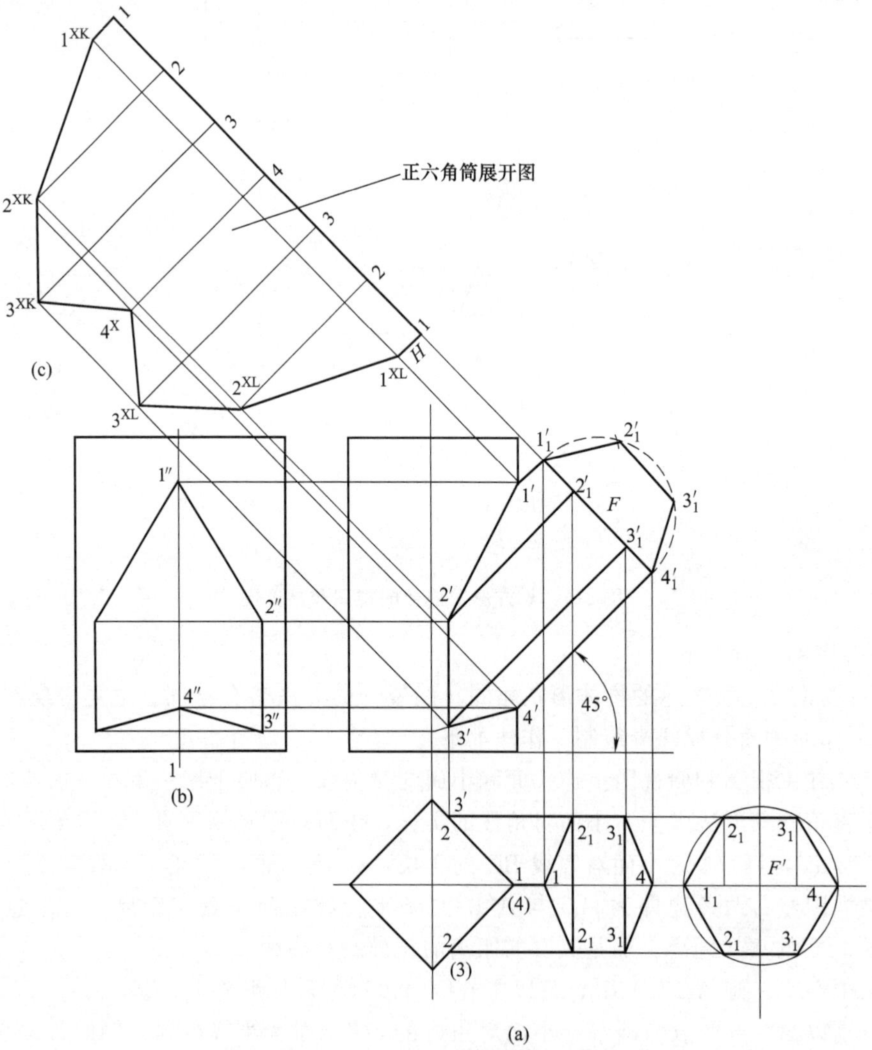

图 2-7 正六角筒和正方形筒相接的展开图

为平面立体，所以其相贯线应是直线线段组成的折线。

① 求相贯线，按“三等”关系，作出相贯线 $1'2'3'4'$（同时后面对称处也有此相贯线），同时求得俯视图上相贯线的投影 12（3）（4），并画出从右边观察到的相贯线投影 $1''2''3''4''$（前面对称处也有此相贯线的投影），如图 2-7（b）所示。

[注意，图 2-7（b）只反映了相贯线的右视可见相贯线投影，并非是完整的右视图]。

② 图 2-7（a）中可求得正六角形的截面正六边形，从而求得该六角柱筒的端面每一条边的长度是图上所示的 $1_1'2_1'$、$2_1'3_1'$、$3_1'4_1'$ 等。

③ 现在已具备画展开图的条件。首先由主视图六角筒的端面 $4_1'3_1'2_1'1_1'$ 延长之，同时由主视图 $1'$、$2'$、$3'$、$4'$ 点分别作直线平行于 $4_1'3_1'2_1'1_1'$ 直线的延长线。

④ 在 $4_1'3_1'2_1'1_1'$ 直线的延长线上，截取 $12=1_12_1$、$23=2_13_1$、$34=3_14_1$、$43=4_13_1$、$32=3_12_1$、$21=2_11_1$（注意 $\overline{1_12_1}$、$\overline{2_13_1}$、$\overline{3_14_1}$ 是右下方正六边形上各边的长度）。

⑤ 在图 2-7（c）上，过 1、2、3、4、3、2、1 各点分别作 $4_1'3_1'2_1'1_1'$ 直线的延长线的垂直线。

⑥ 分别在有关垂直线上取 $11^{XL}=1_1'1'$、$22^{XL}=2_1'2'$、$33^{XL}=3_1'3'$、$44^{X}=4_1'4'$、$33^{XK}=3_1'3'$、$22^{XK}=2_1'2'$、$11^{XK}=1_1'1'$。

⑦ 连接各折线上的一系列点，即得正六角筒和正方形筒相贯的六角筒展开图，即 $1^{XL}2^{XL}3^{XL}4^{X}3^{XK}2^{XK}1^{XK}$ 封闭多边折线线框。

2-1-8 接在三角棱面上的八棱筒形展开图

① 如图 2-8 所示，八棱筒的中心在三角棱的三个斜面交点处。

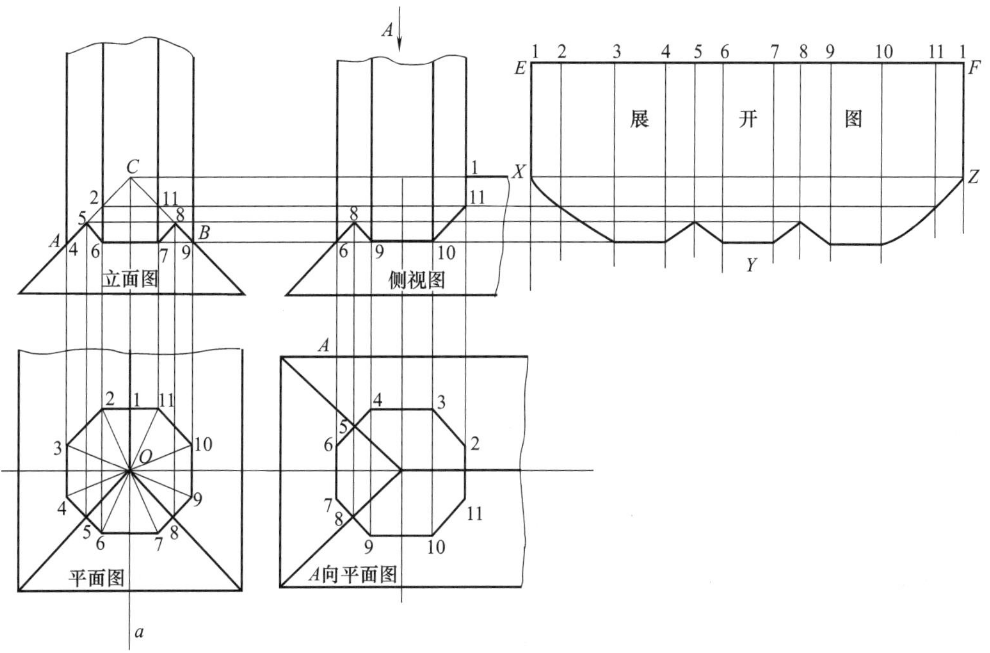

图 2-8 接在三角棱面上的八棱筒形展开图

首先画主视立面图、俯视平面图、右视侧视图及 A 向平面图，由三个斜面的交点 O 画 $1a$ 线和三角棱的两侧底边平行，并以 O 为圆心画圆，使该圆与八角棱的八个角成为内接，作 2-11、6-7 与 $1a$ 线垂直。

② 过八个角的角顶向上作垂直线（即平行 1a），求出立面图上与三角棱斜面的三斜面相交于 4、5、6、7、8、9，求得表面交线 456789 的正面投影。

③ 按投影关系画右视图及 A 向平面图，通过 A 向平面图上八个角的八个顶点向上方作垂直线，分别与立面图上 4、5、6、7、8、9 各点引出的水平线相交，而得到相贯线上各对应点 6、8、9、10、11、1。

④ 画展开图，作水平线 EF，使其等于八棱筒周边伸直总长度，按俯视平面图截 1-2、2-3、3-4、4-5、5-6、6-7、7-8、8-9、9-10、10-11、11-1，并分别过 1、2、3、4、5、6、7、8、9、10、11、1 各点作垂直线，使各垂线的长度分别等于八棱筒八条棱线至其与三角棱面相交点的长度。

⑤ 将各点连成折线，即得展开图 $EFZYX$，如图 2-8 右边所示。

2-2 曲面钣金制件展开图

斜截圆管的展开（图 2-9）

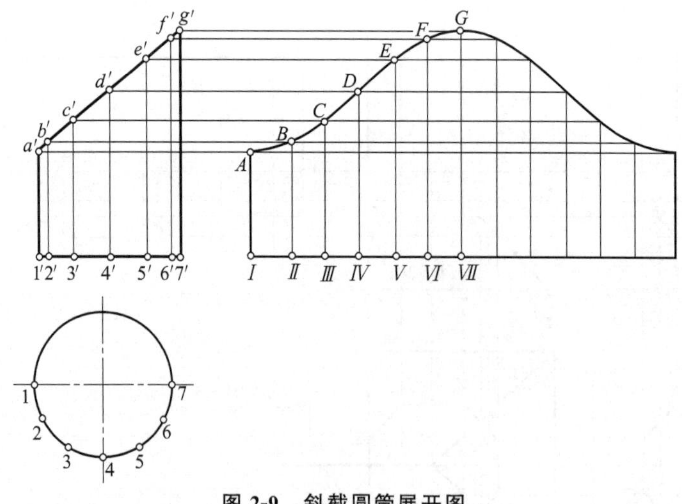

图 2-9 斜截圆管展开图

作法:

① 将俯视图圆周等分（一般为 12 等分），得 1、2、3、4、5、6、7 点。

② 求得 1′、2′、3′、4′、5′、6′、7′点，并分别作素线的正面投影 $a'1'$、$b'2'$、$c'3'$、$d'4'$、

$e'5'$、$f'6'$、$g'7'$。

③ 将底圆展开成一直线，并得相应的等分点Ⅰ、Ⅱ、Ⅲ、Ⅳ、Ⅴ、Ⅵ、Ⅶ。

④ 过各点作圆柱素线AⅠ、BⅡ、CⅢ、DⅣ、EⅤ、FⅥ、GⅦ。

⑤ 用曲线尺光滑连接A、B、C、D、E、F、G各点，即为展开图的一半，另一半与其对称，对称中心线可取GⅦ，也可取AⅠ，图2-9右边即是斜截圆管的全部展开图。

2-2-2 水平截切不反映实形的圆柱管的展开图

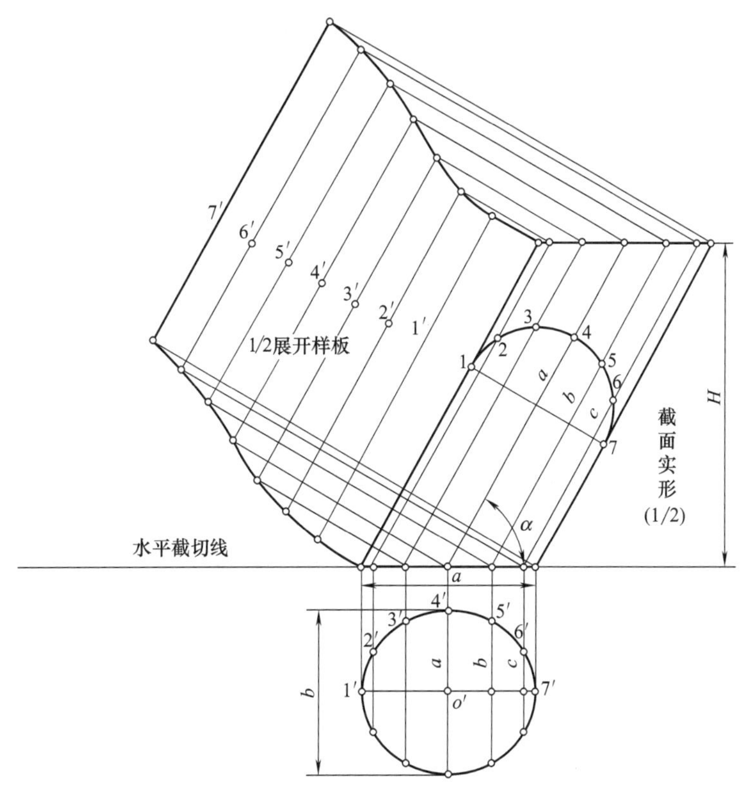

图2-10 水平截切不反映实形圆柱管样板的制作

图2-10已画出该圆柱管的放样图，长轴a、短轴b为已知，并知中心高H，倾角α，直径d，画其展开图步骤如下：

① 按已知尺寸，画出主视图和俯视图。

② 作主视图中心轴线的垂线并延长之。

③ 画主视图截面实形图，且进行6等分，求得主视图上1、2、3、4、5、6、7点，分别过各点作素线平行于轴线。

④ 作俯视图，俯视图中的a、b、c各段长度等于断面图中的a、b、c。用圆弧光滑连接各点，得椭圆［注意：$17\neq1'7'$，即俯视图上正平线$1'7'$不等于直径d（变短），然而y方向的尺寸是不变的］。

⑤ 在主视图中心轴线的垂线上量取$1'$—$2'$—$3'$—$4'$—$5'$—$6'$—$7'$等于俯视图上相应的弧长，并过各点作中心轴线的平行线。注意：这里仅作圆管斜口椭圆展开$\frac{1}{2}$周长。

⑥ 从中心轴线的垂直线上各点分别量取上下线距离等于主视图上对应线段的长度得到各点，将各点连成光滑曲线，即得到该圆管的$\frac{1}{2}$展开图，如图 2-10 所示。

2-2-3 五节等径直角弯头的展开 （图 2-11、图 2-12）

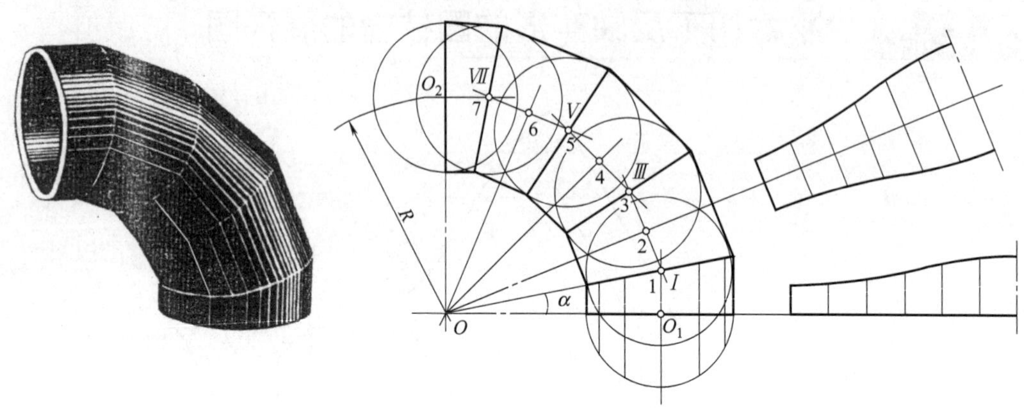

图 2-11 五节等径直角弯头展开图

图 2-11 的展开图分别表达了一个半节和一个全节的展开图形的$\frac{1}{2}$，另一半与此对称。

等径直角弯头应由一定数量的全节和两个半节组成，各节斜口的角度 α 可由下面的公式算出

$$\alpha=\frac{90°}{2(n-1)}$$

式中，n 为组成节数，$n-1$ 为相当的全节数，$2(n-1)$ 为相当的半节数。

如果直接用钢管裁制该直角弯头，钢管总长 $L=2(n-1)R\cdot\tan\alpha$ 然后按斜口角度割成 $n-1$ 个全节，再将其中的一个全节割为对称的两半即可，如图 2-12 (a)。

当采用钣金制作该直角弯头时，则应在钣金上画出半节的展开图，并制作出半节的展开图样板，根据样板在钢板上合理画出全节和半节的展开图，然后用气割割下各全节和半节，其展开图作法与图 2-9 相似。

作法简述如下：

(1) 首先画出五节直角弯头的主视图。

① 以 O 为圆心，R 为半径作点划线圆弧，即中心圆。

② 作出半节斜口角度 α $\alpha=\frac{90°}{2(n-1)}$。

③ 按 α 角度画出各斜口的位置。

④ 过 O_1、2、4、6、O_2 作中心圆的切线。

⑤ 按管子的中性层直径作中心圆切线的平行线，得弯管各段的中性层轮廓。

(2) 对弯头管口的半节进行圆周等分，并作出相应的素线。

(3) 按图 2-9 的方法，作出半节的展开图及全节的展开图。

为减少边角料的浪费，充分利用钢板材料面积，可以先计算出制作该五节钢管直角弯头所需钢板的面积 S。

$$S=L\times\pi d$$

式中，$L=2(n-1)R\tan\alpha$；d 为该直角弯头圆管中性层的直径；n 为组成节数，对该五节直角弯头来说 $n=5$。

最后，用做好的半节样板在该钢板上一正一反地分别画出首尾两个半节和三个全节，如图 2-12（b）。

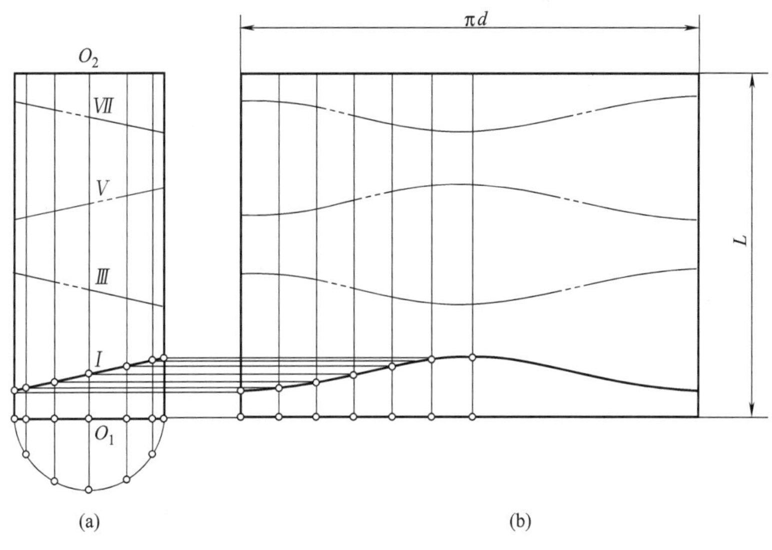

图 2-12

斜截圆锥管的展开（图 2-13、图 2-14）

由图 2-13 圆锥管的展开方法可以对斜截圆锥管进行展开，其展开画法如下：

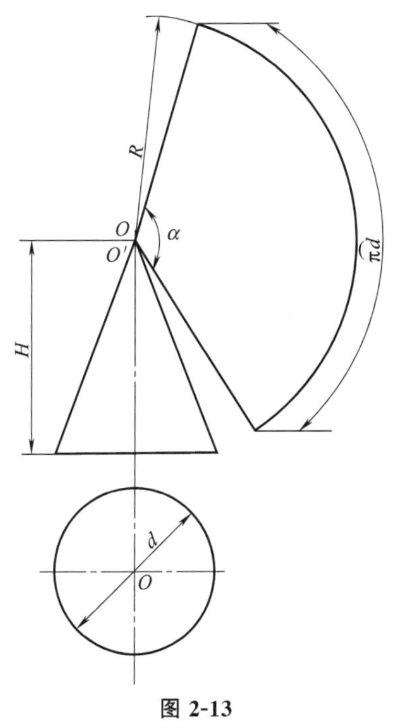

图 2-13

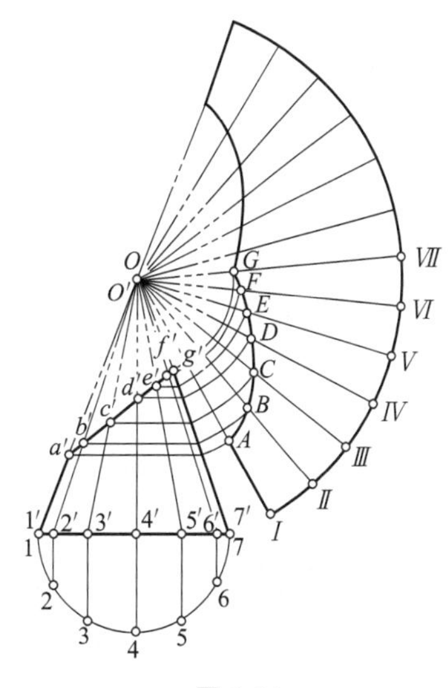

图 2-14

图 2-13 为正圆锥管的展开画法，其展开图为一扇形，半径 R 的长度应等于其素线长度，弧长为 πd（d 为圆锥底圆的直径），该扇形的中心角 α 应为：

$$\alpha=\frac{360^\circ\times\pi d}{2\pi R}=\frac{180^\circ\times d}{R}=180^\circ\times\frac{d}{R}$$

图 2-14 的展开画法：

① 等分圆锥的底圆，一般等分 12 等分。

② 作出圆锥管的顶点，由顶点向各等分点连 12 条素线。

③ 作扇形，R 为各素线的实长，在扇形弧上取 12 段弧长等于底圆上的 12 等分弧长。

④ 取各素线至斜口线的实长。

⑤ 在展开图上分别取各对应素线的实长，从而求得 A、B、C、D、E、F、G 等点，并继续在另一半扇形上求得以上各点的对称点，连接各点得光滑曲线，即展开图。

注意：各素线的实长需要求作，图 2-14 内有实长求法。

2-2-5 天圆地方变形接头的展开（图 2-15）

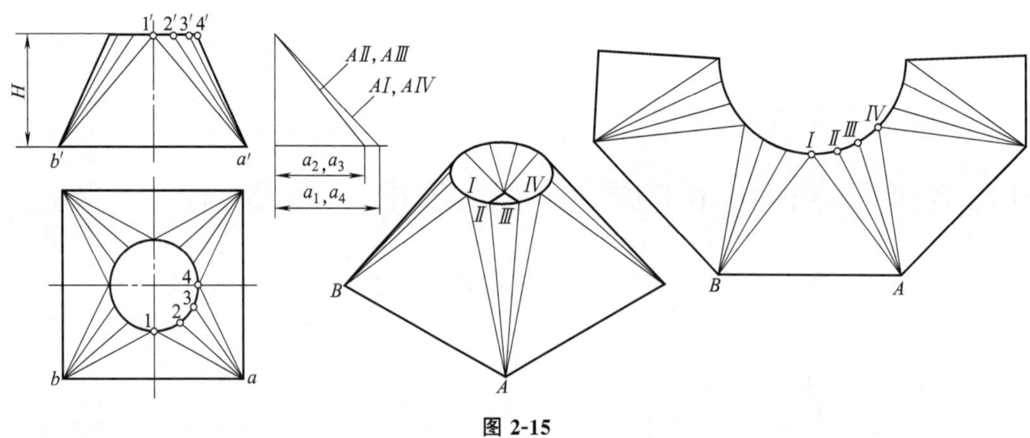

图 2-15

由主、俯视图可知，该变形接头是由四个等腰三角形和四个部分圆锥面组成，四个三角形底边为方形管的底边，四个三角形与上口圆相切于三角形顶点，四个锥面的锥顶为方形底的四个点，其展开图作法如下：

① 将顶圆等分，一般为 12 等分，得 1、2、3、4…及 1′、2′、3′、4′…。

② 用直角三角形法求 AⅠ、AⅡ、AⅢ、AⅣ的实长。

③ 用 AⅠ实长和 AB（底边长）作等腰三角形△ⅠAB。

④ 用 AⅡ、AⅢ、AⅣ的实长及 $\overset{\frown}{\text{ⅠⅡ}}$、$\overset{\frown}{\text{ⅡⅢ}}$、$\overset{\frown}{\text{ⅢⅣ}}$ 的弧长，分别作图求得Ⅱ、Ⅲ、Ⅳ点，并连 AⅡ、AⅢ、AⅣ，得部分圆锥面。

⑤ 用④所述的方法连续再作三个部分圆锥面。

⑥ 光滑连接所求得的各点。

⑦ 在图形对称两端分别用$\frac{AB}{2}$及 $a'4'$为两条边，搭成三角形，作图准确必定是直角三角形。展开图完成。

⑧ 制作时保留四个三角形平面，将 AⅠⅡⅢⅣ等四部分敲打成部分圆锥面，然后将两

端对称的一条直角边焊接或搭接起来，便制成天圆地方变形接头，如图 2-15 所示。

2-2-6 不等径圆锥管直角弯头的展开（图 2-16）

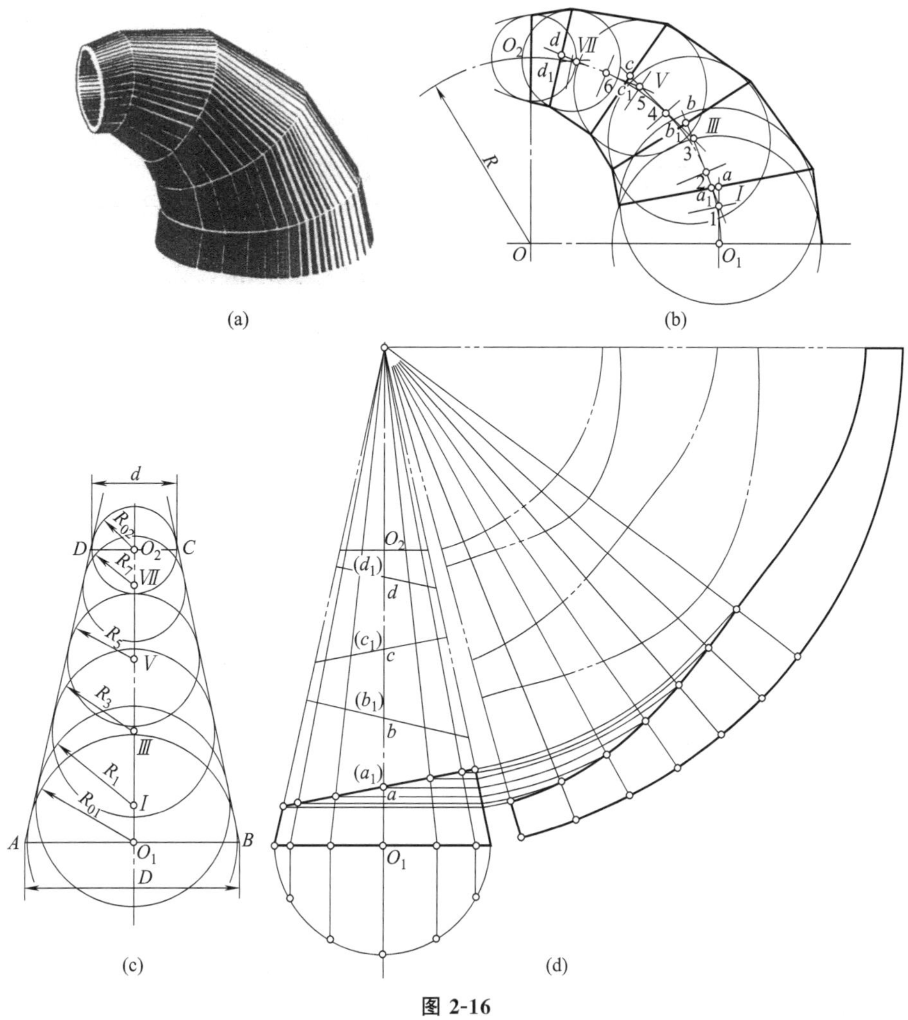

(a) (b)

(c) (d)

图 2-16

不等径直角弯头的展开画法：

① 过进出口中心 O_1、O_2 作半径为 R 的弯头中心圆弧$\overset{\frown}{O_1O_2}$，并等分$\overset{\frown}{O_1O_2}$，图上为 8 等分，等分点为 1、2、3……7 等点。

② 过等分点 O_1、2、4、6、O_2 等点分别作圆弧的切线，这些切线分别两两相交于Ⅰ、Ⅲ、Ⅴ、Ⅶ等点。

③ 在图 2-16（c）上取O_1O_2直线，O_1O_2、ⅠⅢ、ⅢⅤ、ⅤⅦ、ⅦO_2 等于图 2-16（b）中相应线段的长度，再过 O_1、O_2 分别作 O_1O_2 的垂线，取 $AB=D$、$CD=d$，连接 AD、CB 得一圆锥台的投影。

④ 在图 2-16（c）上，以 O_1、Ⅰ、Ⅲ、Ⅴ、Ⅶ、O_2 等点为球心，以圆心至 AD 或 CB 的垂足距离为半径，分别作球。

⑤ 在图 2-16（b）上以 O_1、Ⅰ、Ⅲ、Ⅴ、Ⅶ、O_2 等点为球心，以图 2-16（c）中相应半径 R_{01}、R_1、R_3、R_5、R_7、R_{02} 为半径作球。

⑥ 在图 2-16（b）上作圆锥面与相邻两球面相切，相邻两锥面的交线必为平面曲线椭圆，从而构成五节不等径斜口圆锥管组成的直角弯头。

⑦ 运用图 2-14 斜截圆锥管展开图的作法，分别作出各不等径圆锥管的展开图。为了避免浪费边角材料，合理利用板材，可以按图 2-16（d）所示方法进行拼料。图 2-16（d）中 O_1a、a_1b、b_1c、c_1d、d_1O_2 应等于图 2-16（b）中相应同名各线段的长度。

2-2-7 不等径三通圆管正交的展开图

如图 2-17（a）所示立体，为不等径两圆管正交相贯。其相交的大、小圆管的展开图画法如下：

（1）首先准确地求出两圆管相交的相贯线，作法是先求特殊点Ⅰ、Ⅲ，再求一般位置上的点Ⅱ，并将主视图上的 1′、2′、3′、2′、1′各点光滑地连接成曲线，即为相贯线。

（2）求作小圆柱管的展开图：

① 将小圆管在水平面的投影圆作 8 等分（等分越多，则作出的展开图越准确），然后在

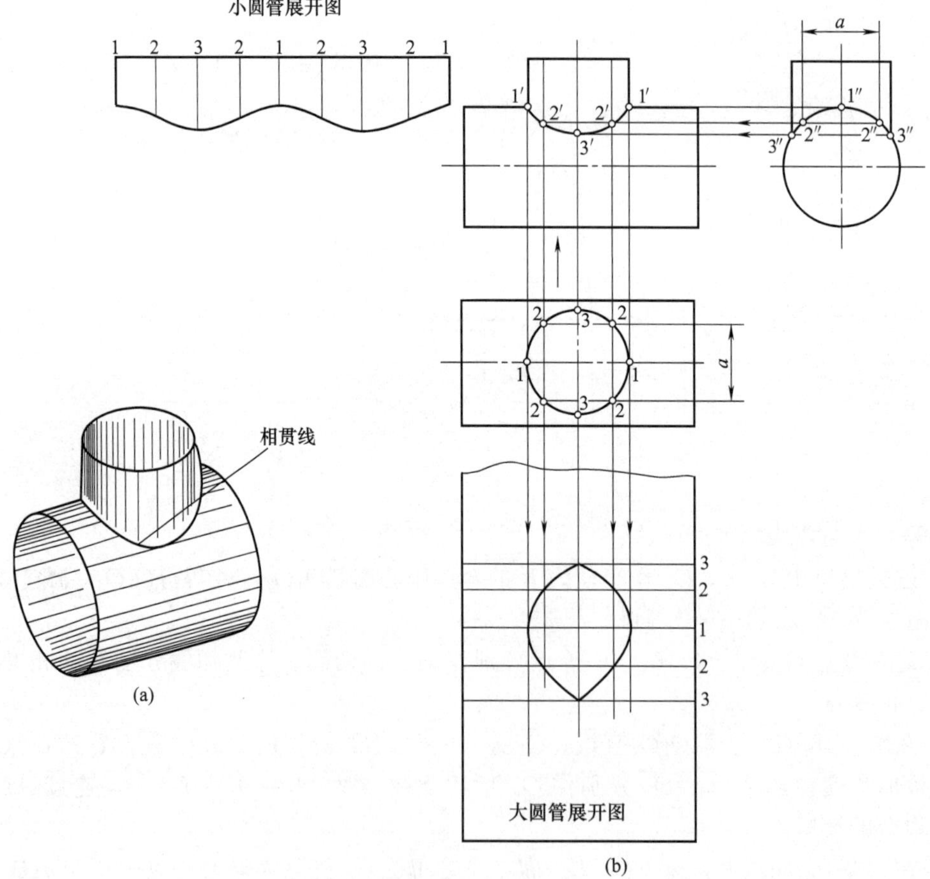

图 2-17　不等径两圆管正交三通管的展开

主视图上通过各等分点作垂直的素线，分别交相贯线得 $2'$、$3'$、$2'$。

② 延长小圆管上口水平线，在该水平线上取 $12=\overset{\frown}{12}$、$23=\overset{\frown}{23}$、$32=\overset{\frown}{32}$、$21=\overset{\frown}{21}$，即可得到前半个圆周的长度。

③ 继续量取 $12=\overset{\frown}{12}$、$23=\overset{\frown}{23}$、$32=\overset{\frown}{32}$、$21=\overset{\frown}{21}$，即为小圆管的周长。

④ 分别过 1、2、3、2、1、2、3、2、1 作周长线的垂直线。

⑤ 在各条素线上量取其在主视图上到相贯线的长度，将各端点光滑连接成曲线，即获得小圆管的展开图，如图 2-17（b）左侧所示。

（3）大圆管的展开图：作图方法原理与小圆管展开图方法相类似，读者可以自己分析，这里不再赘述。

在实际生产中，为防止钢板在轧卷中变形，一般不先割孔，待大管轧卷后，再用已展开且已焊好小圆管紧合在大圆管上画出相贯曲线后再开孔。

两等径圆管正交三通的展开图

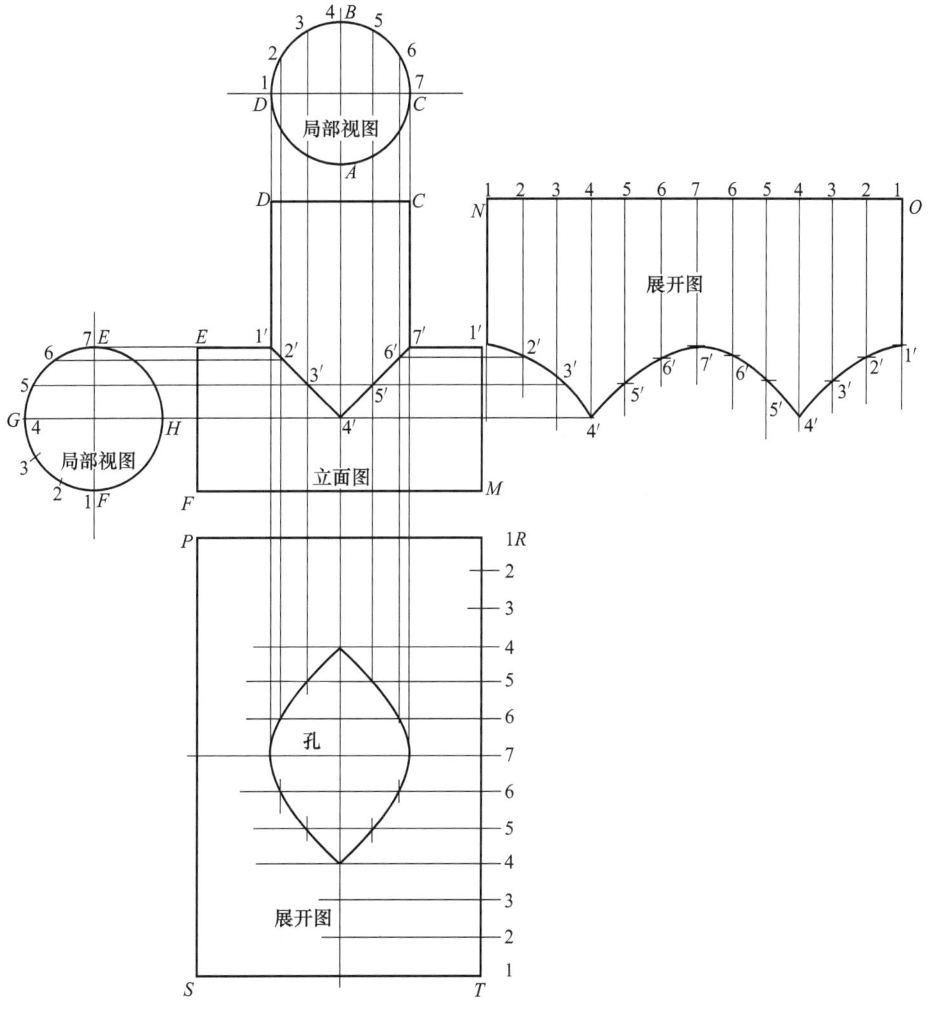

图 2-18　相等直径三通的展开图

(1) 先画出两等径圆管正交三通的主视立面图和两管口的局部视图圆。

(2) 求三通管的相贯线：因为两圆管的直径相等，所以其表面交线的正面投影是直线。

(3) 画轴线垂直的圆管的展开图：

① 将管口局部视图圆等分为 12 等分，得 1、2、3、4、5、6、7 点，分别过各点作铅垂素线，与相贯线相交得 1′、2′、3′、4′、5′、6′、7′点。

② 作水平线 NO，使 NO 等于管口圆的周长，并将 NO 等分为 12 等分，得 1、2、3、4、5、6、7、6、5、4、3、2、1。分别过各点作直线与 NO 垂直。

③ 在各垂直素线上量取各素线至相贯线上各相应点的距离，求得展开图上的 1′、2′、3′、4′、5′、6′、7′、6′、5′、4′、3′、2′、1′点。

④ 用曲线板光滑连接各点，得相贯线曲线的展开图，连 $N1'$、$O1'$，则 $NO1'4'4'1'$ 即为上部轴线垂直的圆管的展开图，如图 2-18 右边所示。

(4) 求作轴线水平的圆管的展开图：

① 首先将整个圆管进行展开，作法如下：作 RT 等于该圆管的管口周长，$RP=TS=FM$。

② 将圆管口等分为 12 等分，得 1、2、3、4、5、6、7……点。

③ 将 RT 等分为同样的 12 等分，得 1、2、3、4、5、6、7、6、5、4、3、2、1 点。

④ 过各点作水平线垂直于 RT，与过相贯线上各点 1′、2′、3′、4′、5′、6′、7′所作的垂线相交得到一系列的交点。

⑤ 光滑地连接各交点，得相贯线的展开图形。连 RT、TS、SP、PR，则 $RTSP$ 为水平圆管的展开图，如图 2-18 下边所示。

2-2-9 两等直径斜交三通的展开图

(1) 首先画出两等径圆管斜交的主视正立面图和两管口的局部向视图。

(2) 求出斜交的表面相贯线的投影，由于两管的直径相等，其交线的最前、最后点的投影必在主视正立面图的水平点划线与斜管轴线的交点 G 上。连 FG、HG，即完成相贯线的投影，如图 2-19 所示。

(3) 作斜圆管的展开图：

① 作 ML 的延长线，取 ON 等于斜圆管口圆周长，且将 ON 等分为 12 等分。

② 将斜圆管口圆等分为相同的 12 等分，并且过圆周各等分点作斜圆管的素线平行于其轴线，分别与已求得的相贯线相交。

③ 过 ON 上各等分点 1、2、3、4、5、6、7、6、5、4、3、2、1 作直线垂直于 ON。

④ 在各条素线上量取主视正立面图上对应的各条素线到其与相贯线交点的距离，从而得到一系列的点，则将这些点光滑地连接起来，得到曲线，再连接 NH、OH，则 $ONHGFG_1H_1$ 为上部斜圆管的展开图。

(4) 作轴线水平的圆管的展开图：

① 作该水平圆管的展开图，即 VY 等于该圆管口的圆周长。

② 将管口圆周等分为 12 等分，过 4、5、6、7 点作水平线与主视正立面图上相贯线相交得一系列交点，由这些交点向下方作垂直线。

③ 将 VY 也等分为相同的 12 等分，过各等分点作水平线垂直于 VY，并且与上述过相

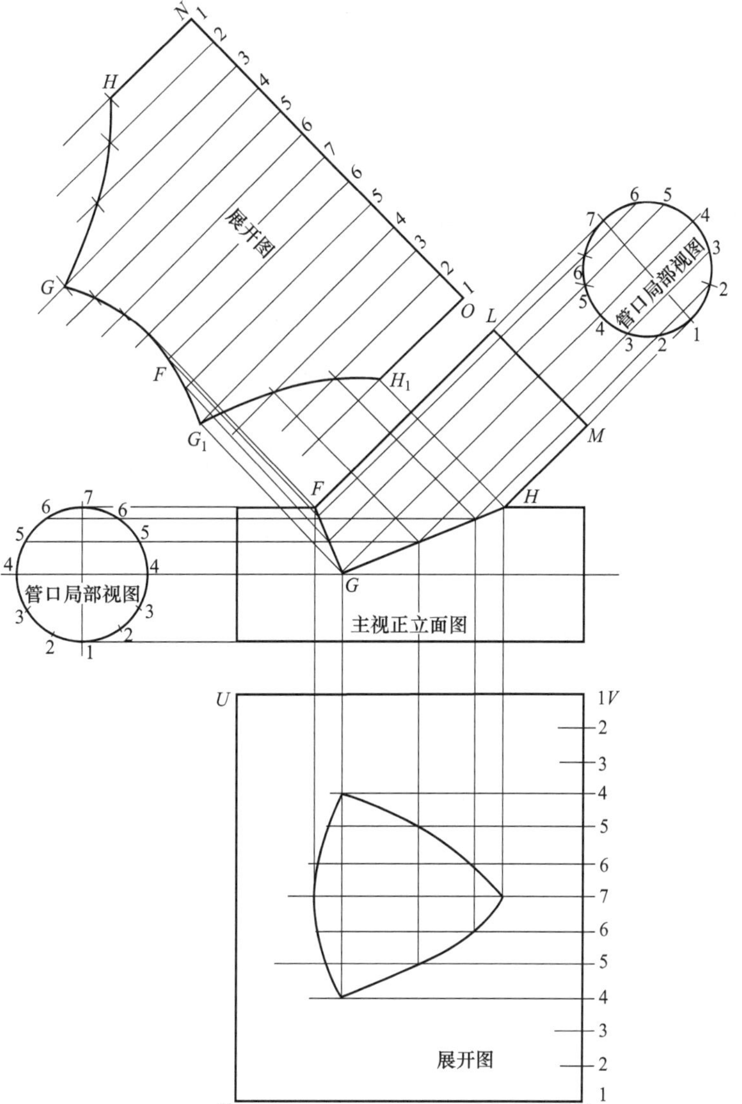

图 2-19 等直径斜交三通的展开图

贯线交点所作的垂直线相交得一系列交点。

④ 将这一系列的交点光滑连接起来，则 *VYXU* 为水平圆管的展开图，如图 2-19 下方所示。

2-2-10 不等径两圆管斜交的展开图

（1）作不等径圆管斜交的主视正立面图及两管的断面图，并对两断面图圆周分别作 12 等分、16 等分。

（2）求作斜交相贯线，特殊点 $1_1'$、$1'$及最前、最后点的投影 $4'$，一般位置上的点 $2'$、$3'$，光滑连接 $1_1'$、$2'$、$3'$、$4'$、$3'$、$2'$、$1'$各点，得相贯线的正面投影。

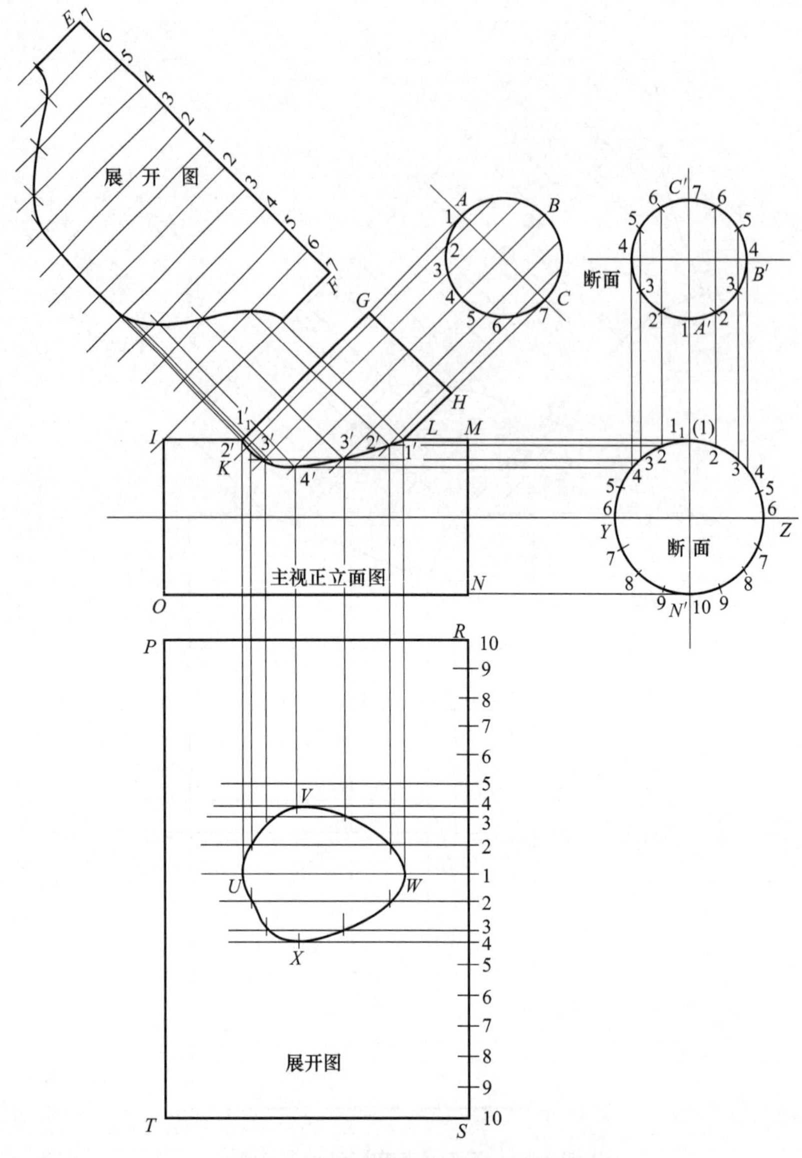

图 2-20 不等直径两管斜交的展开图

（3）作斜圆管的展开图，延长 HG，取 EF 等于斜管口圆周长，并且将 EF 等分为与斜管口断面图上圆周同样的 12 等分，得 7、6、5、4、3、2、1、2、3、4、5、6、7 点，然后过各点作直线垂直于 EF。量取各条素线的长度等于主视正立面图上对应的各条素线至相贯点的长度，从而获得表面交线上各相贯线的点。用曲线板光滑连接各相贯线上的点，即可得到相贯线的展开图，连成封闭的线框，即是斜圆管的展开图，如图 2-20 左上方所示。

（4）作轴线水平的圆管的展开图：

① 由右边斜管口断面图圆周上各等分点向下作垂直线，交水平圆管断面图圆周得 4、3、2、1_1(1)、2、3、4 点。

② 作水平圆管的展开图外形，即作 RS 等于水平圆管断面图圆周长，$RP=NO$。

③ 在 RS 线上取 4、3、2、1、2、3、4 点，使 $43=\overset{\frown}{43}$、$32=\overset{\frown}{32}$、$21=\overset{\frown}{21}$、$12=\overset{\frown}{12}$、$23=\overset{\frown}{23}$、$34=\overset{\frown}{34}$。

④ 由主视正立面图上相贯线上的 $1_1'$、$2'$、$3'$、$4'$、$3'$、$2'$、$1'$各点向下作垂直线与过 4、3、2、1、2、3、4 各点所作的水平线相交得到交点，光滑地连接各交点，即得轴线水平的圆管的全部展开图，如图 2-20 下部所示。

2-2-11 小直径圆管与大直径圆管前侧垂直偏交展开图

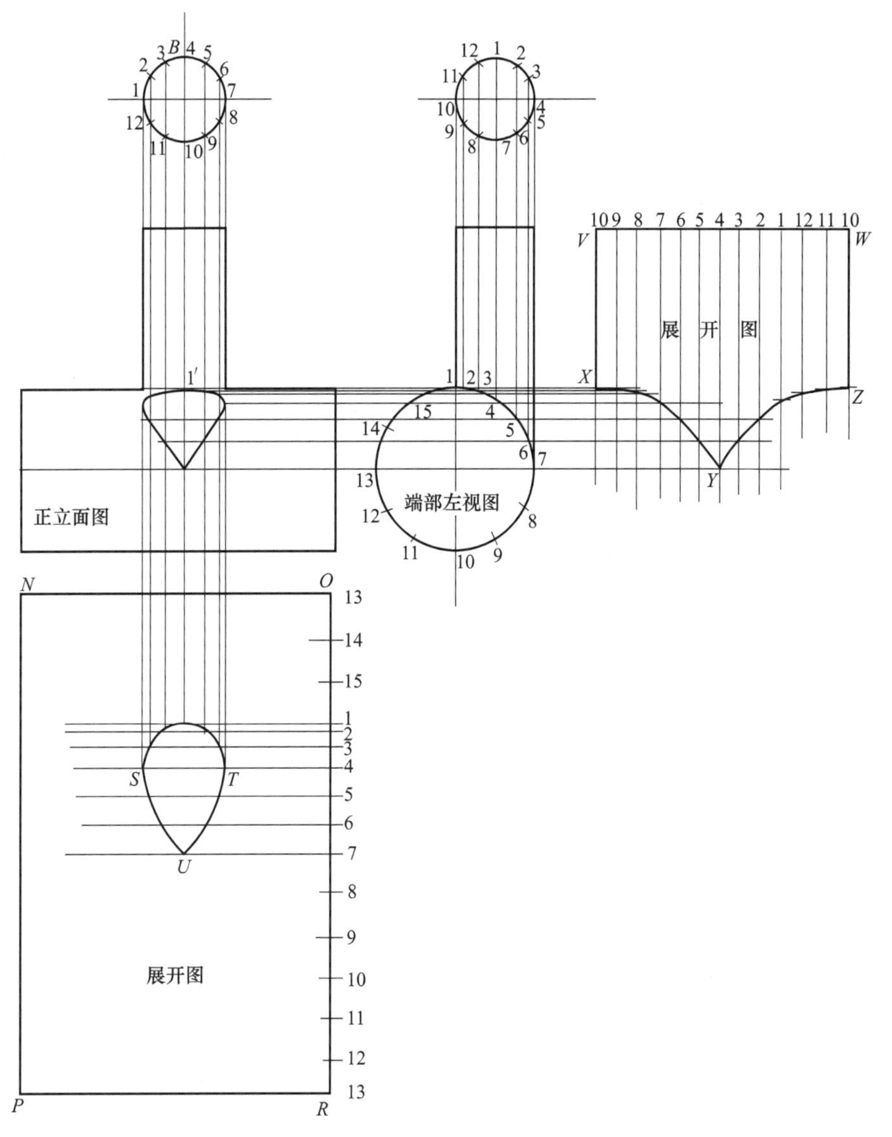

图 2-21　小直径圆管和大直径圆管前侧垂直偏交展开图

(1) 图 2-21 正立面图与侧视端部左视图表达了小圆管和大圆管前侧垂直偏交的情况。

(2) 首先将小圆管的断面图作 12 等分，可得等分点 1、2、3、4……11、12。

(3) 通过小圆管各等分点向下作垂直线与过大圆管侧视图圆上各相应点的水平线相交得两圆管结合相贯线的正面投影。

(4) 画小圆管的展开图

① 按小圆管高平齐画 VW 水平线，并使 VW 的长度等于小圆管圆周伸直的长度，且将 VW 等分成 12 等分，过这些等分点作 VW 的垂直线。

② 在各垂直线上量取正立面图上相应素线与相贯线之交点的距离，得到一系列的点，将该一系列点连接成曲线。

③ 连 VX、XY、YZ、ZW，则 $VXYZW$ 为小圆管的展开图，如图 2-21 右边所示。

(5) 画大圆管的展开图

① 按大圆管长对正画 NP、OR，并使 $NP=OR$ 且等于大圆管圆周长伸直的长度。

② 在 OR 上截取 1/4 圆周 13、14、15、1，然后截取不等分点 1、2、3、4、5、6、7（即相贯部分为 1/4 圆周长）。

③ 由正立面图上小圆管断面图上各等分点向下作垂直线分别与过 1、2、3、4、5、6、7 各点作的水平线对应相交，得到一系列的交点。

④ 将这一系列的交点光滑连接成曲线，则 $NPRO$ 及刚才连成的封闭曲线，即组成大圆管的展开图，如图 2-21 下面所示。

2-2-12 小直径圆管和大直径圆管后侧斜交展开图

图 2-22 的正立面图和左视图表达了小直径圆管与大直径圆管在后部 1/4 圆周处斜交，其相贯线应为不可见的虚线，该相贯线的作法如下。

(1) 作相贯线：

① 将小直径圆管的断面图等分为 12 等分，得等分点 1、2、3……11、12。

② 过这些等分点作直线平行于该小圆管的轴线，且与过左视图上各对应素线与大圆周的交点所作的水平线相交，分别得一系列的交点。

③ 光滑连接各点得相贯线（虚线）。

(2) 作小圆管的展开图：

① 在 WV 的延长线上，截取 RP 等于小圆管圆周伸直的长度，并等分为 12 等分。

② 过各等分点作 RP 的垂直线与过立面图上相贯线各点的 RP 的平行线对应相交，得到一系列的交点。

③ 光滑连接各交点，得曲线 SET，连接 RT、PS，即得到小圆管的展开图 $RPSETR$，如图 2-22 左上方所示。

(3) 作大圆管的展开图：

① 按大圆管长对正作 MO、LN，$MO=LN$（即大圆管圆周伸直的长度），在 MO 上截取 7、8、9、10 等于左视图上大圆管圆周的 1/4 弧长，并且截取不等长 11、12、13、14、15、1 点，使其等于左视图上两管相贯部分的弧长（即为 1/4 圆周长），过各点作水平线。

② 过主视立面图上相贯线上各点作垂直线与刚才所作的水平线相交得一系列交点。

③ 过一系列交点，光滑连接成曲线。则 $MONLM$ 与该封闭曲线组成大圆管的展开图，如图 2-22 下方所示。

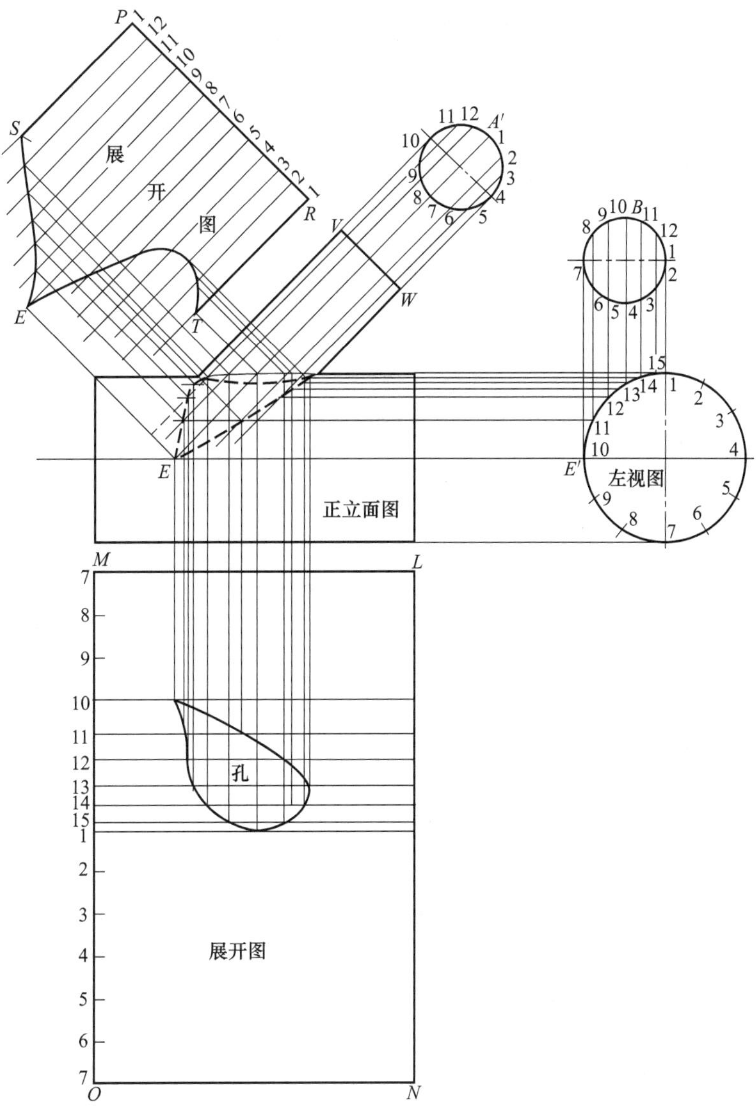

图 2-22 小直径圆管和大直径圆管后侧斜交展开图

2-2-13 圆管和矩形管斜交的展开图

(1) 图 2-23 中的正立面图和仰视平面图及矩形管的断面图表达了圆管与矩形管斜交的投影情况，矩形管与铅垂圆管的相贯线作法如下：

① 求交线最前、最后的正立面投影和交线的最上、最下的正立面投影（均为直线）。

② 连 $1_{上}$-$1_{下}$、$1_{上}$-$4_{上}$、$1_{下}$-$4_{下}$，即得表面交线的投影。

(2) 作矩形管的展开图。

① 延长 MN，取 TT 长度等于矩形断面图的周长，即 $TH=T'H'$、$HO=H'O'$、$OS=O'S'$、$ST=S'T'$。

② 将 HO、ST 两长边等分 6 等分，得 1、2、3、4、3、2、1 点，分别过 T、1、2、3、

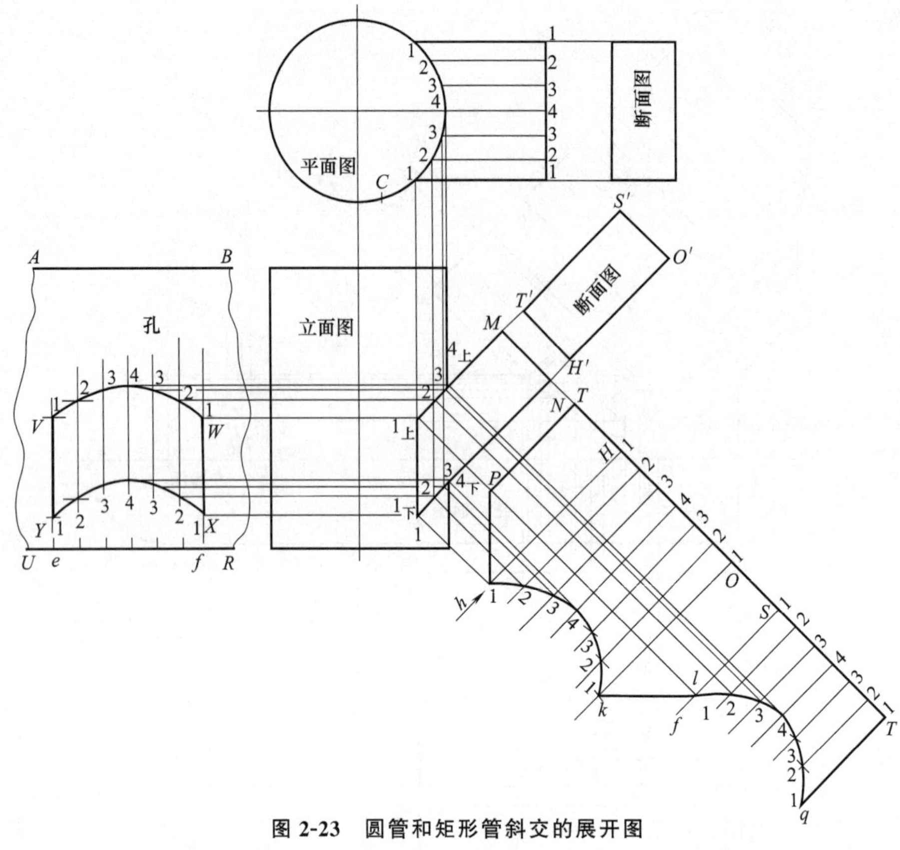

图 2-23 圆管和矩形管斜交的展开图

4、3、2、1 点作 TT 的垂直线。

③ 过仰视平面图上大圆上 1、2、3、4 点所作垂直线与矩形管与圆管的相贯线的交点作 TT 的平行线，分别与前面所作的 TT 的垂直线对应相交得到一系列的交点。

④ 光滑连接一系列点得曲线 $Phklq$，连 TP、Tq，得到矩形管的展开图 $TPhklqT$（注意 Ph 和 kl 为直线，hk 和 lq 为椭圆曲线），如图 2-23 右下方所示。

（3）作圆管的展开图

① 作 AB、UR 与圆管高平齐，在 UR 线上取 ef 的长度等于仰视平面图上大圆上 $\overset{\frown}{11}$ 弧长，将 ef 等分为 6 等分，过 6 个等分点作 UR 的垂直线。

② 过正立面图上矩形管与圆管相贯线上的 1、2、3、4 点，分别作水平线与前面过 6 等分点所作的铅垂线相交，得一系列的交点即上面 1、2、3、4、3、2、1 和下面 1、2、3、4、3、2、1 点，将 1、2、3、4、3、2、1 各点光滑连接成曲线（注：两条曲线均为椭圆曲线的一部分）。

③ 连 VY、WX（直线），则 $VYXWV$ 及外框构成圆管的展开图。

[注]：图上 $AURBA$ 只是外框的一部分，外框的总长应是圆管的圆周长 πD。如图 2-23 左侧所示。

2-2-14 椭圆管和圆管斜交展开图

图 2-24 是根据两管斜交已知角度画出的主视正立面图和左视图及椭圆管的断面图。

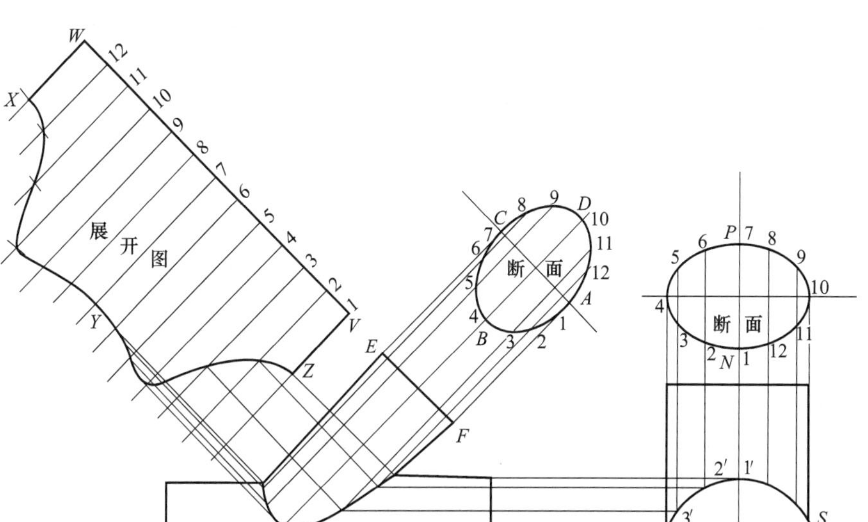

图 2-24 椭圆管和圆管斜交展开图（一）

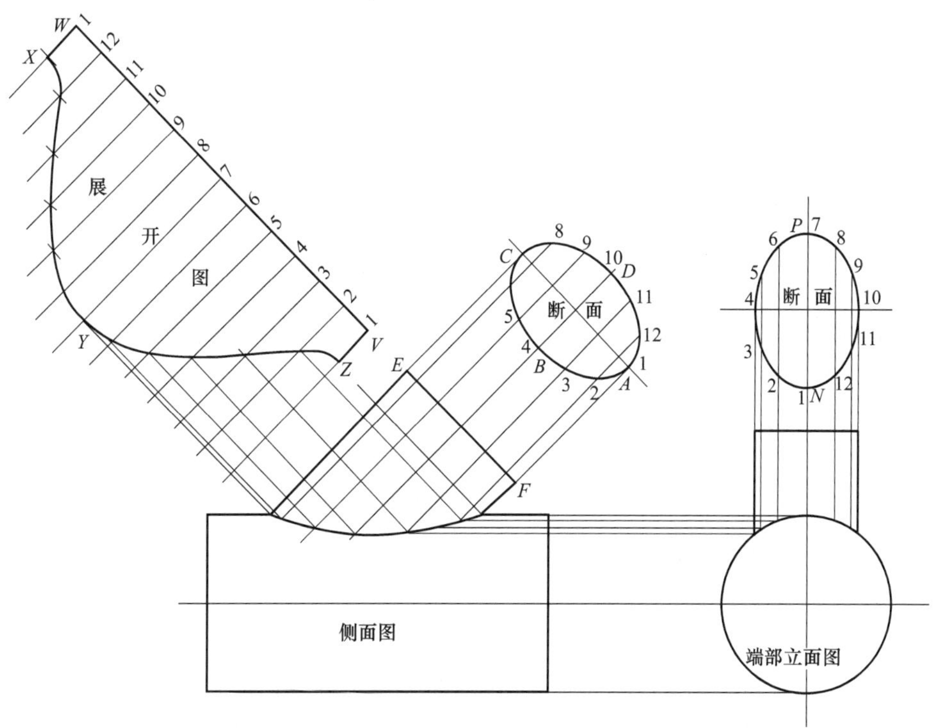

图 2-25 椭圆管和圆管斜交展开图（二）

（1）画椭圆管与圆管斜交的相贯线

① 在椭圆断面图上将 ABC（半个弧）等分得 1、2、3、4、5、6、7 点，过各等分点作直线平行于椭圆管的轴线。

② 在左视图的断面图上求得 1、2、3、4……12 等分点。由左视图的圆上的 1′、2′、3′、4′点向左作水平线，分别与①所作的椭圆管轴线的平行线相交，得一系列相贯线上的点。

③ 光滑连接一系列相贯线上的点，即得到椭圆管与圆管斜交的相贯线（曲线）。

（2）椭圆管的展开图

① 在 FE 的延长线上截取 VW，使 VW 的长度等于椭圆管断面图椭圆伸直的周长。然后将 VW 分成同样的 12 等分，过各等分点作直线垂直于 VW。

② 过主视正立面图上的相贯线上各点作直线平行于 VW，与①所作的 VW 的垂直线相交得到一系列的点。

③ 光滑连接这一系列的点，得到光滑曲线 XYZ，连接 XW、ZV，则 $VWXYZV$ 封闭的线框即为该椭圆管的展开图，如图 2-24 左上方所示。

（3）圆管的展开图

① 将圆管展开成长方框，其宽等于圆管的长度，其总长等于圆管圆周长 πD。

② 根据左视图上相贯区的不等距点之间的弧长，在长方框内作出相应弧长的长度，并由不等距各点作水平线。

③ 由主视正立面图上相贯线各有关对应点向下作铅垂线与②所作的水平线相交得一系列点。光滑连接这一系列点，得到圆管的展开图（图 2-24 图上未画出）。

图 2-25 所示的也是椭圆管与圆管斜交的正立面图和左视图及椭圆管的断面图。左上方为椭圆管的展开图，圆管的展开图未画出。

图 2-25 与图 2-24 基本相同，只是椭圆管的位置作了 90°的改变，因而相贯线的形状有些改变，但其作图的方法原理是完全一样的。

2-2-15 圆柱管与圆锥管正交的展开图（图 2-26）

（1）分析 圆柱管正交圆锥管，展开时先用辅助平面法求出其相贯线，然后以相贯线为分界线将其分成圆管、正圆锥两部分，分别用平行线法展开圆管，用放射线法展开圆锥，便可获得其展开图。

（2）作图步骤

① 作相贯线 按已知尺寸画出主视图和圆管 1/2 截面图，四等分圆管截面半圆周，等分点为 1、2、3、4、5。由 2、3、4 点引水平线与圆锥素线相交。各水平线可视为平面截切相贯体所得截交线的正面投影，并在锥底分别画出各形体截交线的水平投影的一半，即$\frac{1}{4}$圆管截面图和$\frac{1}{2}$锥底截面图。两形体截交线水平投影对应相交得 2、3、4 点。由 2、3、4 引上垂线与各截交线的正面投影对应交点为 2′、3′、4′。通过各点连成 1′5′曲线，完成相贯线。

② 作圆柱管展开图 在主视图 15 延长线上截取 1—1 等于圆管截面的周长，并作 8 等分，由等分点引对 1—1 垂直线，并与 1′、2′……各点引的向上的铅垂线相交，将对应交点连成光滑曲线，即得圆柱管的展开图，如图 2-26 上方所示。

③ 作圆锥管的展开图 由锥底 O 向 2、3、4 点连素线交圆锥底截面圆周于 2″、3′、4″，以 O'为圆心 $O'A$ 为半径画圆弧$\overset{\frown}{BC}$并等于圆锥底断面半圆周长，由$\overset{\frown}{BC}$中点 1″（5″）左右对称

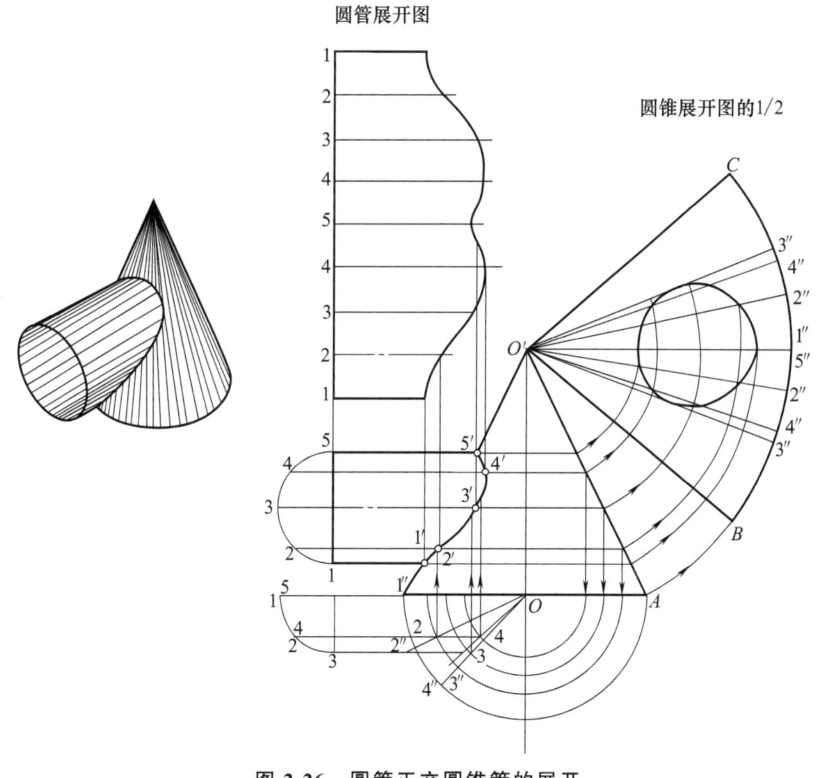

图 2-26　圆管正交圆锥管的展开

截取底断面$\widehat{1''2''}$、$\widehat{2''4''}$、$\widehat{4''3''}$弧长，得 1″、2″、3″、4″点，弧长对应等于圆锥底圆素线 $O2$、$O3$、$O4$ 与底圆周相交所得的弧长。

由 1″、2″、3″、4″点向 O' 连素线，与以 O' 为圆心、$O'A$ 上各点距离为半径的圆弧相交，将对应的交点连成光滑曲线，即为圆锥管开孔的实形展开图。图 2-26 右边为圆锥管展开图的 1/2。

2-2-16 斜截圆锥管与圆管斜交的展开图（图 2-27）

(1) 分析　圆锥管与圆管斜交，先用辅助球面法求出其相贯线后，分别用放射线法和平行线法将圆锥管和圆管展开，便可获得该相贯体展开图。

(2) 作图步骤

① 画主视图轮廓线、圆管断面及圆锥管辅助截面　根据已知尺寸，以两管轴线交点 O 为圆心（球心）在形体相贯区域内画三个不同半径（R_1、R_2、R_3）的圆弧（球面），与形体轮廓线相交。在各自形体内分别连接各弧的弦，得对应交点 2、3、4。通过各点连成 15 曲线为两管斜交的相贯线。

② 四等分圆锥管辅助截面半圆周　等分点为 1、2、3、4、5。由各等分点引对半径$\widehat{15}$垂线，过垂足向锥顶 S 连素线交顶口锥底得相贯线各点。再由各交点分别由 1、2、3、4 对 $S3$ 作直角线交于 $S5$ 各点，则各点至锥顶距离反映各对素线的实长。

③ 作圆锥管展开图　以 S 为圆心，$S5$ 上各点到 S 点的实长为半径，画同心圆弧与对应

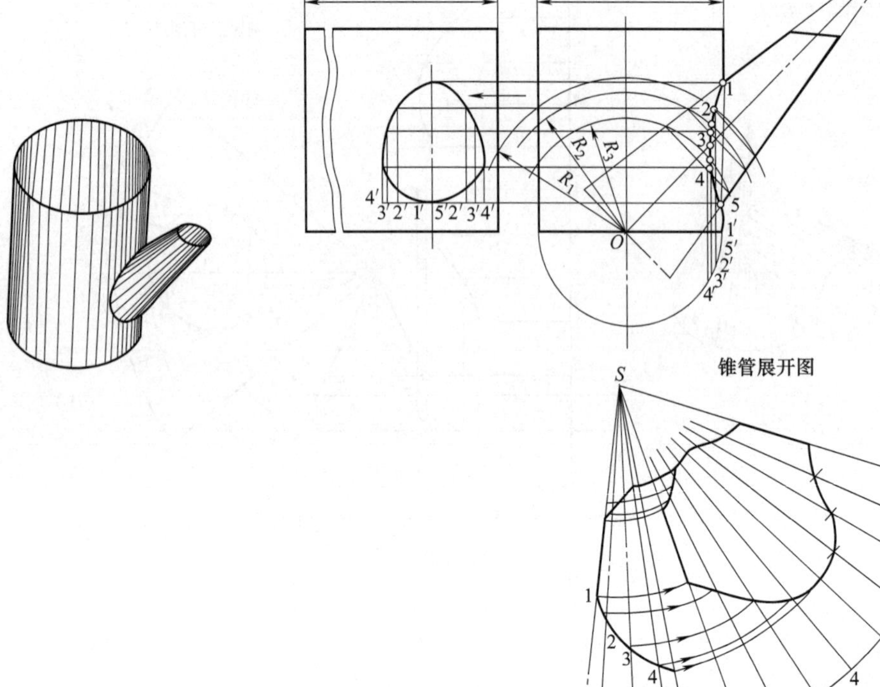

图 2-27 圆锥管与圆管斜交的展开

的放射线相交得一系列交点，将交点连接成光滑的曲线，并连接 S1、S1 中间的一段素线直线，即得到圆锥管的展开图，如图 2-27 下方所示。

④ 用平行线法展开圆管及开孔　其过程如画圆柱管展开图的方法一样。

2-2-17 圆管与正圆锥管斜交的展开图

图 2-28 中主视立面图表达了小圆管与正圆锥管在右侧斜交，其表面相贯线的作法较为复杂，若利用辅助平面法，作图过程十分麻烦，这里运用球面法作相贯线较为方便，其作法如下：

(1) 以圆管的轴线与正圆锥管的轴线之交点为圆心，以任意半径为半径画球（即作圆）则该圆与正圆锥管和圆管的轮廓线必有交点，连交点，则两条直线的交点即为相贯线上的点。

(2) 连接相贯线的各点，即得相贯线（曲线）。

(3) 将圆管的断面图等分为 12 等分（半圆等分为 6 等分），由各等分点作圆管的轴线的平行线，与相贯线相交得 1′、2′、3′、4′、5′、6′、7′点。

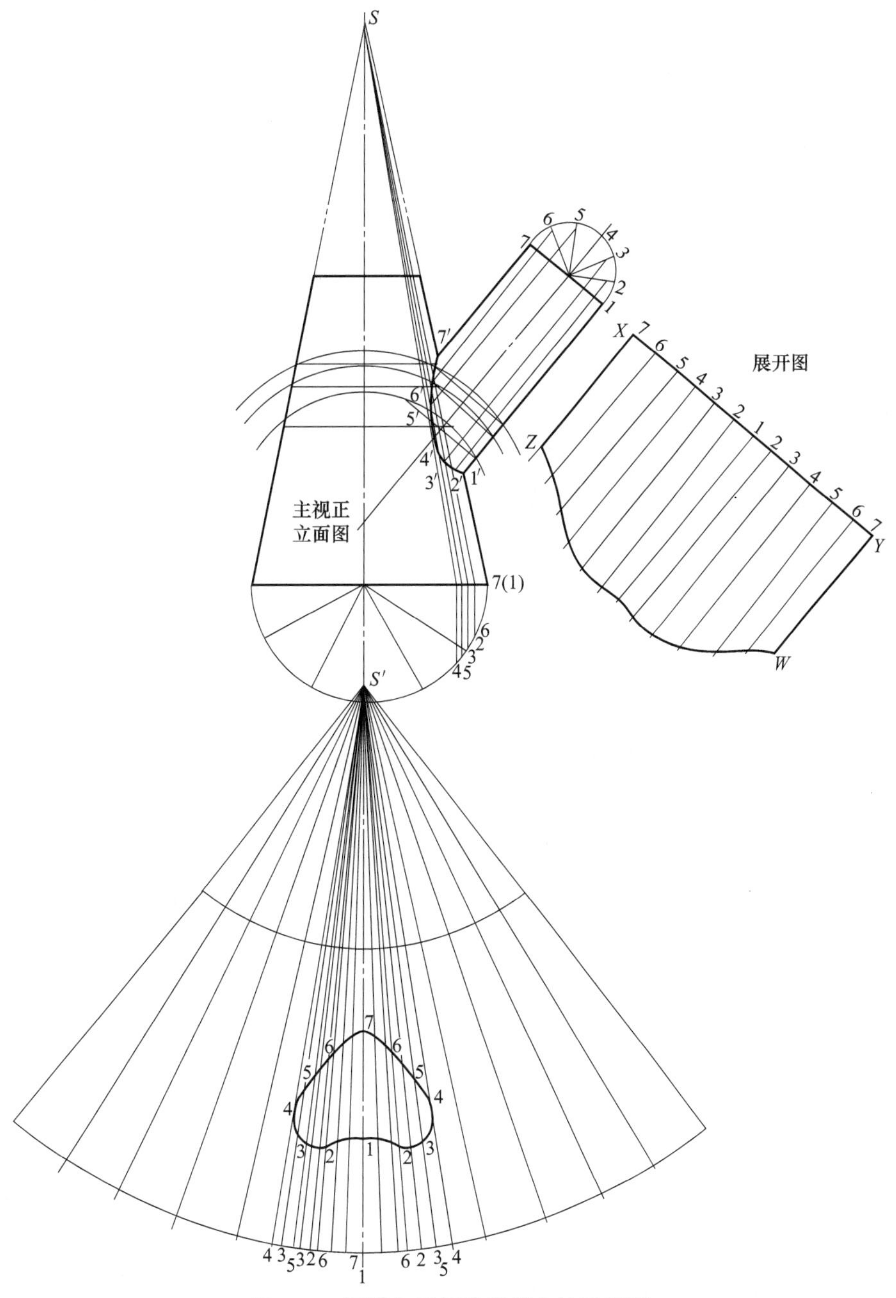

图 2-28 圆管与正圆锥管斜交的展开图

（4）画圆管的展开图：

① 作直线 XY，使 XY 等于圆管圆周伸直的长度，且将 XY 等分同样的 12 等分，过各等分点作直线垂直于 XY，并且取各直线的长度等于相应素线到相贯线交点的距离。

② 光滑连接各点即得曲线 ZW，连接 $XZYW$，则 $XYWZX$ 封闭线框为圆管的展开图，如图 2-28 右侧所示。

（5）画正圆锥管的展开图：

① 过顶点 S 连接相贯线上 1′、2′、3′、4′、5′、6′、7′各点，并延长与锥底相交。

② 过各点作底边垂直线交底圆（半圆）于 7（1）、6、2、3、5、4 点。

③ 画正圆锥管的展开图。

④ 用刚才获得的底圆弧上各点所占的弧长在正圆锥管展开图扇形的外圈大弧上截得 7（1）、6、2、3、5、4 点（注：以 7（1）为中心两边对称）。

⑤ 将 7（1）、6、2、3、5、4 点分别与 S'点连线。

⑥ 以主视正立面图上各素线到与相贯线交点的长度，在圆锥管展开图上各相应的直线上量取得一系列的相贯线展开后的点，将这一系列的点光滑连接起来，便是相贯处结合线的展开图，整个图形即为正圆锥管的展开图，如图 2-28 下边所示。

［注］ 用辅助球面法求作表面交线的作图原理：

① 当球面的中心在回转面的轴线上，球面和回转面的交线是垂直于轴线的圆周，若回转轴与某投影面平行，则圆周在该投影面上的投影是垂直于轴线的直线线段，这根直线线段就是球面和回转面两侧轮廓线交点的连线。

② 利用上述特性，对于轴线相交的两回转体，当它们的轴线都平行于某一投影面时，则可以以两轴线的交点为球心，以不同直径的球面为辅助切面来求出两回转面的共有点（注意，球的直径在两回转面有交线的范围内任意选择）。

2-2-18 三节 90° 圆锥渐缩形弯头的展开图

图 2-29 是三节 90°圆锥渐缩形弯头的展开图，其画法如下：

（1）画主视正立面图：

① 画中心轴线 GX，以 GX 为轴线作正圆锥 GEF（EF 等于底的直径）。

② 在正圆锥上端画 $M'L' /\!/ EF$，使 $M'L'$等于弯头小口的直径。

③ 在 GX 下部任一点 B 作中部和下部两节管的中线所成的角度 $LCBA$，并作$\angle CBA$ 的分角线 BD，在 EL'上截取 EP 等于已确定的长度，过 P 点作 PR 平行于 BD，交 FM'于 R 点，PR 即是下节与中节的接合分界线。

④ 在 PR 线上作 $PI=RJ$，过 I 画 AB 的平行线 IH，使 IH 等于 JG，连接 HP、HR。

⑤在 IH 上某适当部位任取一点 U 画中节和上节规定的角度 $LIUS$，也求出其角的分角线 UT。

⑥ 在 PH 线上截取用户规定长度 PN，过 N 点作 NO 线平行于 TU 交 RH 于 O 点，则 NO 线是中节和上节之间的接合分界线。

⑦ 在 NO 线上取 $Ni=Oj$，过 i 作 iK 平行于 US 线，取 $K'_1=H'_1$，连 KO、KN，然后在 KO 上截取 $MO=M'O'$，截取 $LN=L'M'$，连 ML，即得主视正立面图。

（2）画上、中、下节的展开图

① 画半个圆锥的底圆，分半圆为 12 等分，由各点向 EF 作垂直线，由所得各点与顶点 G 连成 12 条素线分别与接合线 PR、$N'O'$得交点。

② 通过各交点作 EF 的平行线，求得各线与 GF 线的交点。

③ 以 G 为中心，GF 为半径画圆锥的展开图，且作 12 等分的素线。

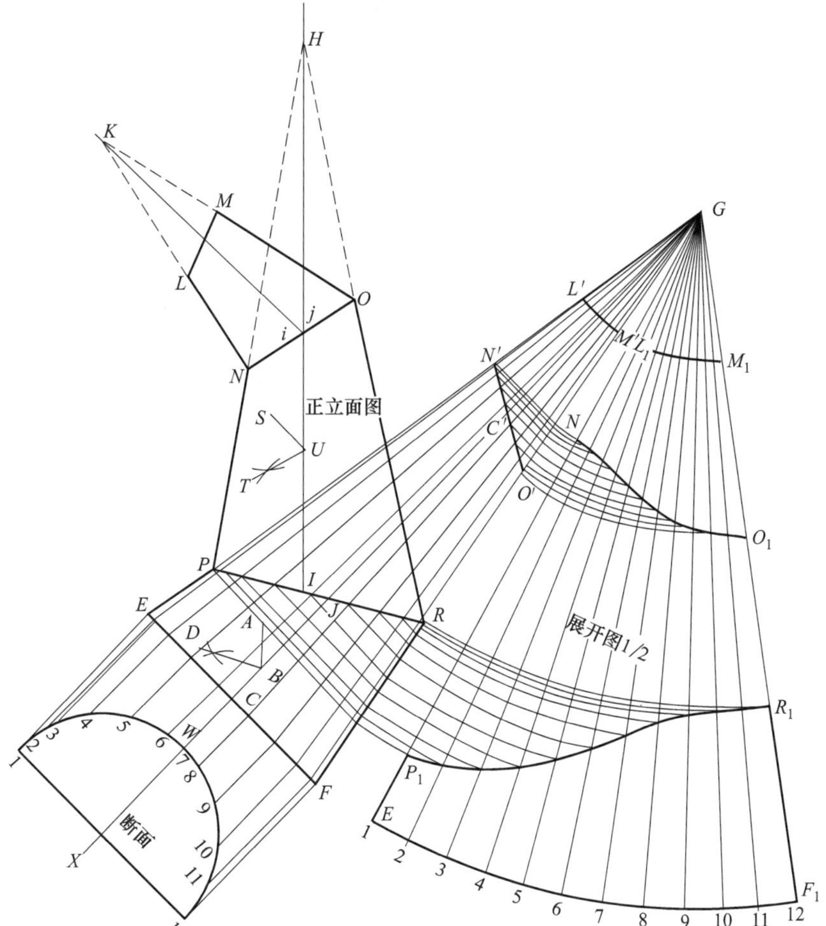

图 2-29 渐缩断面 90°三节弯头的展开图

④ 过②所求得各点（即素线的实长）作弧分别与③所作的对应的素线相交，便可得到一系列的点。光滑连接各点得曲线，则此曲线即为接合线的展开图（图 2-29 为展开图的 1/2）。

［注：上节和中节的接合线和中节与下节的接合线的展开画法是相同的。］

（3）下料时，用剪刀沿整个展开图的接合线剪开，再经过卷板机卷制成形，经咬缝或焊接即成三节 90°圆锥渐缩形弯头。

2-2-19 不成直角的渐缩断面两节弯头的展开图

图 2-30 为两圆锥中心线夹角等于$\angle JIH$，两圆锥相交的接合线画法如下：

（1）作$\angle JIH$ 的分角线 IK，根据用户的需要确定 E 点，过 E 作 $ED /\!/ IK$，则 ED 即为两节管的接合分界线。

（2）截取 $Eb=Da$，由 b 点作 $bA' /\!/ JI$，使 $bA'=aA$，$DG'=EG$，$EF'=DF$，连 $G'F'$，即获得不成直角的渐缩断面两节弯头的主视正立面图。

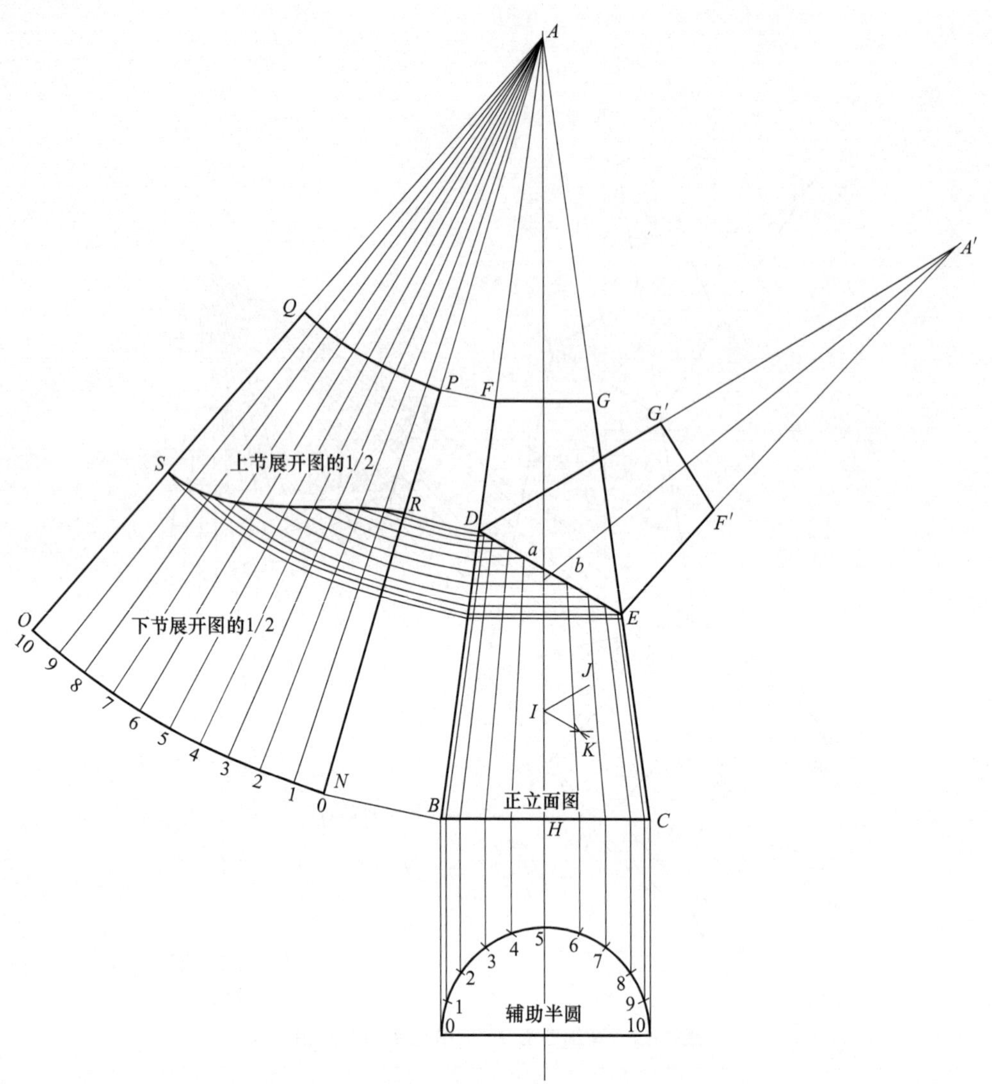

图 2-30　不成直角的渐缩断面两节弯头的展开图

(3) 画两节渐缩形弯头的展开图

① 画下节底圆的辅助图半圆，并等分为 10 等分，由各等分点 1、2、3、4、5、6、7、8、9、10 点向底边 BC 作垂直线交 BC 得各点，再分别将各点与顶点 A 连起来。

② 求上面所作各素线的实长，即通过各素线与接合线 DE 的交点作水平线分别与轮廓线 AB 得交点，则得各素线的实长。

③ 以 A 为顶点作圆锥 ABC 的展开图，并将扇形的外面大弧等分为同样的 10 等分，然后过各点连接 10 条素线。

④ 以正立面图上前面②所求得各素线的实长为半径，以 A 点为圆心画弧交刚才③画得的对应的素线，得到一系列的交点，光滑连接各点，即得两节圆锥管接合线的展开图。

⑤ 以 A 为中心，以 AF 为半径画圆弧得$\overset{\frown}{PQ}$，则 $PQSR$ 为上节管的展开图的$\frac{1}{2}$。$NOSR$ 是下节管的展开图的$\frac{1}{2}$。

⑥ 下料时应沿整个展开图的接合线剪开，经卷板机卷制，最后咬缝或焊接成形。

2-2-20 三节等径蛇形管的展开图

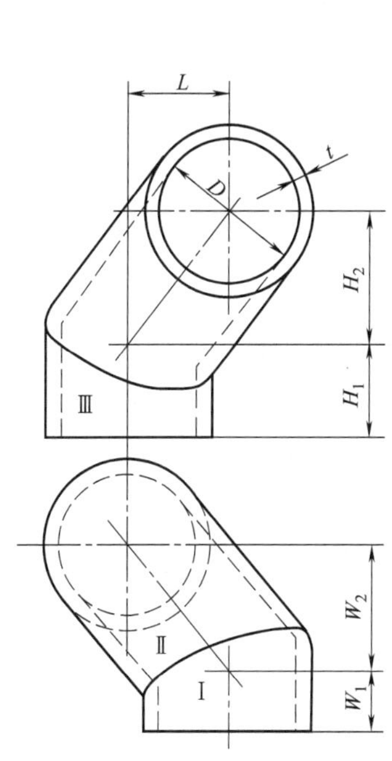

图 2-31 三节等径蛇形管

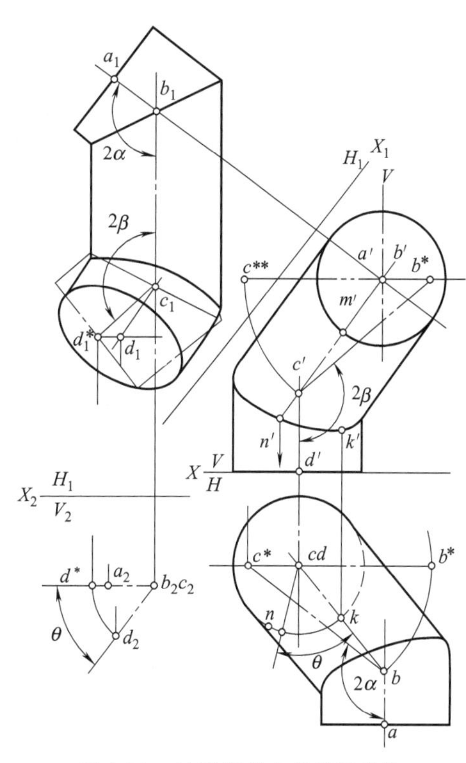

图 2-32 蛇形管各个角度的作法

三节等径蛇形管是由三节直径相同的圆柱管组成（图 2-31），管Ⅰ的轴线垂直于 V 面，管Ⅲ的轴线垂直于 H 面，它们的俯视图和主视图分别显示轴线的实长。管Ⅱ的轴线是倾斜放置的。三节管的轴线不在同一平面上。因三节圆管的直径相等，轴线依次相交，相邻两节管间结合线都是平面曲线。对于蛇形管，在画放样图和展开图前，需作出相邻两节管间轴线的夹角大小或每节管上结合线和轴线的夹角，以及错心角的大小。

构件是由直径相同圆柱管组成，为合理地使用材料，应经过旋转和移位后拼接一个完整的圆柱管，然后以其中性层直径用平行线法展开。

(1) 放样图

先按管壁的中性层直径和其余尺寸画出蛇形管主、俯两视图，再求各个角度的真实大小，见图 2-32。本实例介绍两种方法。

① 第一种方法　用换面法经过两次变换，先使新 H_1 投影面平行于管Ⅱ的轴线 BC，用 H_1 面替换 H 面，作出蛇形管的 H_1 面视图，再使新 V_2 投影面垂直管Ⅱ的轴线 BC，用 V_2 替换 V 面，作出蛇形管中各圆柱管轴线的 V_2 面视图。换面后，在 H_1 面视图上显示管Ⅰ和管Ⅱ的轴线 AB 和 BC 间的夹角的真实大小 2α，即同时得到管Ⅰ和管Ⅱ间结合线所在平面和轴线的夹角 α，在 V_2 面视图上得到管Ⅱ两端结合线间的错心角 θ 的真实大小。为了获得管Ⅱ和管Ⅲ轴线间夹角的真实大小，在 H_1/V_2 投影面体系中，令管Ⅲ的轴线 CD 绕管Ⅱ的轴

线 BC 旋转到与 H_1 面平行的位置 c_1d，这时，在 H_1 面视图上，两轴线的投影 b_1c_1 和 c_1d_1'' 间夹角 2β 为所求的真实大小。

② 第二种方法　在主、俯视图上用旋转法令管Ⅱ的轴线 BC 绕管Ⅰ的轴线 AB 旋转到与 H 面平行的位置 bc^*，此时两轴线水平投影 ab 和 bc^* 间夹角 2α 为管Ⅰ和管Ⅱ轴线间夹角的真实大小。再令管Ⅱ的轴线 BC 绕管Ⅲ的轴线间 CD 旋转到与 V 面平行的位置 cb^*，此时两轴线正面投影 $c'd'$ 和 $c'b^{*\prime}$ 间夹角 2β 为管Ⅱ和管Ⅲ轴线夹角的真实大小。为了求取错心角，在主视图上标出曲线 $b'c'$ 和管Ⅰ正面投影的交点 m'，以及和管Ⅱ、Ⅲ间结合线正面投影的交点 n'。由点 n' 根据点 N 在结合线上的关系作出它的水平投影 n。再在俯视图上标出轴线 bc 和管Ⅲ水平投影的交点 k。在图中，点 M 是经过管Ⅰ、Ⅱ间结合线沿轴线方向的最高点，点 k 是管Ⅱ、Ⅲ间结合线沿轴线方向的最低点。在管Ⅱ上分别经过这两点 m、k 的两条素线间的夹角就是错心角。俯视图上两直线 nc 和 kc 间的夹角 θ 显示该夹角的真实大小。

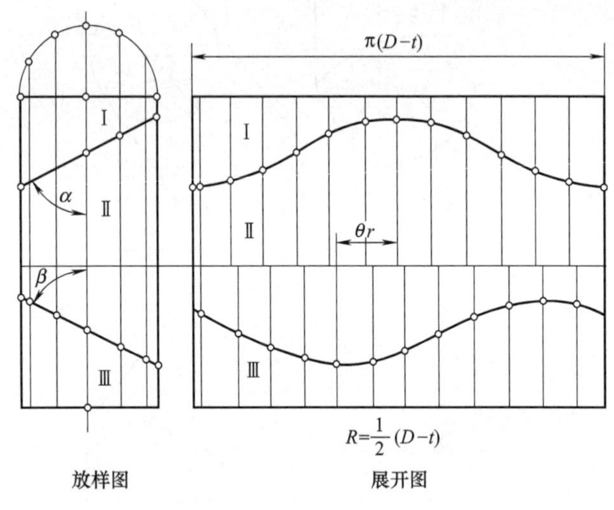

图 2-33　三节等径蛇形管的放样图及展开图

画拼接后圆柱管的放样图。先由圆柱管的中性层直径 $D-t$ 和各节圆柱管的轴线长度画出圆柱管的轮廓线，再由角 α、β 画出管Ⅰ、Ⅱ间和管Ⅱ、Ⅲ间结合线的投影（图 2-32）。

(2) 画三节等径蛇形管的展开图

根据拼接后圆柱管的放样图用平行线法画其展开图（图 2-33）。三节圆柱管拼在一起的展开图为一矩形，展开图中的两条结合线的展开曲线为各节管间的分界线，经过管Ⅰ、Ⅱ间的结合线最高点的素线和经过管Ⅱ、Ⅲ间结合线最低点的素线之间应错开一段距离 $\theta\gamma$，其中 θ 为错心角，$\gamma=\frac{1}{2}(D-t)$ 是圆柱管中性层的半径。

2-2-21 四节等径蛇形管的展开图

如图 2-34 所示，管Ⅰ和管Ⅲ互相平行，管Ⅱ平行于 V 面，管Ⅲ平行于 H 面，管Ⅰ、Ⅱ、Ⅲ的轴线不在同一平面上，管Ⅱ、Ⅲ、Ⅳ的轴线也不在同一平面上，相邻两管的轴线都相交，其相贯线都是平面曲线，为了画蛇形管的展开图，首先必须作出相邻两节管轴线之间的夹角，也可作出每节管上结合线所在平面与轴线之间的夹角，管Ⅰ与Ⅱ及管Ⅲ与Ⅳ间的夹角已分别在主、俯图中表示，仅需求管Ⅱ与管Ⅲ间的夹角。同时还要求出管Ⅱ和管Ⅲ的错心角大小。由于四管等径，为节省材料，可采用旋转移位法，拼成一个完整圆柱，然后以中性层尺寸用平行线法展开。

(1) 放样图的作法

先按构件中径层直径和其他尺寸画出构件主、俯视图。接着在图上求出各个角度的真实

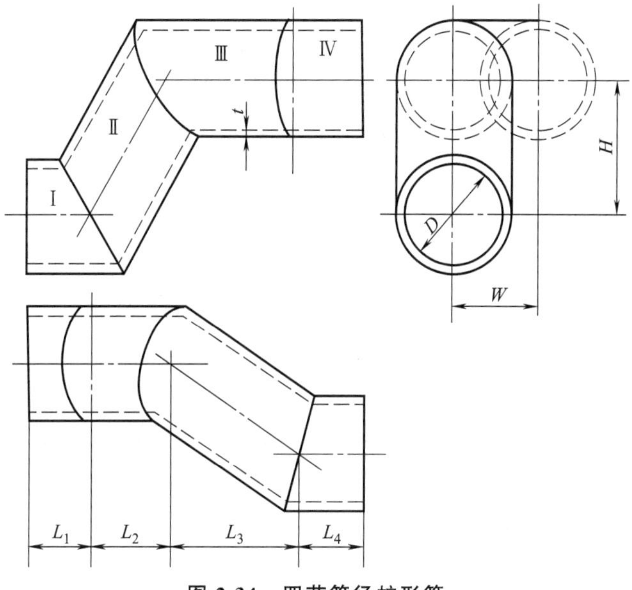

图 2-34　四节等径蛇形管

大小，如图 2-35 左侧所示。

先用换面法，令新 H_1 投影面垂直于管Ⅱ的轴线 BC，用 H_1 面替换 H 面，作出管Ⅰ、Ⅱ、Ⅲ轴线的 H_1 面投影 a_1b_1、b_1c_1 和 c_1d_1。a_1b_1 和 c_1d_1 间夹角 θ_1 就是经过管Ⅱ左端结合

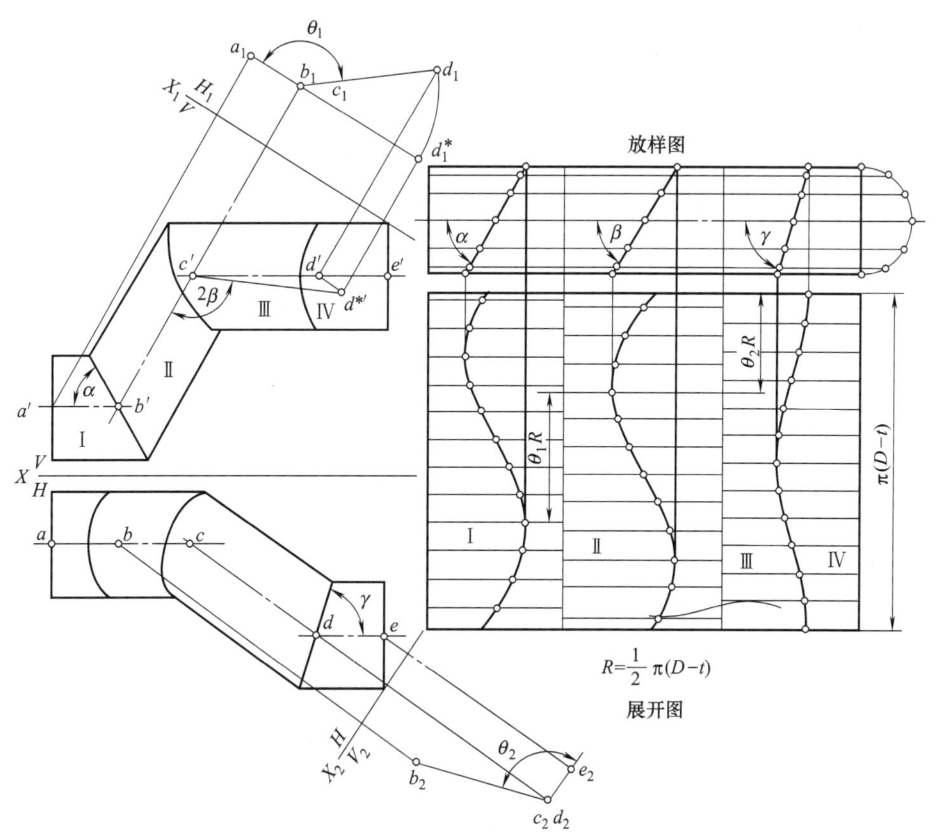

图 2-35　四节等径蛇形管的放样图和展开图

线最右点和左端结合线最左点和素线之间的错心角。再用换面法，令新 V_2 投影面垂直管Ⅲ的轴线 CD，用 V_2 面替换 V 面，作出管Ⅱ、Ⅲ、Ⅳ轴线的 V_2 投影 b_2c_2、c_2d_2 和 d_2e_2。b_2c_2 和 d_2e_2 间夹角 θ_2 就是经过管Ⅲ左端结合线沿轴线方向最左点和右端结合线最右点的素线之间的错心角。管Ⅱ、Ⅲ轴线间夹角用旋转法求取，在 V/H_1 投影面体系中，令管Ⅲ的轴线 CD 绕管Ⅱ的轴线 BC 旋转到与 V 面平行的位置 $c_1d_1^*$，旋转后两轴线 BC 和 CD 的正面投影 $b'c'$ 和 $c'd^{*'}$ 间夹角 2β 显示真实大小。

画拼接后圆柱管放样图，先由圆柱管中心层直径 $D-t$ 和各节圆柱管的轴线长度画出圆柱管的轮廓线，再由角 α、β 和 γ 画出相邻各节管间的结合线投影。

(2) 展开图 按拼接后圆柱管的放样图用平行线法展开。四节圆柱管拼在一起的展开图为矩形，矩形的高为 $\pi(D-t)$，宽为各节管轴线长度之和。展开图中三条结合线的展开曲线为各节管间的分界线，经过管Ⅱ左端结合线最后点的素线和管Ⅱ右端结合线最左点的素线间应错开一段距离 θ_1r_1，经过管Ⅲ左端结合线最左点的素线和右端结合线最后点素线间应错开一段距离 θ_2r。其中 θ_1 和 θ_2 是错心角，$r=\frac{1}{2}(D-t)$ 是中性层半径。图 2-35 右边即为四节等径蛇形管的展开图。

2-2-22 三向扭转 90°的五节圆管弯头的展开

图 2-36 为实物的投影图，其尺寸为 d、t、R 及 90°角。从已知投影图的主视图和左视图可以看出，管Ⅰ和管Ⅴ相同，管Ⅱ和管Ⅳ相同，因此，只求出管Ⅰ、Ⅱ、Ⅲ的展开图即可。

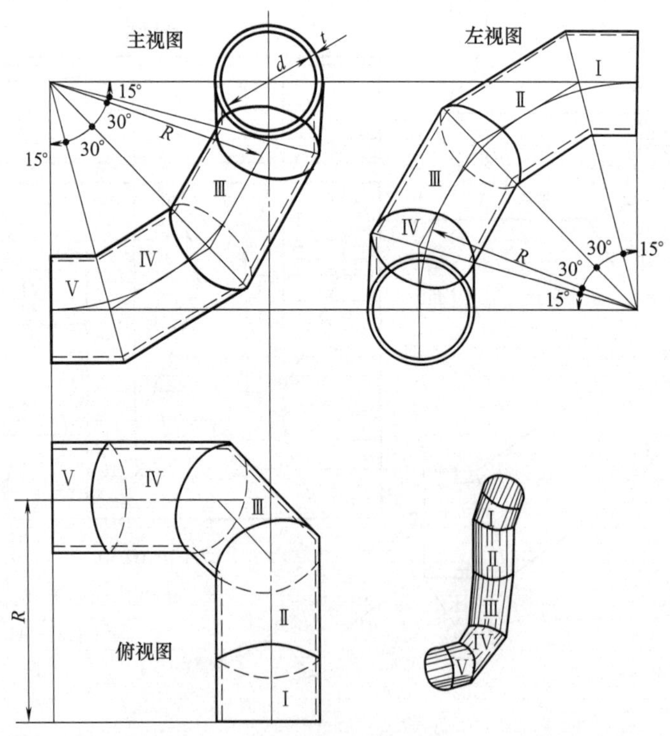

图 2-36 三向扭转 90°的五节圆管弯头投影图

(1) 管Ⅱ与管Ⅲ接合实角的求法 先用已知尺寸画出主视图如图 2-37。垂直管Ⅲ画出 A 向图。在管Ⅲ中心线延长线上画 1—1 截面图。在 1—1 截面图里的 C（B）A 为管Ⅳ的中心线，C（B）D 为管Ⅱ的中心线，DE 为管Ⅰ的中心线，l_2 为管Ⅲ的错心弧长（实际工作中按板厚中心弧长）。垂直管Ⅱ中心线画出管Ⅱ与管Ⅲ实角图。在延长管Ⅱ中心线上画 2—2 断面图，2—2 截面图里的 DE 为管Ⅰ的中心线，l_1 为管Ⅱ错心弧长（在实际工作中按板厚中心弧长）。

(2) 管Ⅰ展开图画法 在水平线上取 3—3 等于管 l 板厚中心径展开长度，8 等分 3—3 得点为 3、2、1、2、3、4、5、4、3。各点引上垂线由右点 3 向上取管Ⅰ中心长度 m 得 T_1 点，以 T_1 为中心，管Ⅳ与管Ⅴ接合线上 γ 作半径画半圆，4 等分半圆周，等分点为 1、2……5，由各等分点向左引水平线，与 3、2……4、3 的上垂线对应相交，将交点连成光滑曲线，即得出Ⅰ的展开图，如图 2-37 所示右边展开图的下方图示。

(3) 管Ⅱ展开图画法 在管Ⅱ与管Ⅲ实角图上，由管Ⅱ中心 O_1 分为两段，作 DO_1 和 O_1C 与管Ⅰ接合的 DO_1 段等于管Ⅰ的展开图，将管Ⅰ展开图扭转 180°图形为 D_1—3°—3°—T_1。由点 3°向上取 $3°T_2$ 等于管Ⅱ与管Ⅲ接合中心线长度 O_1C。以 T_2 为中心，γ' 作半径画半圆，4 等分半圆周，等分点为 1、2……5。由各等分点向左引水平线，将 3°—3°线的等分点分别向左移等于 2—2 截面图弧长 l_1 的距离得 4、5……3、4 点，并引上垂线与 T_2 半圆周等分水平线对应相交，将交点连成曲线，即得出Ⅱ展开图，如图 2-37 所示的右边展开图的上方图示 D_1—5°—5—T_1。

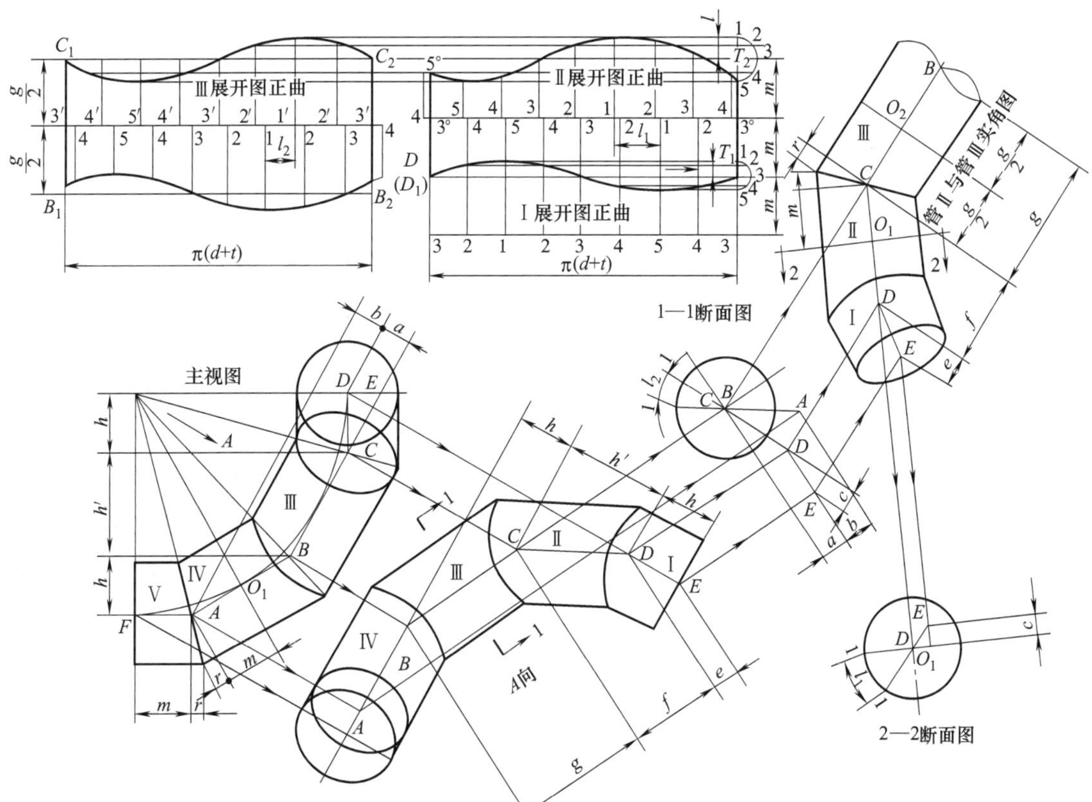

图 2-37 三向扭转 90°的五节圆管弯头展开

(4) 管Ⅲ展开图画法 由Ⅱ展开图 T_2 点向左引水平线上截取 C_1C_2 等于管Ⅲ中心径展开长度，8 等分 C_1C_2，通过等分点作垂线，与由 T_2 半圆周等分点向左引水平线对应相交，将交点连成曲线，由点 C_1、C_2 向下分别取等于管Ⅲ中心线长度得点为 B_1、B_2，并 C_1B_1 和 C_2B_2 线的中点画直线 3′—3′。由 C_1C_2 直线 8 等分点向下作垂线将 3′—3′线等分，得点 4′、5′……2′、3′，再将各点向右移等于 1—1 截面图 l_2 弧长的距离得点为 4、5、4、3、2、1、2、3、4。再由各点引下垂线并分别截取等于点 4′、5′……2′、3′至曲线 C_1C_2 长度得出各点，将点连成曲线 B_1B_2，即得出Ⅲ展开图，如图 2-37 左边展开图所示。

2-2-23 和圆筒相交的正四棱锥展开图

图 2-38 是和圆筒相交的正四棱锥的主视正立面图和俯视平面图。其空间形状为图 2-39 所示。

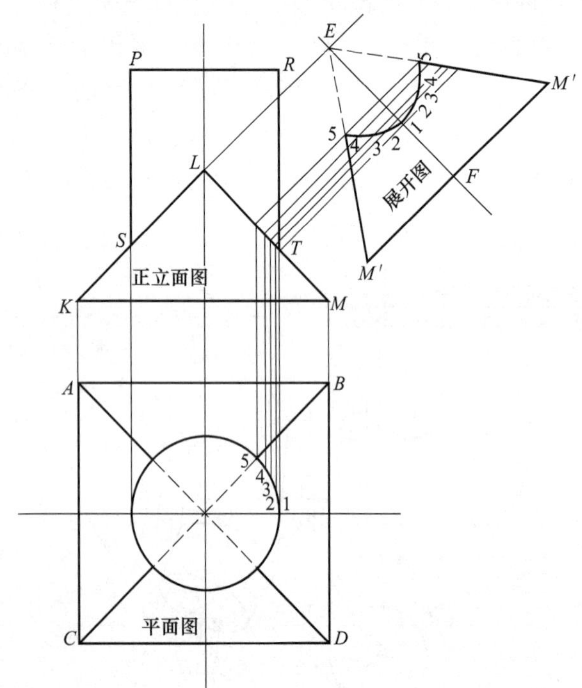

图 2-38 和圆筒相交的正四棱锥展开图

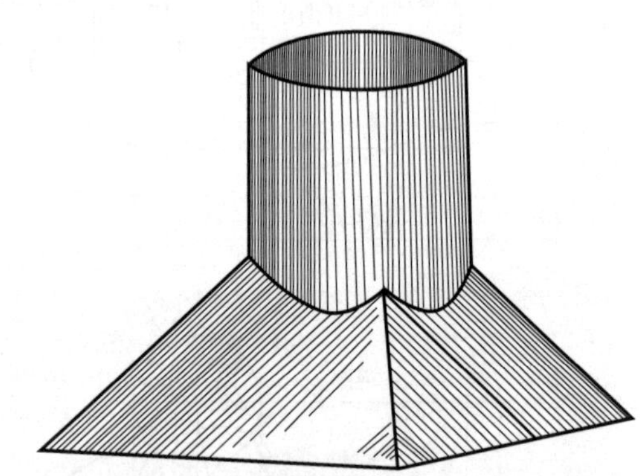

图 2-39 和圆筒相交的正四棱锥立体图

圆筒实际上是相当被四个角度相同的斜面相切（两个正垂面，两个侧垂面切割），其相贯线是四个椭圆曲线，其展开图是四个连续的椭圆曲线的展开图，其作图原理与 2—2—1 图 2-9 的作法是一样的，这里不再赘述，其展开图从略。

这里重点讲一讲正四棱锥表面的展开画法：

① 因为正四棱锥的底边是正方形，即意味着四个棱锥表面形状是一模一样的，所以实际上只需求出它的 1/4 展开图即可。

首先把俯视图上的圆的 1/8 部分圆弧等分为 4 等分，得各等分点 1、2、3、4、5，通过这些点向上作直线垂直正立面图中的底边 KM，并且与 LM 相交得各交点，再过这些交点作 LM 的垂直线。

② 由 M 点作 LM 的垂直线 $M'M'=BD$，取 $M'M'$ 的中点 F，过 F 点作中心线 FE 与 KL 的延长线垂直交于 E 点。

③ 前面①所作的 LM 的垂直线必与 EF 交于 1 点，与 FM'、FM' 交于 5、5 点。

④ 以 1 点为中心，1/8 圆弧的四等分弧长为半径画弧与相应圆弧上 2 点所引的 LM 的垂线相交得 2 点。再以 2 点为圆心，以 1/8 圆弧的四等分弧长为半径画弧与俯视图上圆弧上相应 3 点引出所得 LM 的垂直线相交得 3 点。再以 3 点为圆心，以 1/8 圆弧的四等分弧长为半径画弧与俯视图上圆弧上 4 点引出的与 LM 交点的垂直线相交得 4 点。

⑤ 把 1、2、3、4、5 点光滑连接成曲线，则图 2-38 右上侧的 5—1—5—M'—M'—5 即为$\frac{1}{4}$四棱锥面的展开图。用上述同样的方法画四片这样的展开图连在一起，便是全部整个四棱锥筒的展开图。

2-2-24 正四棱锥和椭圆筒相接的展开图

图 2-40 中的正立面图、俯视平面图及 A 向图全面地表达了正四棱锥和椭圆筒相接的形状特征。由于上部是椭圆筒的原因，造成了其正面相交的相贯线与侧面相交的相贯线形状不完全相同，因而在作图中必须首先分别作出正立面图和 A 向图上的相贯线，然后再分别画出正四棱锥的正立面和 A 向表面的展开图，作图方法如下：

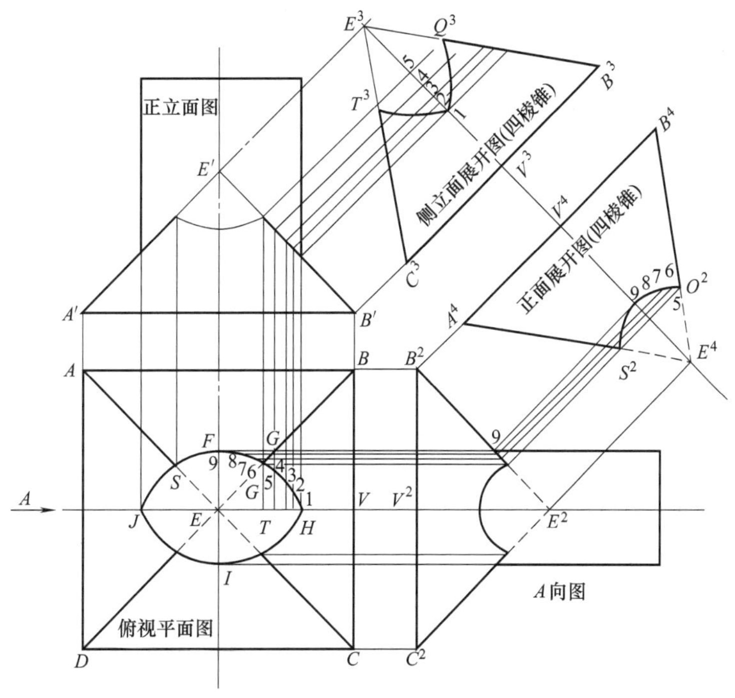

图 2-40 正四角锥和椭圆筒相接的展开图

① 画正四棱锥台与椭圆筒的正立面主视图和水平投影俯视平面图，过 E 点画 $ABCD$ 的对角线，得 1/4 椭圆弧 FGH，将 GH 部分等分成 4 等分，并由各等分点向上作铅垂线与 $E'B'$ 相交得相应的交点。

② 通过 E'、B'点作 $E'B'$的垂线，在过 B'点的垂线上截取 $C^3B^3=BC$，取 C^3B^3 的中点 V^3，过 V^3 作 C^3B^3 的垂直平分线交过 E'的垂直线于 E^3。

③ 过前面①所求得的各点作 $E'B'$的垂直且相互平行的直线，必与 E^3V^3 相交，分别得交点 1、2、3、4、5。

④ 以 E^3V^3 上的 1 点为中心，以平面图上 GH 弧的四等分点之间的距离为半径画弧交过 2 点的 $E'B'$的垂直线，得两个对称的交点。

⑤ 用同样的方法，以前面④获得的两个交点为圆心，以平面图上 GH 弧上四等分点之间距离为半径画弧交过 E^3V^3 上 3 点的 $E'B'$的垂直线，得到两个对称的交点。

⑥ 用上述④、⑤同样的方法可求得其他 $E'B'$垂线上的对称点，然后光滑连接各点得展开图曲线。则 $C^3B^3Q^3T^3$ 为正四棱锥的侧面展开图，如图 2-40 右上方所示。

⑦ 用同样的方法可作出正四棱锥前后正立面展开图，作 C^2B^2 平行于 CB，使 $C^2B^2=CB$。

⑧ 作 A 向图。

⑨ 过 B^2 作 A^4B^4 垂直于 B^2E^2，取 $A^4B^4=C^2B^2=CB$，作 A^4B^4 的垂直平分线 E^4V^4 交过 E^2 的 B^2E^2 的垂直线于 E^4 点。

⑩ 等分椭圆弧 FG，得四等分点 5、6、7、8、9，过 5、6、7、8、9 点作 CB 的垂直线并延长交 B^2E^2 得五个点，再由该五个点分别向 E^4V^4 作垂直线。

⑪ 以 E^4V^4 上的 8 点为圆心，以俯视平面图上椭圆弧 FG 上$\overset{\frown}{98}$弧的弧长为半径画弧，交过 B^2E^2 上的 8 点的 E^4V^4 的垂直线得两个对称点。

⑫ 用同上的方法，以上述的对称点为圆心，以$\overset{\frown}{FG}$上四等分点之间的距离为半径画弧，交 B^2E^2 上 7 点的 E^4V^4 的垂直线得两个对称点。

⑬ 用上述方法可以获其余的对称点，光滑连接一系列的点，便是正四棱锥的正立面展开图 $A^4B^4O^2S^2$，如图 2-40 右侧所示。

椭圆筒的展开图，请读者自行分析、作图。

2-2-25 圆筒与八棱筒垂直相交的展开图

① 如图 2-41 已知长度为 BE 的圆筒和长度为 GH 的八角形筒垂直相交，首先画出圆筒的平面图（俯视图）A 和主视立面图 $BCDE$；再画八角筒的立面图和平面图，并画八角筒左视端面局部向视图 F'和 F，根据 F 图可画出 $GHIJ$。由 F'和 F 图的八角顶点向左引水平线与平面图及立面图圆筒圆周上的素线相交可求得 $1'$、$2'$、$3'$、$4'$及一般点 a'，a'即可求得表面交线 $1'a'2'$及 $3'a'4'$（两条曲线）。

② 由 F 图上八角顶点及一般位置 a 点引水平线与圆筒的平面图圆周相交得到的各点 4（1）、a、3（2），即是相贯线上的点。

③ 作 KN 直线（最好作在 HJ 延长线上），按 F 图上，分别量取 $1''a''2''=1a2$、$2''3''=23$、$3''a''4''=3a4$、$4''b''4''=4b4$、$4''a''3''=4a3$、$3''2''=32$、$2''a''1''=2a1$、$1''b''1''=1b1$。

④ 将各棱线与圆筒的相交的实际长度画到展开图上，并求出过 a、b 点的一般素线与圆筒的相交点的长度。

⑤ 将各线的长度的端点顺次连接起来，其中 $2''3''$、$3''2''$、两段为等距离直线，$4''b''4''$、$1''b''1''$两段为部分圆弧，其余则为曲线，如图 2-41 下边所示的八角筒展开图。

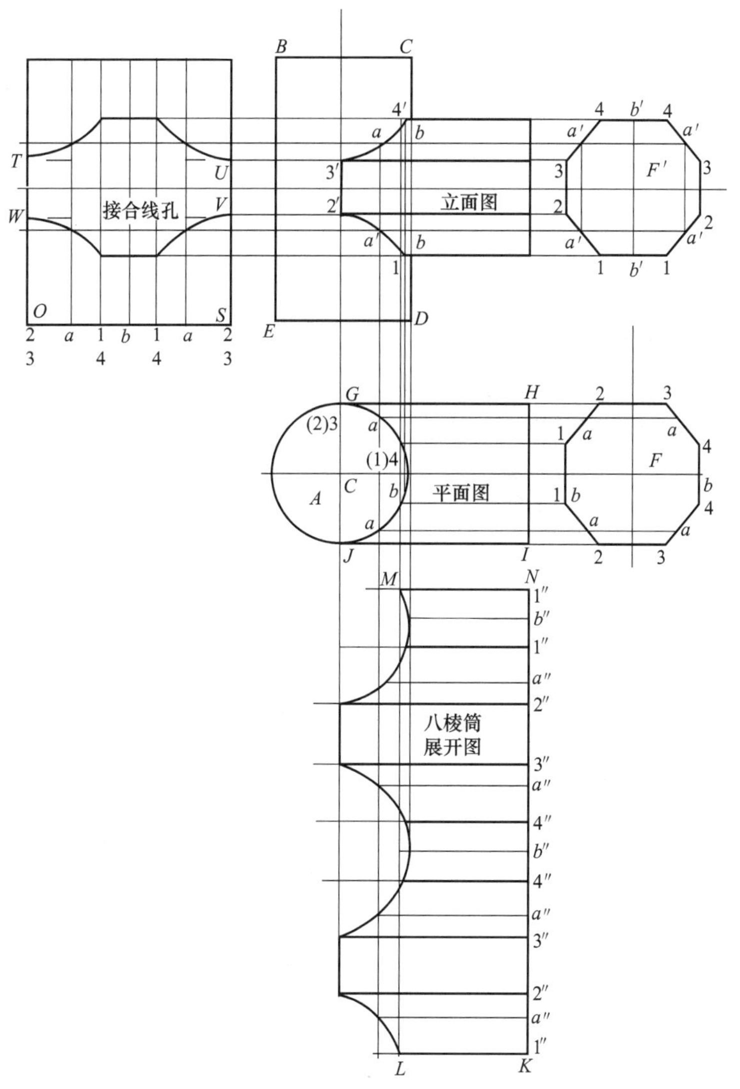

图 2-41　圆筒与八棱筒垂直相交的展开图

2-2-26 漏斗形风筒管节的展开图

图 2-42 是簿铁皮制作的漏斗形风筒管节接头的外形，其平面图（俯视图）及立面图（主视图）的画法如下：

① 以 N 为中心画半圆$\overset{\frown}{ORP}$，过 R 作水平线 ML 等于漏斗风筒口的长度尺寸。

② 作 MI、LK 垂直 ML，画平面图的前半部分（允许简化画法）。

③ 过 I、O、P、K 作铅垂线，根据风筒的高度作 EH、FG，同时求得 AD、BC，连 DE、CF、AB、DC、EH、HG、GF 等线段，得立面图。

下面讲一讲该风筒管节的展开图作法：

(1) 首先将平面图上的$\frac{1}{4}$圆周$\overset{\frown}{OR}$平分成 6 等分（等分越多越准确），将各等分点 1、2、

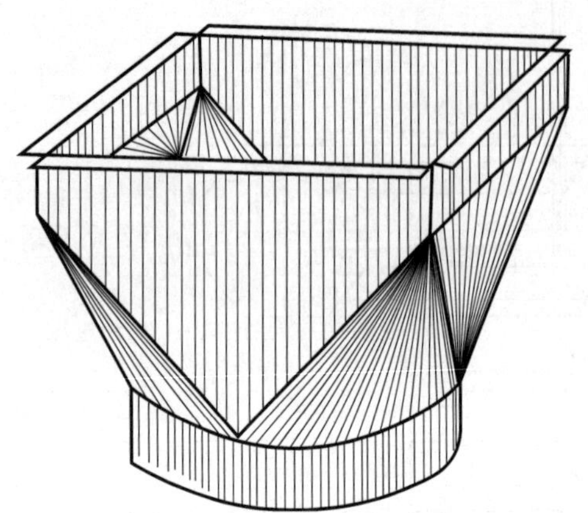

图 2-42　漏斗形风筒管节立体图

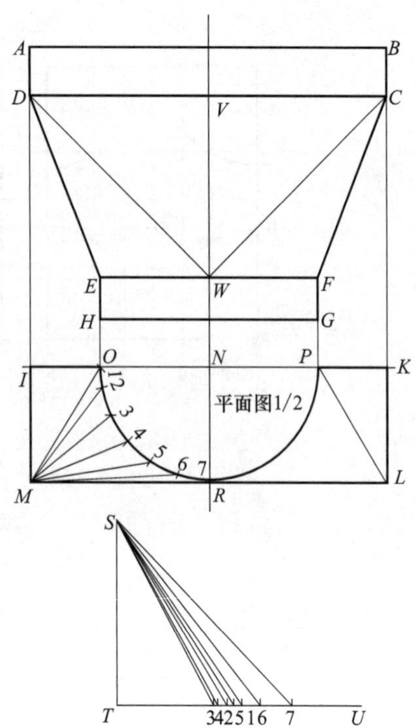

图 2-43　漏斗形风筒管节平面和立面图

3、4、5、6、7 与 M 点连线（细实线）。

（2）用直角三角形法分别求出各线的实长，如图 2-43 中 ST 等于立面图上 VW（高度），而直角三角形的底边长分别是 $M1$、$M2$、$M3$、$M4$、$M5$、$M6$、$M7$，这样便可求得各线的实长。

（3）图 2-44 是漏斗风筒管节的展开图，作法如下：

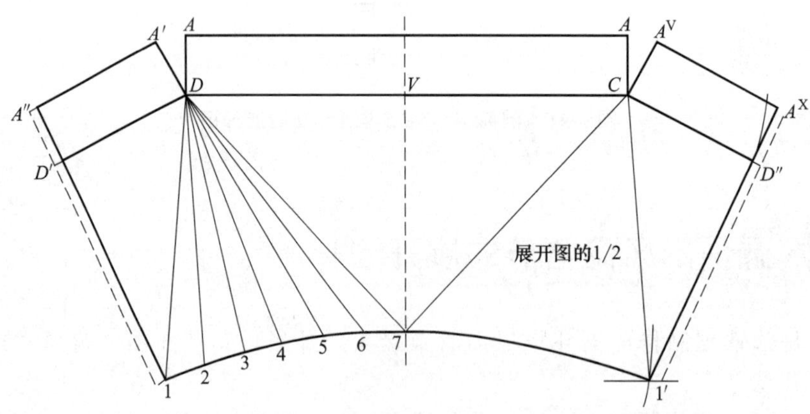

图 2-44　漏斗形风筒管节展开图

① 以 D 点为中心，以所求得的实长 $S1$、$S2$、$S3$、$S4$、$S5$、$S6$、$S7$ 为半径画弧，分别以平面图上各相应的弧长为半径画的弧相交得 1、2、3、4、5、6、7 点。并连接曲线 1234567。

② 用同样的方法，以 C 点为中心，也可作得曲线 1234567。

③ 分别以 1、1′为中心，以平面图上的 DE 为半径画弧。与以 D、C 为中心，ML 为半

径画的弧与以 1′、1 为圆心，以 V7 为半径画弧，相交于 D′、D″点，连接 1D′1′D″。

④ 作上部方边，在 D′D、DC、CD″上作直角，并以平面图上 AD 为高作矩形得方边，则此展开图即为漏斗风筒管节展开图的一半。

2-2-27 顶面圆形底面矩形台的展开图

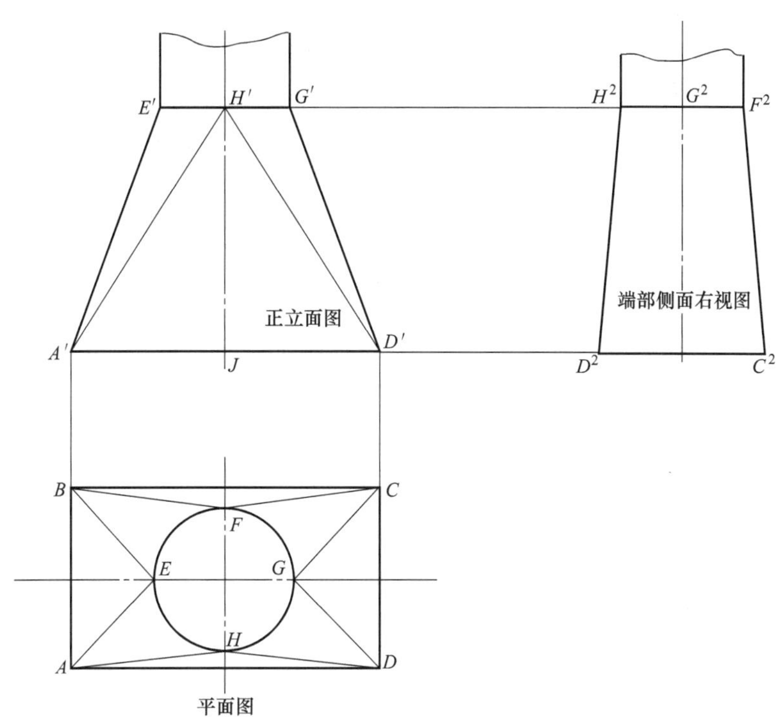

图 2-45 顶面圆形底面矩形台平面图、正立面图和右侧面图

图 2-45 是顶面圆形底面矩形台的平面图（俯视图）、正立面图（主视图）、端部侧面图（右视图），其 1/4 展开图如图 2-46 所示，作法如下：

（1）首先将 1/4 圆弧等分为 4 等分，得各点 0、1、2、3、4，以 C 为中心，分别以 C0、C1、C2、C3、C4 为半径画同心圆弧交 CO 线上，得 1、2、0、3、4 各点。

（2）过 C 作 C0 的垂直线 CQ，CQ＝H′J（投影高度）。

（3）以 Q 为中心，以 Q1、Q2、Q0、Q3、Q4 各连线的长度为半径画同心圆弧。在通过 O 点所画的圆弧上定一点 G′(0)，这时，再以 0 点为起点，分别以 GF 弧上各段弧长为半径画弧得 0、1、2、3、4 点，即 G′F′曲线。则 QF′G′为端部曲面的展开图（制作时该部分锤打成曲面）。

（4）在 CO 线上截取 CM＝FO、CN＝GL，则 QN＝G^2L 的实长，OM＝H′J 的实长。以 Q 为中心、LC 为半径画弧，和以 G′为中心、QN 为半径所画的弧相交于 L′，连 QL′、G′L′，则 G′QL′为端部展开图的一半（该部分为平面）。

（5）以 Q 为中心，以 PL 为半径画弧，和以 F′为中心、以 QM 为半径画弧相交于 O′，连 QO′、F′O′，则 QF′O′为正立面展开图的一半，该部分为平面。

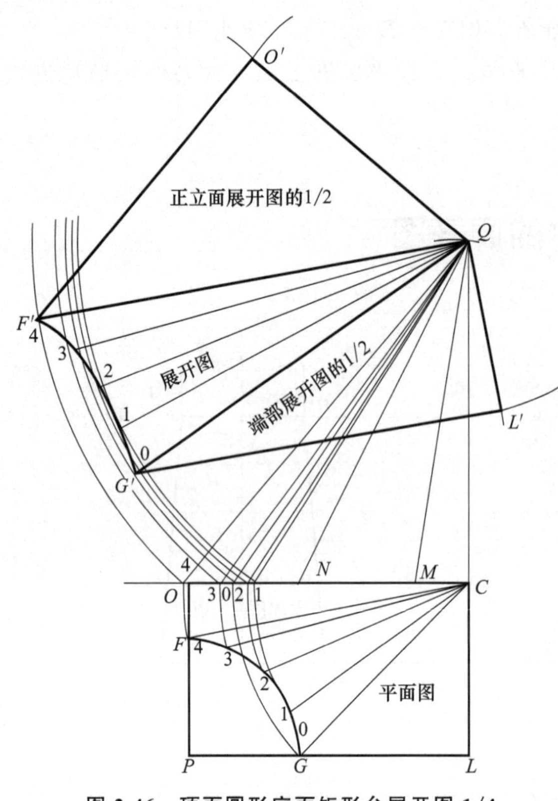

图 2-46　顶面圆形底面矩形台展开图 1/4

(6) 按图 2-46 的展开方法画出完整的展开图的一半（图 2-47）。

① 作水平线 $AB=A'B'$（正立面上），并作其垂直平分线 HJ，使得 $HJ=QO'$ (QM)，连 AH、BH。

② 按照上述（1)、(2)、(3）的方法原理分别求作出 HE 和 HG 曲线。

③ 以 A 为中心，以 QL'（即 CL）为半径画弧，和以 E 为中心，以 $G'L'$（即 QN）为半径画弧相交于 K 点。

④ 以 B 为中心，以 QL'（即 CL）为半径画弧，和以 G 为中心，$G'L'$（即 QN）为半径画弧相交于 L 点。

⑤ 连接 AK、AE、BL、GL，则 $ABLGHEK$ 为顶面圆形底面矩形台的展开图的$\frac{1}{2}$，如图 2-47。实际生产制作时，应再加一倍，便是完整的展开图。

[注意]：① 图 2-45、图 2-46、图 2-47，各图画图比例不同。

② 图 2-47 中 AEH 和 BHG 图形为曲面部分，EH、HG 为曲线。

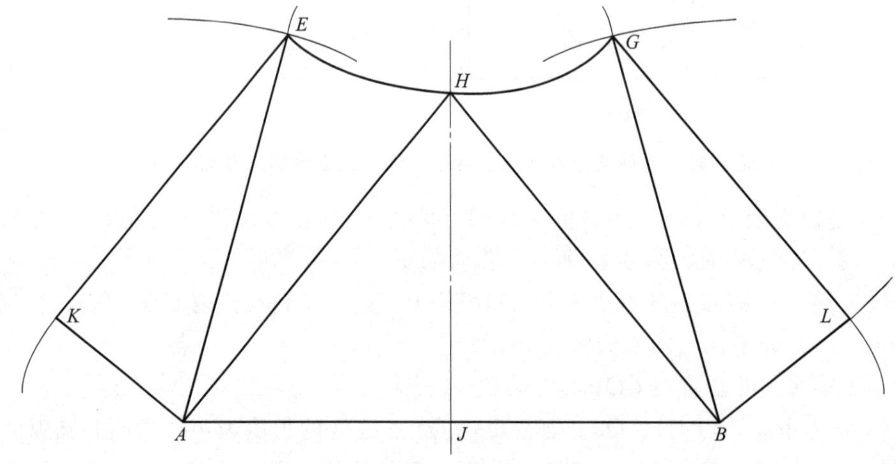

图 2-47　顶面圆形底面矩形台展开图（1/2）

底面矩形顶面圆形，圆的直径大于矩形底宽的台形展开图

图 2-48 是底面矩形顶面圆形，且圆的直径大于矩形底宽的台形主视立面图、俯视平面图和右视图。

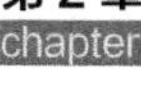

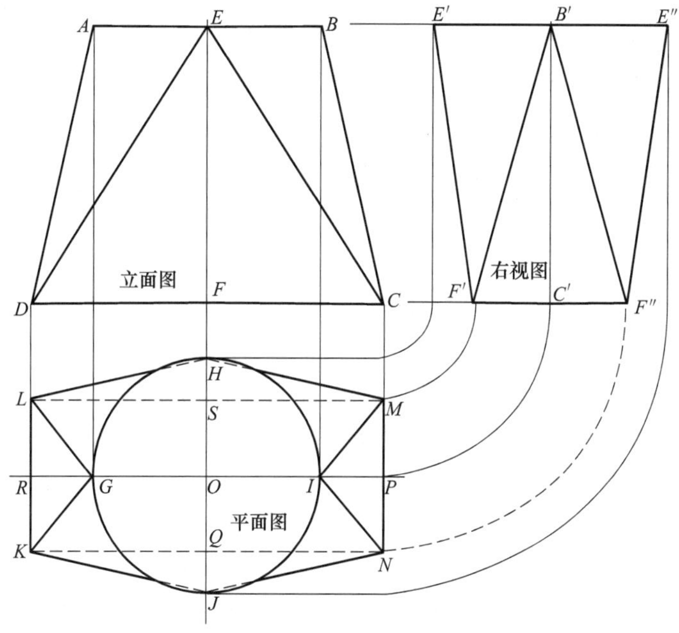

图 2-48 底部矩形顶面圆形的台形平面图、右视图和正立面图

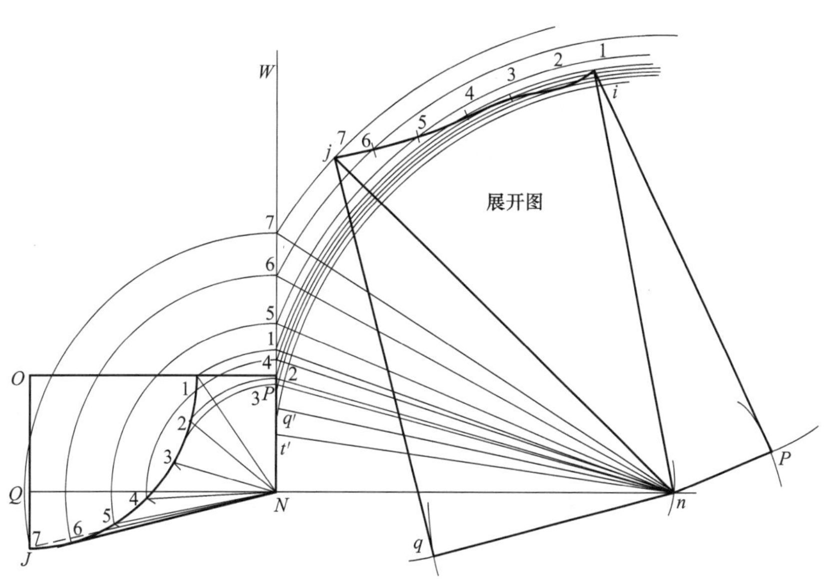

图 2-49 底面矩形顶面圆形的台形展开图 1/4

图 2-49 是底面矩形顶面圆形的台形展开图 1/4，其作法如下：

(1) 首先画出平面图的 1/4 部分 $OPNJ$，将 IJ 圆弧平分成 6 等分，得等分点 1、2、3、4、5、6、7，分别连接 $N1$、$N2$、$N3$、$N4$、$N5$、$N6$、$N7$，以 N 点为中心，以 N 点到各等分点的距离为半径画弧，和 OP 的垂直线 NW 相交于 1、2、3、4、5、6、7 点，作 $Nn \perp NW$，取 $Nn=EF$，以 n 为中心，n 点到 NW 线上的 1、2、3、4、5、6、7 点间的距离为半径画弧。在通过 7 点的圆弧上任定一点 j（即 7 点），连接 nj（7），然后以 7 点为中心，JI 弧的$\frac{1}{6}$为半径，与通过 6 点所作的圆弧相交于 6 点。再依次用同样的方法求得 5、4、3、2、

1 点，1 点即为 i 点。连接 1234567 曲线，并连接 ni，则 nij 是曲面部分的展开图。

(2) 在 NW 线上截取 $Nq'=JQ$，$Nt'=IP$，连 nq'、nt'直线，以 n 为中心，以平面图上的 NQ 为半径画弧，和以 j 为中心，$q'n$ 为半径画的弧相交于 q，连 nq、jq，则 njq 是实物前面右半部平面的展开图。

(3) 用同样的方法，以 n 为中心，平面图上的 NP 为半径画弧，与以 i 为圆心，以 nt' 作半径画的弧相交于 P 点，连 nP、iP，则 nPi 即为右端前半部平面的展开图，如图 2-49 右侧所示。

(4) 图 2-50 是底部矩形顶面圆形，圆的直径大于底部矩形宽度的台形展开图全部，其作法简述如下：

① 作△Inm，使 $In=Im=in$（in 在 1/4 展开图上），$nP=mP$（等于 1/4 展开图上的 nP）P 点是 nm 的中点。则△Inm 为平面图上右端等腰平面三角形△INM 的展开图。

② 根据上述 (1) 的作图方法分别画出 InJ、Imh、hLg、JKg 等四个曲面部分的展开图。具体画法过程如下：

(ⅰ) 以 m 及 n 为圆心，以 $n1$ 为半径画弧，和以 I 为圆心，$\overset{\frown}{12}$为半径画的圆弧相交于 2 点。用同样的方法，仍以 m 及 n 点为圆心，$n2$、$n3$、$n4$、$n5$、$n6$、$n7$ 为半径，画圆弧和以 1/6IJ 圆弧为半径依次画弧相交得到 3、4、5、6、7 点，7 点即是 J 点及 h 点。光滑连接各点得曲线，则 nIJ、$m1h$ 为两曲面展开图。

(ⅱ) 以 m 及 n 为圆心，以 nq 为半径画弧，和以 h 和 J 为圆心，以 1/4 展开图上的 jq 为半径画的圆弧相交于 S 和 Q。分别延长 mS、nQ 至 L 点和 K 点，使 $mS=SL$，$nQ=QK$。连 hL 及 JK，则 mhL 和 nJK 是等腰三角形平面△MHL 和△NJK 的展开图。

(ⅲ) 用上述 (ⅰ) 的方法，分别以 L、K 为圆心，以 1/4 展开图中的 $n1$、$n2$、$n3$、$n4$、$n5$、$n6$、$n7$ 为半径作圆弧，分别与以 J、h 为圆心，以 1/6IJ 圆弧的长度为半径画圆弧依次相交，得 1、2、3、4、5、6、7 点。光滑连接曲线 1234567。则 hLg、JKg 即为另外两个曲面的展开图。

③ 分别以 g、K 为圆心，以 1/4 展开图上的 iP 和 nP 为半径画圆弧，得交点 R；又分别以 g、L 为圆心，以 1/4 展开图上的 iP 和 nP 为半径画的圆弧相交于 R，则△gKR 和△gLR 合起来即为平面图上左端面△GLK 的展开图。

通过上述一系列作图过程，即得到图 2-50 底部矩形顶面圆形的台形展开图全部。

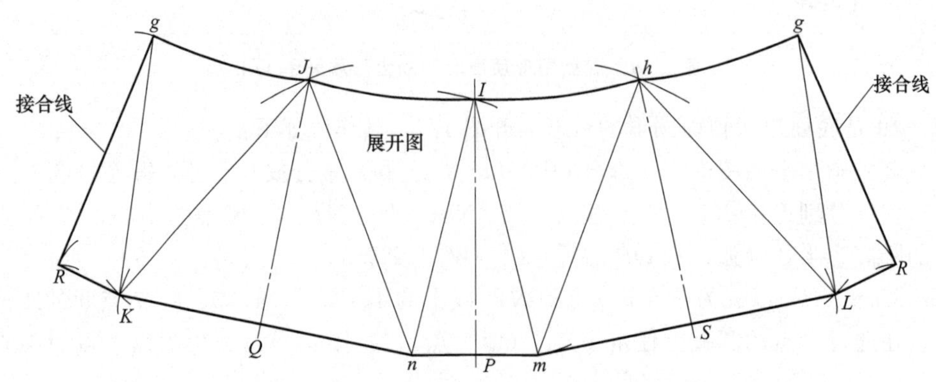

图 2-50　底部矩形顶面圆形的台形展开图（全部）

两个不同直径圆管在任意角度下相接时的中间大小头管节展开图

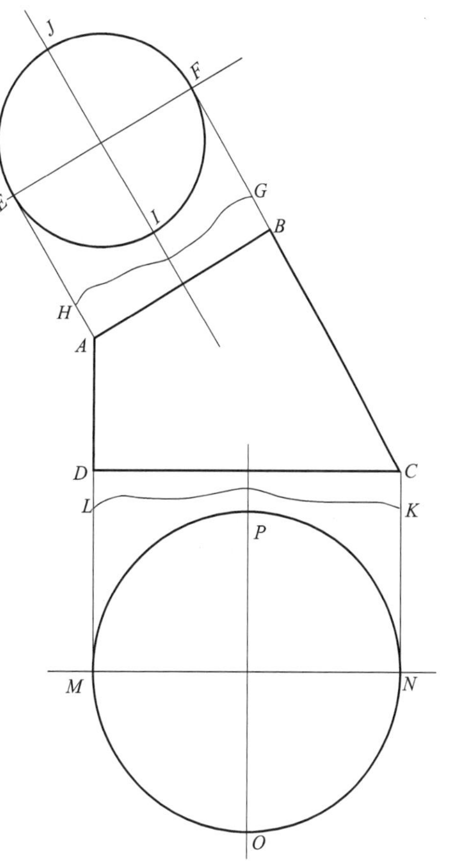

图 2-51 两个不同直径圆管在任意角度下相接的中间大小头管节放样图

图 2-51 下面为中间管节的底面平面图 $MPNO$。上面小头的平面图 $EJFI$，$ABCD$ 是不同直径圆管中间大小头管节的正立面示意图，AD 是铅垂线。该管节实际上是一系列曲面与曲面组成[如图 2-52（a）]。由于表面一系列素线（除左右轮廓线外）投影都不反映实长，因而需要用三角线法求各条素线的实长，然后，再根据各素线的实长，画出展开图。下面讲一讲具体作图过程。

（1）画出该中间管节的主视正立面图和下、上大、小圆口的局部视图（平面图），半圆周表示只画出上下圆口的$\frac{1}{2}$，如图 2-52（b）所示。

（2）如图 2-52（b）所示，将上下两个半圆等分为六等分，分别为 1、2、3、4、5、6、7 点，并由这些等分点分别向 AB、CD 作垂直线，分别得交点 1、2、3、4、5、6、7 点，并在正立面图上的上下口上找到相应的 1′、2′、3′、4′、5′、6′、7′点。

（3）在立面图上连同各点得 1—1、2—2、3—3、4—4、5—5、6—6、7—7，同时连不同各点 1—2、2—3、3—4、4—5、5—6、6—7 等直线段，如图 2-52（b）所示。

（4）求各条素线的实长，如图 2-53，画 TS、TU 互相垂直，在 TS 上取 $T1=0$、$T2=22$、$T3=33$、$T4=44$、$T5=55$、$T6=66$、$T7=T1=0$。在 TU 线上取 $T1=1'—1'$、$T2=2'—2'$、$T3=3'—3'$、$T4=4'—4'$、$T5=5'—5'$、$T6=6'—6'$、$T7=7'—7'$，过 TU 线上的 2、3、4、5、6 点作 TU 的垂直线，并分别在各条线上取 $22'=22$、$33'=33$、$4—4'=44$、$55'=55$、$66'=66$（即各线的长度分别是图 2-52（b）中半圆上各点到半圆弦所作垂线的长度）连 22′、26′、33′、35′、44′，则该 22′、26′、33′、35′、44′即为图 2-52（b）立面图上 2′2′、3′3′、4′4′、5′5′、6′6′各素线的实长，其中 $26'=6'6'$、$35'=5'5'$。

（5）画垂直线 $WV\perp WX$，在 WX 上截取 $W2$ 等于大端圆口半圆弧上的 22，$W3=33$、$W4=44$、$W5=W3=33=55$、$W6=W2=22=66$。在 WV 上截取 $W1$ 等于立面图上 1′1′线长，取 $W2=1'2'$、$W3=2'3'$、$W4=3'4'$、$W5=4'5'$、$W6=5'6'$、$W7=6'7'$；过 WV 上各点作 WV 的垂直线，在各条线上分别取 22′等于大端圆口半圆弧上的 22，取 $33'=33$、$44'=44$、$55'=55$、$66'=66$，则图 2-54 中所求得的 1—1、1—2′、2—3′、3—4′、4—5′、5—6′、

6—7′分别等于图 2-52（b）立面图上 1′—1′、1′—2′、2′—3′、3′—4′、4′—5′、5′—6′、6′—7′等素线的实长。

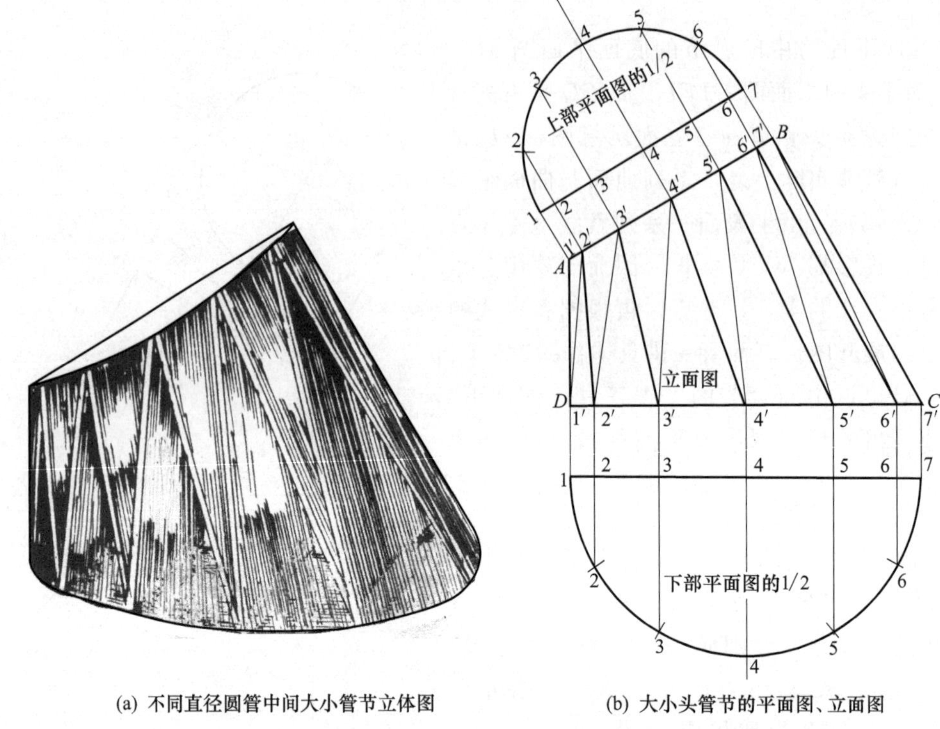

(a) 不同直径圆管中间大小管节立体图　　(b) 大小头管节的平面图、立面图

图 2-52　不同直径圆管中间大小头管节立体图和平面图、立面图

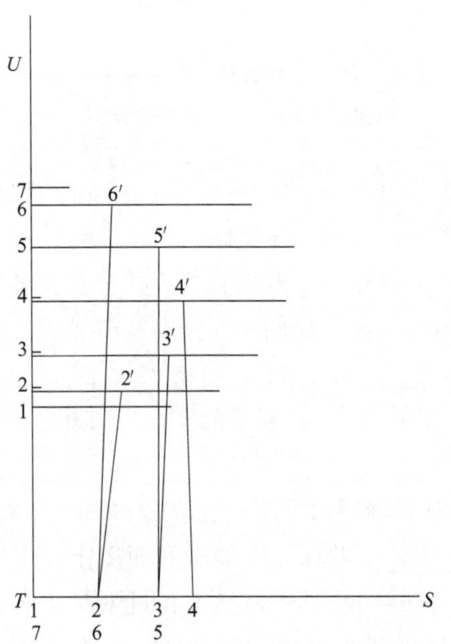

图 2-53　小头管节实长线求法

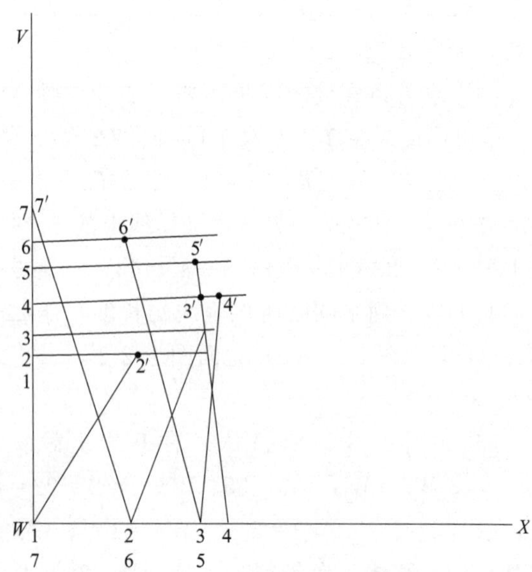

图 2-54　大头管节实长线求法

(6) 画中间管节的展开图：

① 画铅垂线 AD 等于图 2-52 (b) 立面图上的 AD。

② 以 D 为圆心，图 2-54 上的 1—2′线长为半径画弧，和以 A 为圆心，图 2-52 (b) 的上部半圆周上$\overset{\frown}{1—2}$为半径所画的圆弧相交于 2 点（图 2-55 的上边）。再以该上边的 2 点为中心，图 2-53 上的 2′—2 线为半径画弧，和以 D 为中心，以图 2-52 (b) 的下部平面图的半圆周上的$\overset{\frown}{1—2}$为半径所画的弧相交于 2 点（下边）。

③ 用相同的方法，可求得上边 3、4、5、6、7 (B) 点及下边的 3、4、5、6、7 (C) 点。

④ 分别将上边的 1、2、3、4、5、6、7 点和下边的 1、2、3、4、5、6、7 点连接成曲线，并连接 BC 直线，则 $ABCD$ 为所求管节的展开图的一半，如图 2-55 所示。

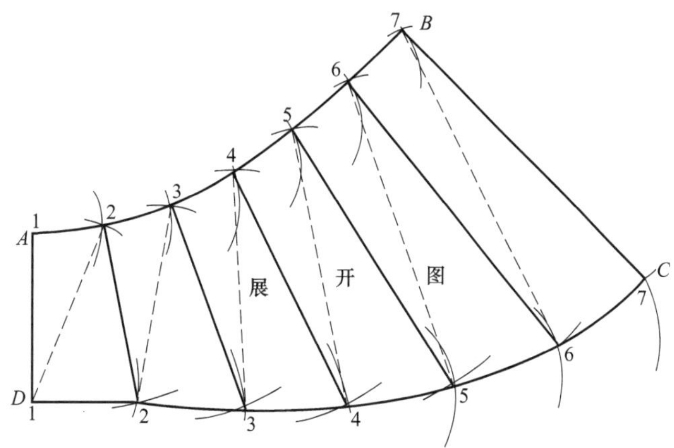

图 2-55 两个不同直径圆管中大小头管节展开图$\frac{1}{2}$

2-2-30 穿过屋面的烟筒及附带加固的铁罩的展开图

图 2-56 左下角立体图是穿过 45°屋面的烟筒及其附带加固的铁罩。图 2-56 右侧是烟筒和铁罩的正立面图和俯视平面图。其展开图的作法如下：

① 将平面图上的半圆平分为 6 等分，得 1、2、3、4、5、6、7，过各点分别连 G 点和 H 点。

② 由立面图 K、L 点向左引水平线 KN、LM，并且延长 FE 得 FO 线，在 FO 上任定一点 R，由 R 向下引垂直线与 LM 相交于 S 点。

③ 由 R 点在水平线上截 $R4$、$R7$ 等于平面图上的 $H4$、$H7$，截 $R5$、$R6$ 等于平面图上的 $H5$、$H6$（注意：$R4=R7$，即 $H4=H7$；$R5=R6$，即 $H5=H6$）。

④ 由 4 或 7 及 5 或 6 点向 S 点连线，则此两条线分别表示了 $H4$、$H7$ 及 $H5$、$H6$ 实长。

⑤ 同样的原理，在 FO 上任取一点 T，由 T 向下作垂直线和 KN 线相交得交点 U，由 T 点取 $T1$、$T4$ 等于平面图上的 $G1$、$G4$，取 $T2$、$T3$ 等于平面图上的 $G2$、$G3$，然后由 1 或 4 点、2 或 3 点向 U 点连线，则此两条线分别表示平面图上的 $G1$、$G4$ 及 $G2$、$G3$ 的实长。

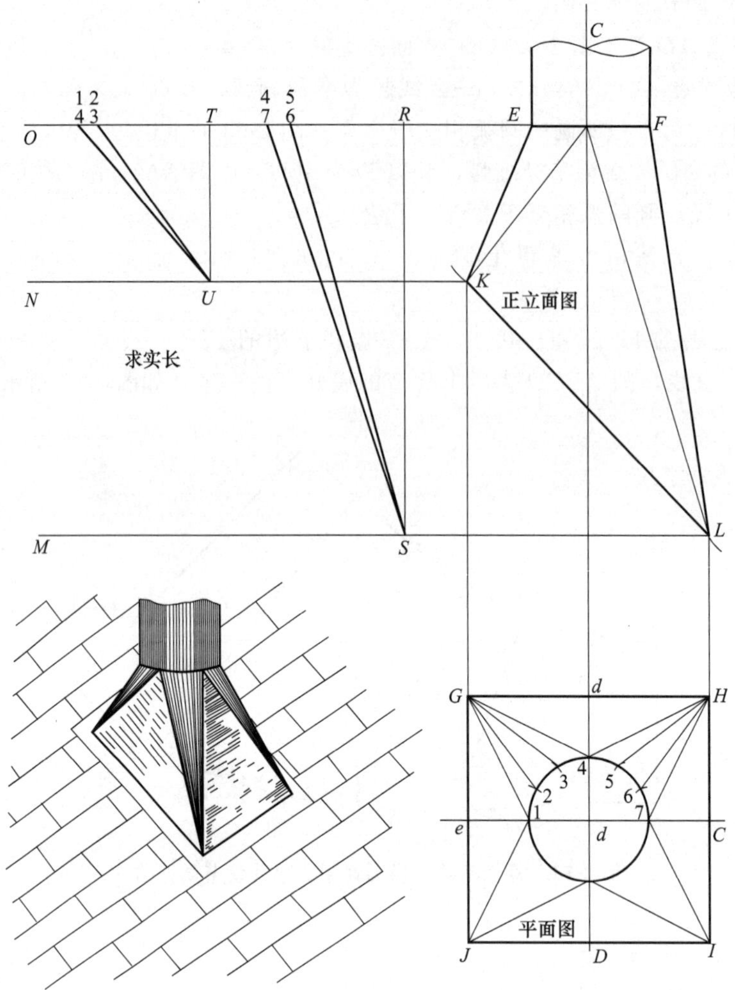

图 2-56　烟筒附带加固铁罩的平面和立面图

⑥ 画展开图，如图 2-57，首先画 $7'L$ 线等于正立面图上的 FL，由 L 作 $7'L$ 的垂直线，取 $LS=LS'=CI=CH$（CI、CH 在平面图上）连 $7'S$、$7'S'$。

⑦ 以 S 为中心，以图 2-56 左上方实长 $S4$ 或 $S7$ 及 $S5$ 或 $S6$ 为半径画同心圆弧，再以 $7'$为圆心，以平面图上 6 等分弧长为半径作弧，则得交点 6、5 点。

⑧ 以 $5'$为中心，画弧交得 $4'$点，连 $4'S$，以 S 为中心，以正立面图上 KL 为半径画弧与以 $4'$为中心，以实长 $U4$ 为半径画弧交得 U 点，连 US、$U4'$。

⑨ 以 U 为中心，分别以实长 $U1$ 或 $U4$ 及 $U2$ 或 $U3$ 为半径画圆弧，以 $4'$为圆心，用 6 等分弧长为半径作弧得交点 $3'$，同样以 $3'$为圆心，以 6 等分弧长为半径作弧得 $2'$点，以 $2'$为圆心，也以 6 等分弧长为半径作弧交得 $1'$点，连 $1U$。

⑩ 以 $1'$为中心，图 2-56 的正立面图上 KE 为半径作弧，再以 U 为中心，以平面图上 Ge 为半径画弧，两弧相交得交点 e，连 Ue、$1'e$。

⑪ 光滑连接 $1'$、$2'$、$3'$、$4'$、$5'$、$6'$、$7'$得曲线 $1'2'3'4'5'6'7'$。并且在 $7'L$ 垂直线的左半部画出与右半部完全相同对称的图形，即得到该烟筒的铁罩部分的完整展开图，如图 2-57 所示。

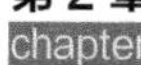

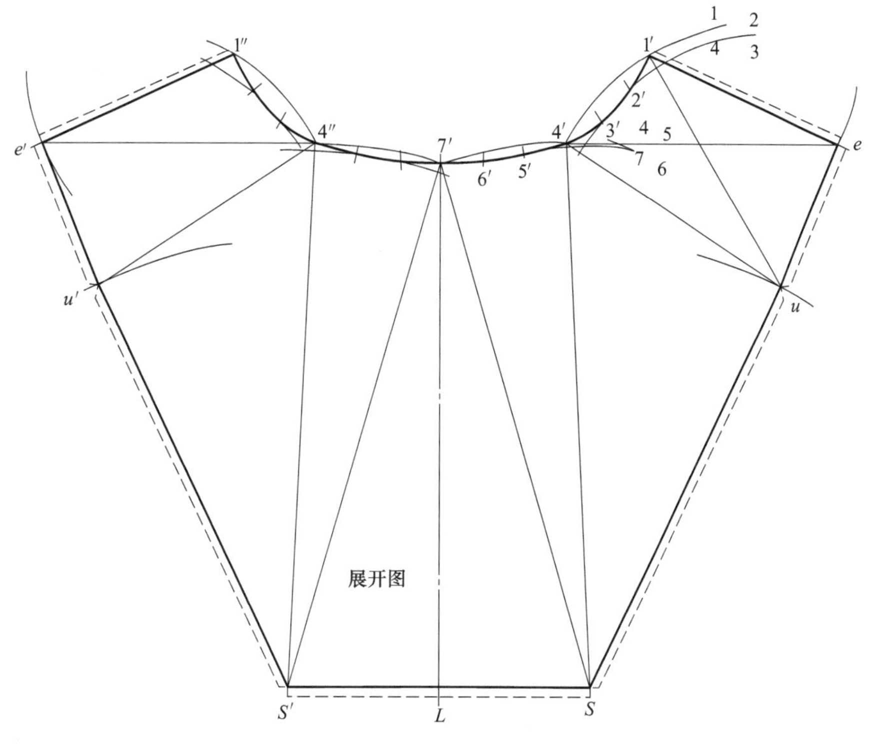

图 2-57 烟筒附带加固铁罩的展开图

2-2-31 大圆管和小扁圆管连接的中间管节的展开图

图 2-58 左边是大圆管和小扁圆管及中间管连接的正立面图和平面图，右边是小扁圆管及下部圆管的展开图，其展开方法与 2-2-1 的图 2-9 作法是基本相同的，这里不再赘述，图 2-59 是外形图。下面重点讲一讲中间管节的展开图作法：

(1) 为了求作中间管节的展开图，首先要用直角三角形法求出表面一些素线的实长。具体作法是画一条水平线，任定一点 10，取 10 到 1 点的距离等于图 2-58 图上正立面图 10′至 1′点的长度。从 1 点引水平线的垂直线 1-1′，其长度等于图 2-58 上扁圆管平面图上的中线 *a*-*b* 到扁圆半圆周上的 1 点距离。因为圆管平面图上的水平中心线 *c*-*d* 到 10 点的距离是 0，所以图 2-60 上自 1′点直接向 10 点连接 1′-10，1′-10 为实物上 1-10 素线的实长。

(2) 在图 2-60 上取水平线 1-9 等于正立面图上的 1′-9′的距离，过 9 点作垂直线 9-9′长度等于图 2-58 圆管平面图的中心线 *c*-*d* 到圆周上 9 点的长度，然后连接 1′-9′。上面所求得的 1′-9′及 1′-10 即为 1-9 及 1-10 素线的实长。

(3) 同样的原理，在图 2-60 截取水平线 9-2 等于图 2-58 上的 9′-2′，并在 2 点作水平线的垂直线 2-2′，使 2-2′等于图 2-58 上扁圆的平面图上 *a*-*b* 中线到半圆周上 2 点间的距离。连 2′-9′线，则 2′-9′为 2-9 素线的实长。

(4) 作 2-8 等于图 2-58 上正立面图 2′-8′，作 8′-8 垂直于水平线，使得 8′-8 等于图 2-58 上 *c*-*d* 中线到圆管圆周上的 8 点的距离。再自 8 点截水平线 8-3，使 8-3 等于图 2-58 上立面

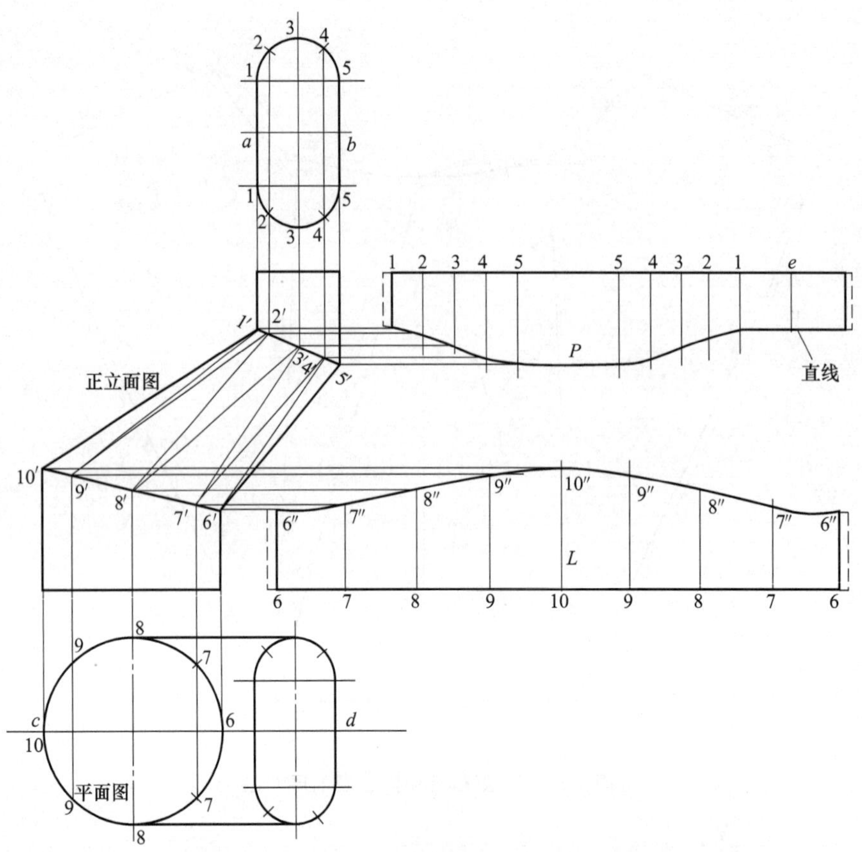

图 2-58 大圆管和小扁圆管连接的中间管节的正立面图和平面图

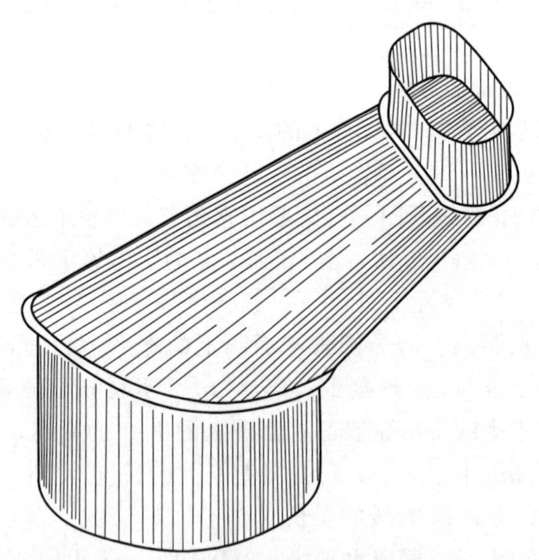

图 2-59 大圆管和小扁圆管连接的中间管节的外形图（立体图）

图上的 8′-3′，自 3 点引水平线的垂直线 3-3′，使 3-3′等于图 2-58 扁圆的平面图上 *a*-*b* 中线到扁圆的圆周上 3 点的距离。连 8′-3′，则 8′-3′是 8-3 素线的实长。

（5）用同样的方法可以求得 7′-3′、7′-4′、6′-5′，即实物上 7-3、7-4、6-5 等素线的实长。

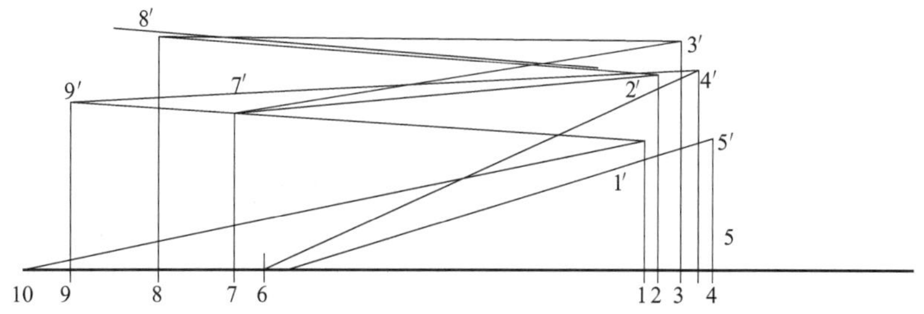

图 2-60 直角三角形法求实长线图

（6）画展开图（图 2-61）

① 画 e-10 线，使 e-10 线等于图 2-58 上 1′-10′的长度。

② 以 e 为中心，以图 2-58 中扁圆管展开图 P 中的直线 $e1$ 为半径画弧，再以 10 为圆心，以图 2-60 中所求得的实长 10-1′为半径画弧，两弧相交得交点 1。

③ 以 10 为圆心，以图 2-58 圆管的展开图 L 上的 10″-9″曲线长为半径，和以 1 为圆心，以图 2-60 上实长 1′-9′为半径画弧相交于 9 点。

④ 以 1 为中心，以图 2-58 上扁圆管展开图 P 上的 1-2 圆弧展开长为半径画弧和以 9 为中心，以图 2-60 上实长 9′-2′为半径画弧相交得交点 2。

⑤ 用同样的作法，按上述顺序可求得 3、4、5、e'及 8、7、6 点。

⑥ 把所求得的各点光滑地连接起来，则 $e106e'$即为中间管节的展开图之一半。

⑦ 以 e-10 线为对称中心线，在右边用同样的方法可作出对称的另一半展开图，便可获得完整的展开图，如图 2-61 所示。

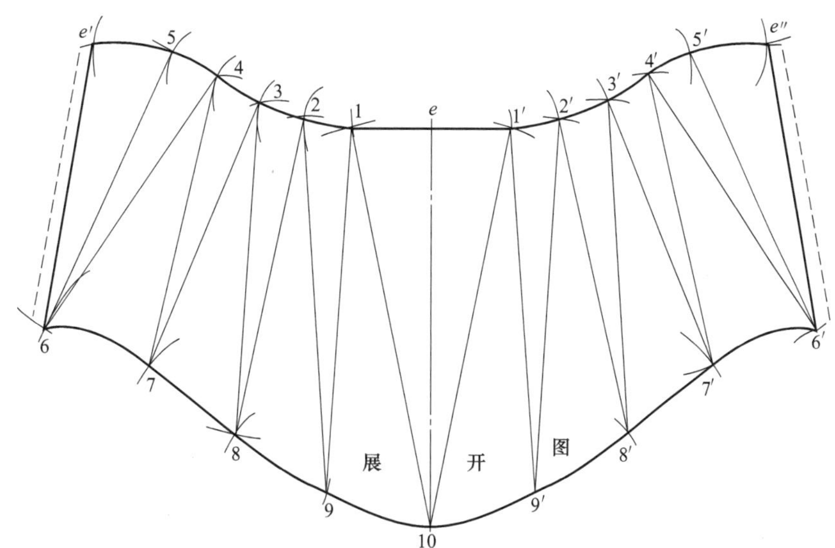

图 2-61 大圆管和小扁圆管相接中间管节展开图

两个不同直径的圆管垂直相交时中间大小头管节的展开图

根据图 2-63，两个不同直径的大小圆管在空间是呈直角的，所以中间管节 A 的大小头管口互呈 90°垂直。对于两个大小圆管的展开图是十分简单的，这里只讲一下中间管节 A 的展开图画法。

(1) 作中间管节 A 的正立面图（图 2-62）

① 作铅垂线 1-5，使 1-5 长度等于中间管节小头的直径。

② 画 5-6 线与水平线呈 45°，5-6 等于用户规定的已知长度。

③ 过 6 点作水平线 6-10，6-10 等于中间管节大头直径（相当于圆锥被 45°的截面斜切，因而管口为正圆），则 156101 即是中间管节的正立面图。

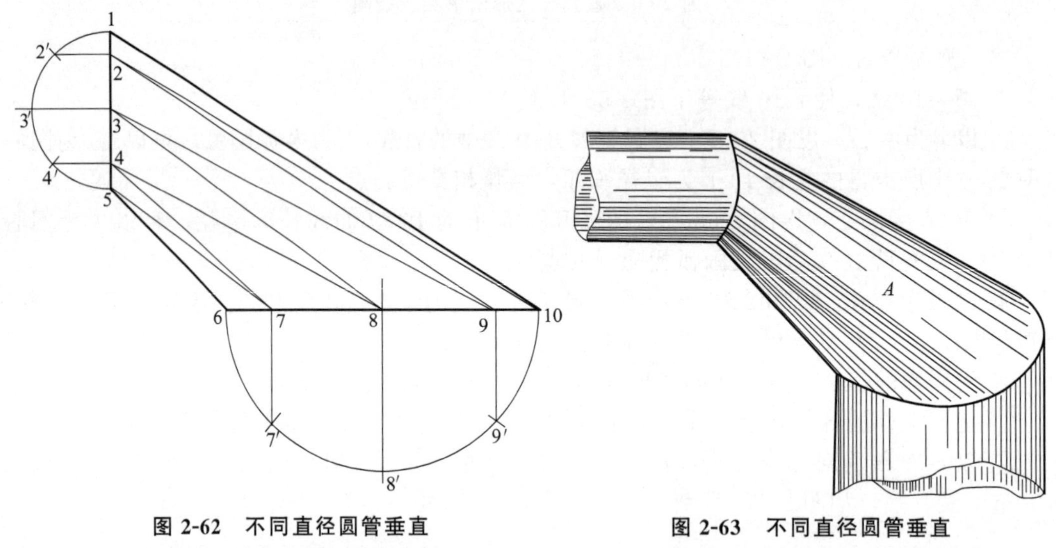

图 2-62　不同直径圆管垂直相交中间大小头管节立面图

图 2-63　不同直径圆管垂直相交中间大小管节外形立体图

(2) 用直角三角形法求一些素线的实长

① 将中间管节的小头作半圆并 4 等分，过各等分点作 1-5 的垂直线得 1、2、3、4、5 点。

② 将中间管节的大头作半圆并 4 等分，过各等分点作 6-10 的垂直线得 6、7、8、9、10 点。

③ 连线得 2-10、2-9、3-9、3-8、4-8、4-7、5-7。

④ 求各素线的实长（图 2-64），画水平线，在此水平线上截取 2-10、2-9、9-3、3-8、8-4、4-7、7-5 分别等于图 2-62 正立面图上的 2-10、2-9、3-9、3-8、4-8、4-7、5-7。

⑤ 在图 2-64 上过 2、3、4、5、6、7、8、9 点作铅垂线 2-2′、3-3′、4-4′、7-7′、8-8′、9-9′，它们分别等于图 2-62 上正立面图上 2-2′、3-3′、4-4′、7-7′、8-8′、9-9′。

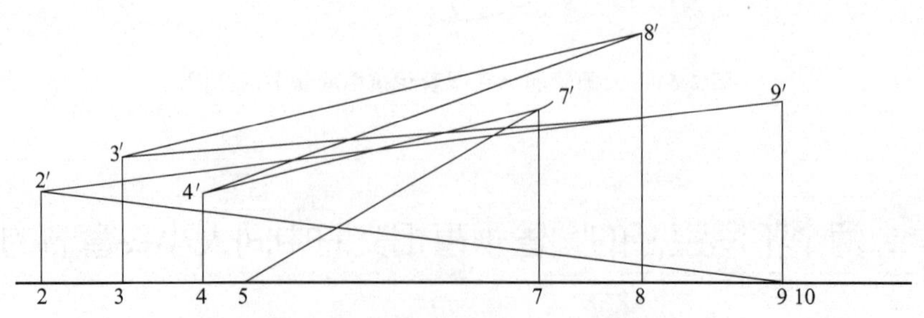

图 2-64　用直角三角形法求实长线图

⑥ 最后连接 2′-10、2′-9′、3′-8′、3′-9′、4′-8′、4′-7′、5-7′。这些线的长度即是图 2-62 上正立面图上 2-10、2-9、3-9、3-8、4-8、4-7、5-7 的实长。

（3）画中间管节的展开图（图 2-65）

① 画垂直线 1-10 等于图 2-62 正立面图上的 1-10，以 1 为中心，以图 2-62 $\overset{\frown}{12'}$弧长为半径画弧和以 10 为圆心，以图 2-64 上实长 2′-10 为半径画弧得交点 2。

② 以 2 为中心，以图 2-64 上 2′-9′实长为半径画弧和以 10 为中心，以 10 为中心，以图 2-62 的半圆里的 10-9′长度为半径画弧相交得 9 点。

③ 用类似的方法，可求得图 2-65 上的 8、7 点。

④ 最后以 5 点为圆心，以图 2-62 上的正立面图上的 5-6 长度为半径（5-6 反映实长）画弧和以 7 点为中心，以图 2-64 中 7′-6 弧长为半径画弧相交得 6 点。

⑤ 连 5-6 直线，光滑连接 1、2、3、4、5 及 10、9、8、7、6 曲线，得中间管节展开图之一半。然后，以 1-10 为对称中心线，作出右边对称部分展开图，即得到全部展开图，如图 2-65 所示。

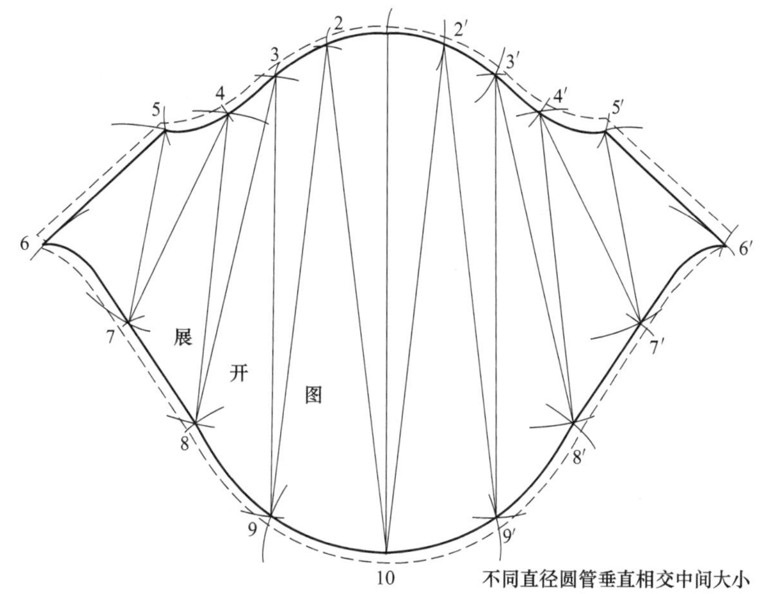

图 2-65 不同直径圆管垂直相交中间大小头管节展开图

2-2-33 90° 右圆下方三节管的展开图

图 2-66 是 90°右圆下方三节管的投影图，其已知尺寸为 a、d、t、R 及每一节都是占有 30°角，共 90°呈直角。

（1）求Ⅰ、Ⅱ、Ⅲ节接合处的断面形状（用重合截面法），如图 2-67 所示。

① 根据已知尺寸画出主视图。

② 以方口平面图的中心为同一中心，画出圆口和方口的重合截面图，即四等分 1-4 线，得等分点 1、2、3、4。

③ 由等分点 2、3 作铅垂线与 1-B 线交得 2′、3′点，再由 2′、3′向左引水平线与 T_1B 交

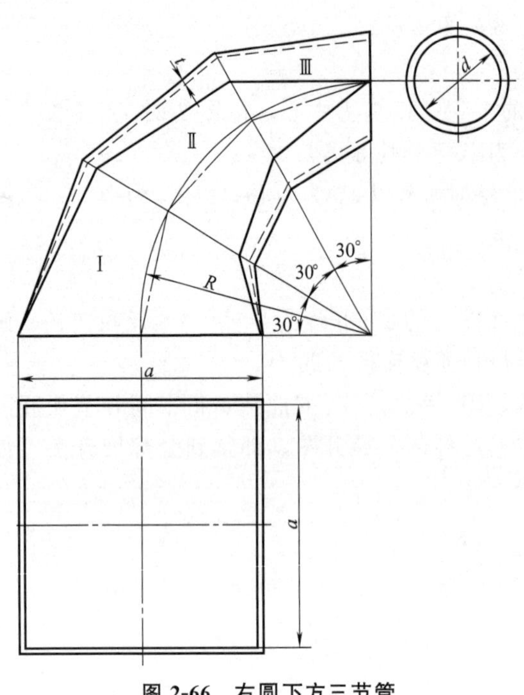

图 2-66　右圆下方三节管

主视图

重合截面图

图 2-67　主视图、重合截面图

得 T_2、T_3。

④ 以 T_2、T_3 为圆心，以 $T_2 2'$、$T_3 3'$分别为半径画弧$\overset{\frown}{22'}$、$\overset{\frown}{33'}$。

⑤ 用同样的方法可以画出所有四个角的小圆弧，即得Ⅰ、Ⅱ、Ⅲ节接合处的断面形状。

⑥ 将圆角上的各点（3 个点）向正面投影，得主视图上各点的连线（注意板厚处理）。

（2）求有关素线的实长

① 先作第Ⅰ节的主视图和重合截面图（由图 2-67 上分解出来画），如图 2-68 所示。

② 在主视图上由各点连得投影线，并由各投影线的一端点，分别作 $B'5$、$B'6$、$B'7$ 的垂直线，使它们分别等于截面图上的 e、f、g，即得 $5'$、$6'$、$7'$，则 $B'5'$、$B'6'$、$B'7'$为所求各相应素线的实长。

（3）第Ⅰ节的展开图画法

① 画水平线，在水平线上截取等于重合截面图上 AA 长，由 AA 中点引垂直线，取其长等于主视图中 $A'1$ 得 1 点，过 1 点引 AA 的平行线，由 1 点向左右分别取等于重合截面图中的 1-2 长度。

② 以 A 为中心，主视图上求得实长 $A'3'$为半径画弧和以 2 为中心，以重合截面图上弧长$\overset{\frown}{23}$为半径画弧相交得 3 点。再以 3 为圆心，重合截面图上的弧长$\overset{\frown}{34}$为半径画弧和以 A 为中心，以主视图上求得的 $A4$ 的实长 $A'4'$为半径画弧相交于 4 点。

③ 以 4 点为中心，以重合截面图上的 4-5 为半径画弧和以 A 为圆心，以主视图上实长 $A'5'$为半径画弧相交得 5 点。

④ 以 5 点为圆心，重合截面图上的弧长$\overset{\frown}{56}$为半径画弧和以 B 点为中心，主视图上实长 $B'6'$为半径画弧相交得 6 点。再以 6 点为圆心，以重合截面图上的$\overset{\frown}{67}$弧长为半径画弧和以 B 为圆心，主视图上的实长 $B'7'$为半径画弧相交于 7 点。

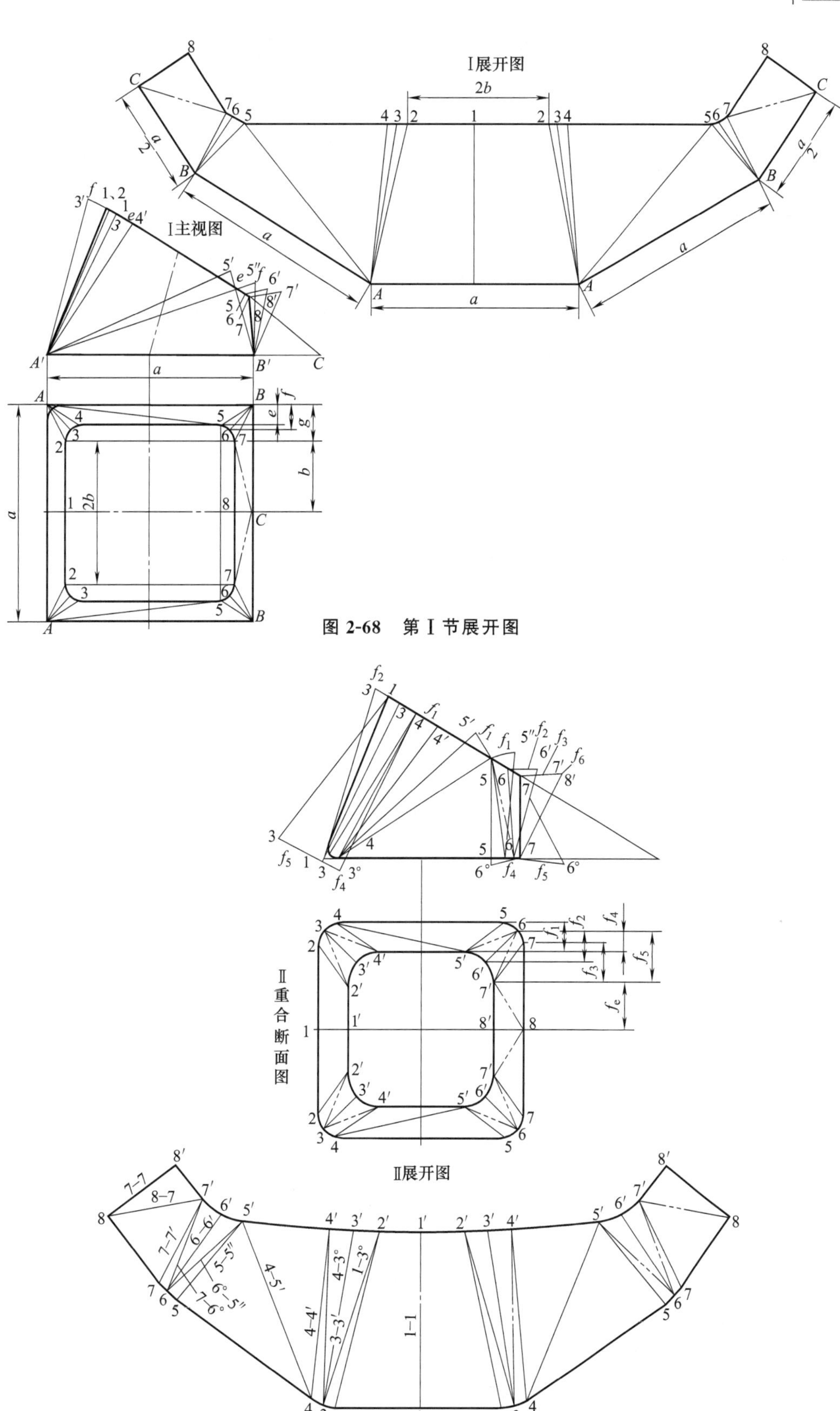

图 2-68　第Ⅰ节展开图

图 2-69　第Ⅱ节展开图

⑤ 以 7 点为圆心，以主视图的实长线 $7C$ 为半径画弧和 7 点为中心，以重合截面图上的 BC 为半径$\left(\frac{a}{2}\right)$，画弧相交于 C 点。

⑥ 以 C 为中心，以主视图上实长 $B'8'$ 为半径画弧和以 7 为圆心，以重合截面图上的 78 长度为半径画弧相交得 8 点。

⑦ 通过各点连接成直线和曲线，即得第Ⅰ节的展开图之半。

⑧ 作对称的右半个展开图，即得到第Ⅰ节的全部展开图，如图 2-68 所示。

⑨ 用同样的方法可以得到第Ⅱ节、第Ⅲ节的展开图，如图 2-69、图 2-70 所示［注意：第Ⅲ节的上部右端小口是圆形，其展开图的圆口展开为正常圆管的展开方法，其余方法与第Ⅰ节、第Ⅱ节展开方法基本是相同的］。

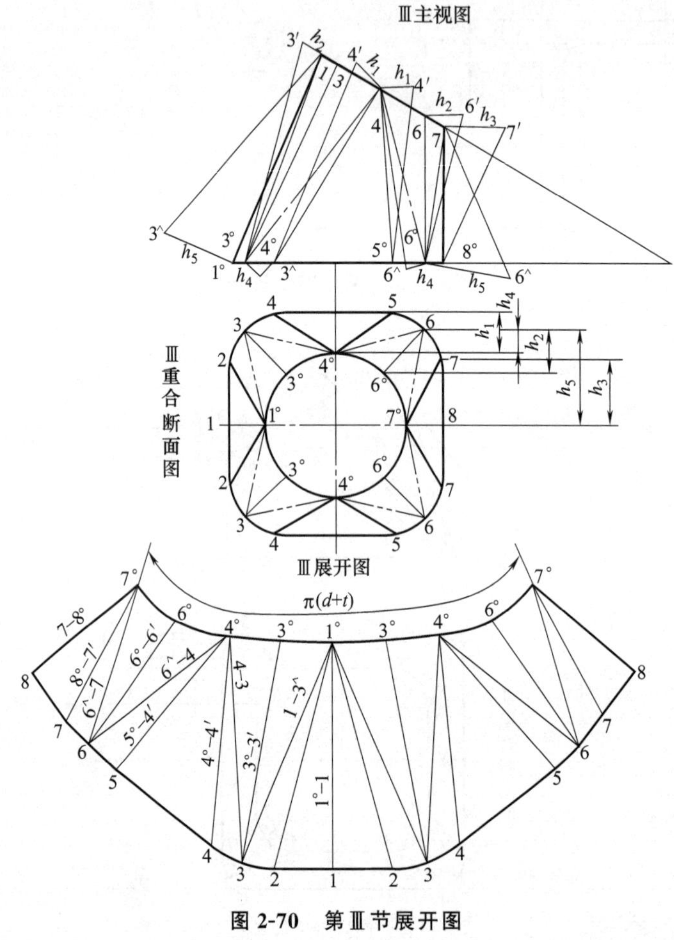

图 2-70 第Ⅲ节展开图

卡样板的求作方法：

图 2-71 为第Ⅰ节展开图 A-5 线卡样板角度的求法。

① 将主视图 A'-4-5-B' 照画，如图 2-71 下面所示。

② 用重合截面图上的 e 为距离，作与 A'-5 平行的直线，再由 A'、4、5、B' 分别作 A'-5 的垂直线，与刚才所作的两平行线相交于 A_0'、4′、5′、B'，然后连接直线 $A'4'$、$4'5'$、$5'B'$。

③ 在 A_0'-5′延长线上截取 m、n，使 m、n 等于 4、5、B 点间的距离，并由 m、n 距离处作垂直线与平行两线得交点 4′、5′、B'，连接直线 4′-A'(5′)、A'(5′)-B'，则角 4′-A'、(5′)-B' 即

为所求第Ⅰ节展开图的卡样板角度，如图 2-71 所示。

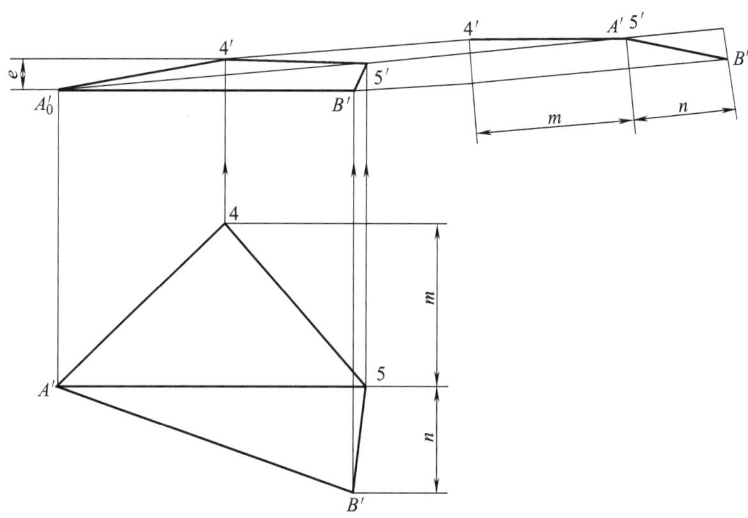

图 2-71　第Ⅰ节卡样板角度的求法

两椭圆锥斜交 V 形三通管展开图

图 2-72 是两椭圆锥斜交 V 形三通管的投影图。两椭圆锥的上口直径分别是 D_1 和 D_2，管的壁厚是 t。因为两个椭圆锥具有公共的圆形下口且两轴线均为正平线，所以它们间的结合线是平面曲线，其正面投影为直线。下面用放射线法求该三通管的中性层展开图。

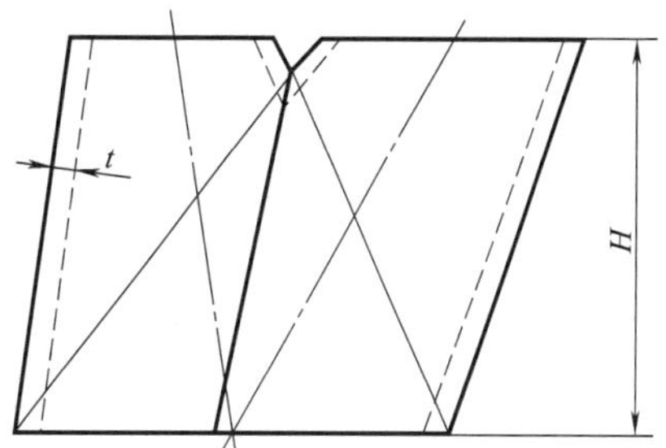

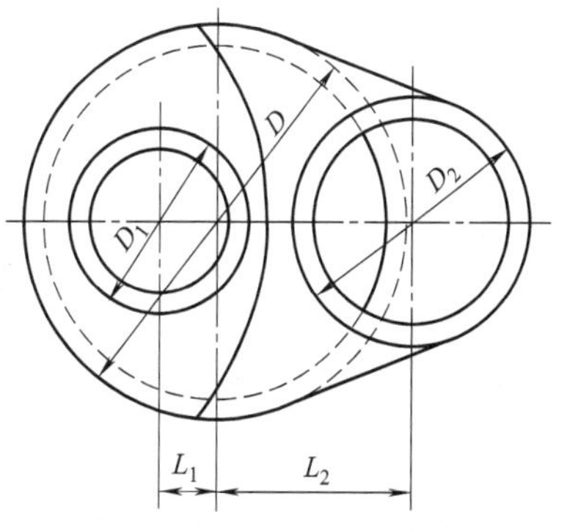

图 2-72　两椭圆锥斜交 V 形三通管

(1) 画出放样图

如图 2-73 是三通管的主视图和俯视图的前半部，图中假想作出了两椭圆锥的锥顶，两管的相贯线的正面投影由它们内、外侧轮廓线的交点连线求得（相贯线的水平投影不必画）。

(2) 画展开图

① 右椭圆锥管的展开图

（Ⅰ）先将该管下端口圆周分为 12 等分，作出等分点 a、b、c……的正面投影和水平投影。

（Ⅱ）以过锥顶 o 的铅垂线为轴线，用旋转法作出各条素线的实长 $o'a'$、$o'b'$、$o'c'$……。

（Ⅲ）在主视图上经过左右椭圆锥管的相贯线与各素线的交点作水平线，与各素线的实长线相交于 a_1'、b_1'、c_1'……。右椭圆锥管上端口与各条素线的实长相交于 1′、2′、3′……。下端口各等分圆弧的弧长显示在俯视图中。

（Ⅳ）用图 2-14 的展开方法（放射线法）画展开图，即以 o' 为圆心，以各素线的实长 $o'a'$、

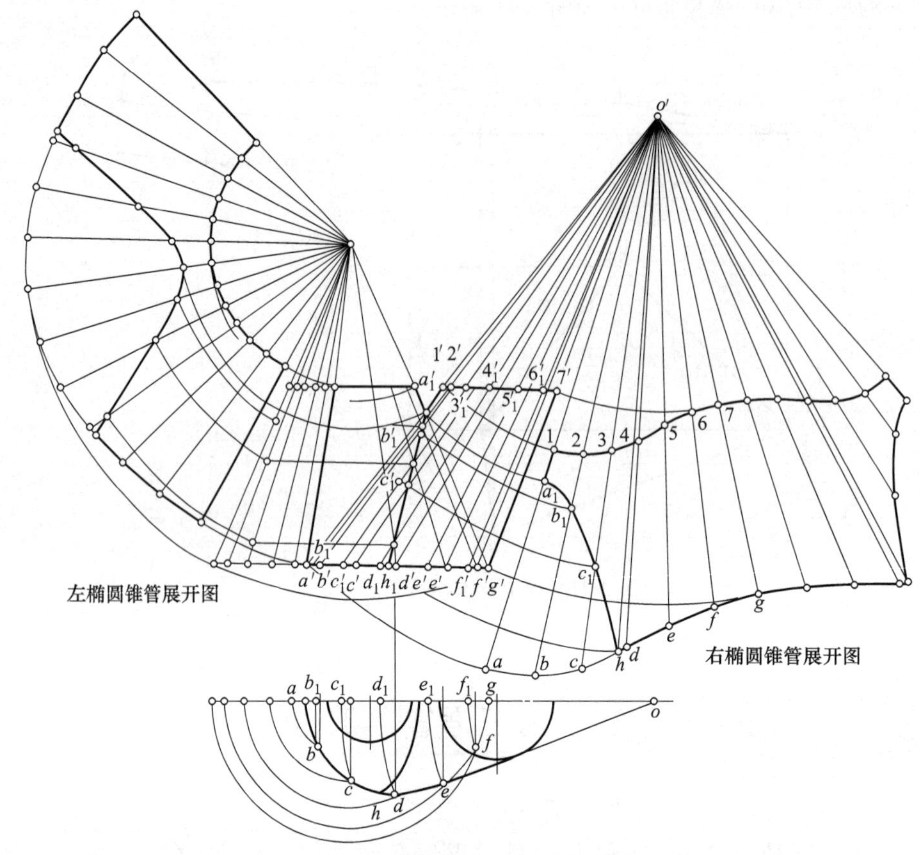

图 2-73 三通管放样图和展开图

$o'b'$、$o'c'$……为半径画圆弧，在 $o'a'$ 为半径画的圆弧上取点 a，以 a 为圆心，以一个等分弧长为半径画弧，与 $o'b'$ 为半径画的弧相交于 b 点；再以 b 点为圆心，以相同的一个等分弧长为半径画弧，与以 $o'c'$ 为半径画的圆弧相交于点 c。依次用同样的方法可求作出 d、e、f……。

（Ⅴ）又以 o' 为圆心，经过 a'_1、b'_1、c'_1 和 1′、2′……画弧，与对应的素线 $o'a$、$o'b$、$o'c$……相交于 a_1、b_1、c_1……和 1、2……。

（Ⅵ）分别用直线和曲线连接各点。即得到右椭圆锥管的展开图，如图 2-73 右侧所示。

② 左椭圆锥管的展开图

左椭圆锥管的展开图作法与右椭圆锥管的展开图的作法是一样的。

2-2-35 大圆主管小圆支管渐缩 V 形三通管展开图

图 2-74 是大圆主管小圆支管渐缩 V 形三通管的主视图和俯视图。已知尺寸 a、d、d'、h、t，其放样图如图 2-75 所示。由主视图可知，上下口都是圆形且互相平行，两个支管是由两个斜圆锥管组成，从而可以用斜圆锥管展开法画出展开图。

（1）画放样图，根据已知尺寸画 A-B-C-D 斜圆锥管的投影。

（2）延长锥管两轮廓素线，得出斜圆锥的顶点 O，画截面图 C-4-D。

（3）由 CD 中点 $4'$ 引铅垂线与 CO 交点为 $1^{\circ\circ}$，则 $1^{\circ\circ}$-4° 为左右两管的相贯线。

（4）6 等分截面图的半圆周 C-4-D，得等分点 1、2、3、4、5、6、7。由等分点 2、3 引铅垂线与 CD 相交得交点 2°、3°。

（5）分别将 2°、3° 与 O 相连接，并与相贯线 $1^{\circ\circ}$-4° 相交得交点 $2^{\circ\circ}$、$3^{\circ\circ}$。

（6）由 O 点向上作铅垂线与 CD 的延长线相交为 O_1 点。将圆周各等分点与 O_1 相连。

（7）以 O_1 为圆心，以 O_12、O_13……O_16 作半径画同心圆弧与 CO_1 交点为 $2'$、$3'$、$4'$、$5'$、$6'$。将各交点与 O 连接，即得各素线的实长。

（8）再由结合线上的点 $2^{\circ\circ}$、$3^{\circ\circ}$ 向左引水平线与相应的实长线 $2'0$、$3'0$ 相交得交点 $2''$、$3''$。

（9）在上面已求得各素线实长的基础上，便可顺利地画渐缩管的展开图。

① 以 O 为中心，$O1$ 作半径画圆弧，在该圆弧上任取一点 1。

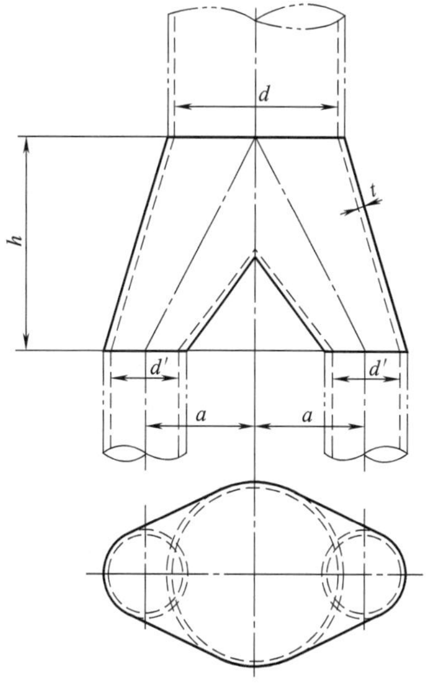

图 2-74 大圆主管小圆支管渐缩 V 形三通管投影图

② 以 O 为中心，实长线 $O2'$、$O3'$、……$O7'$ 作半径画弧，与以 1 为中心，截面图上等分弧长 $\overset{\frown}{12}$ 作半径，顺次画圆弧得交点 2、3……7。

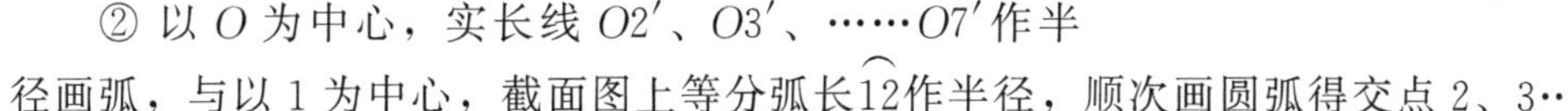

③ 连接各交点，并且连接 O。

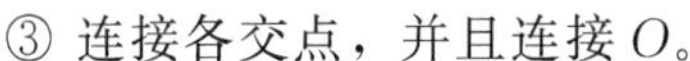

④ 以 O 为中心，分别以 $O2''$、$O3''$ 及实长线与 AB 交点到 O 的长度作半径，画同心圆弧与 $O7$、$O6$……$O1$ 线对应相交得到一系列交点（图上未标点名）。

⑤ 将各交点光滑连接成曲线，7-4-$1^{\circ\circ}$-4-7 及 B°-A-$B^{\circ\circ}$，连直线 7-B°、7-$B^{\circ\circ}$，即得到渐缩管的展开图，如图 2-75 右边所示。

［注］：图 2-75 只是画出了 V 形管的右边半部分的展开图，其左边半部分的展开图可用同样的方法画出，图上省略。实际生产制作时可以只画一个展开图，并制成样板，按样板下料，然后卷制焊接成型。

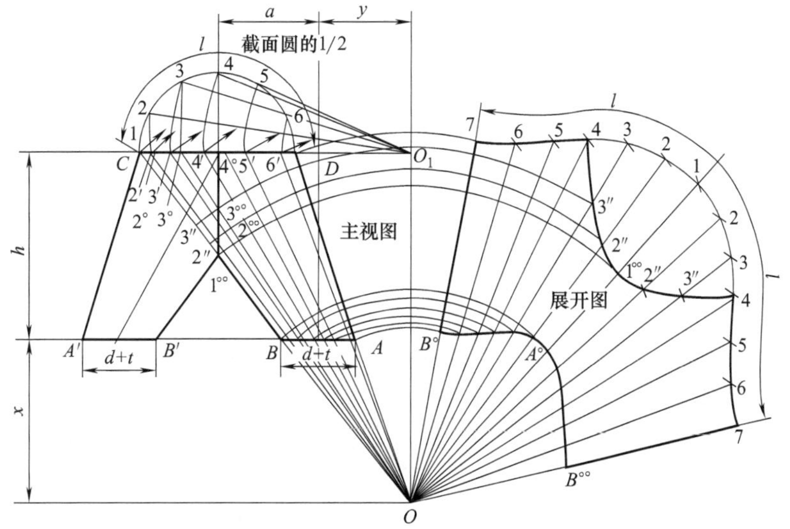

图 2-75 大圆主管小圆支管渐缩 V 形三通管展开图

2-2-36 圆柱主管接圆锥支管 Y 形三通管展开图

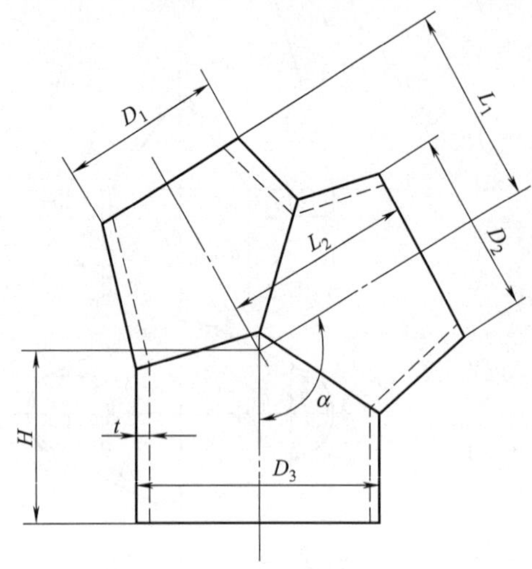

图 2-76 圆柱主管接圆锥支管 Y 形三通管投影图

图 2-76 是圆柱主管接圆锥支管 Y 形三通管的投影图，它是由轴线铅垂圆柱主管与两轴线互相垂直的圆锥支管组合而成。右侧圆锥支管的轴线与圆柱主管轴线之间的夹角 α，管壁厚 t，因为结合处的管子直径都一样，所以其结合处的表面交线相贯线都是平面曲线，其正立面投影为直线。圆柱管可以用图 2-9 的方法进行展开（平行线法）。而两圆锥管可用图 2-14 的方法展开（放射线法）。注意一律按中性层尺寸展开。

(1) 画放样图

按管子中性层尺寸画出放样图，如图 2-77 所示，按照规定夹角，画出主管和支管的轴线，再画与三管公切的内切球的投影，然后画出三管全部投影及交线。

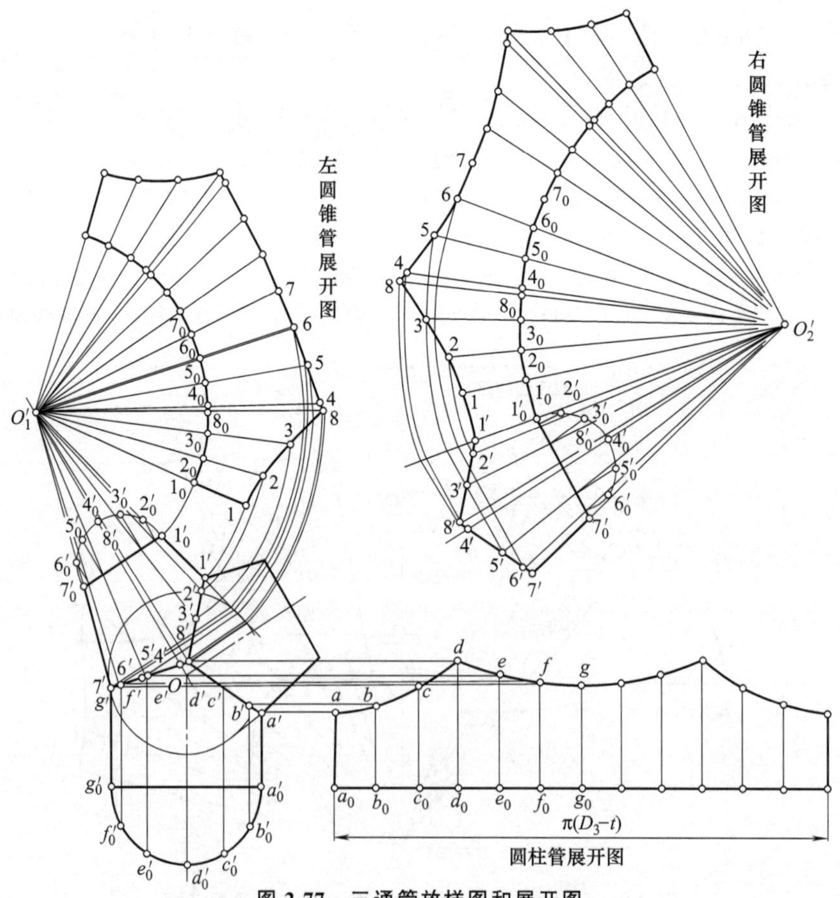

图 2-77 三通管放样图和展开图

（2）画展开图

① 圆柱主管的展开，展开方法与图 2-9 一样。得到的展开图如图 2-77 右下方所示，这里省略具体的作图过程。

② 左圆锥管的展开图

Ⅰ. 首先将圆锥管两轮廓线延长，相交于 O_1'。

Ⅱ. 作圆锥管小端管口的圆周的 $\frac{1}{2}$ 投影，并将其 6 等分，得等分点 $1_0'$、$2_0'$、$3_0'$……$7_0'$，过各等分点作圆锥轴线的平行线与 $1_0'$-$7_0'$ 直线得到交点，过各交点连 O_1'，并延长之，这些素线与相贯线的交点为 $1'$、$2'$、$3'$……$7'$。

Ⅲ. 过三条相贯线的交点 $8'$ 与 O_1' 连成直线，并与圆锥小端管口圆周交得 $8_0'$。

Ⅳ. 以 O_1' 为圆心，以 $O_1'1_0$ 为半径画圆弧，在该圆弧上取等分点 1_0、2_0、3_0……7_0 点，使 $\widehat{1_0 2_0}=\widehat{1_0' 2_0'}$……$\widehat{6_0 7_0}=\widehat{6_0' 7_0'}$。

Ⅴ. 过相贯线上的点 $1'$、$2'$……$7'$ 作圆锥轴线的垂直线与左侧轮廓线的延长线相交，即求得各素线的实长。

Ⅵ. 以所求的各素线的实长为半径，以 O_1' 为圆心，画同心圆弧，它们分别与相应的直线 $O_1'1_0$、$O_1'2_0$……$O_1'7_0$ 的延长线相交于点 1、2、3、8、4、5、6、7。

Ⅶ. 用三段光滑曲线连接有关各点，即得到左圆锥管的展开图。图 2-77 左上方所示的展开图是完整的左圆锥管的展开图。

（3）右圆锥管展开图

如图 2-77 右上方所示，其作图方法与上述方法完全相同。为了使图面清晰起见，这里将右圆锥管的放样图局部移画至原放样图之外，然后画出其展开图，这样作图方便清楚，便于读者看图。

2-2-37 带补料等径正交三通管的展开图

图 2-78 是直径相等的两圆柱管垂直相交，在相交处增添两块椭圆管形状的补料图。补料与两圆柱管的结合处的相贯线是平面曲线，其正立面投影是直线。

（1）画放样图

如图 2-79 放样图是管件外皮尺寸画出主视图，补料和两圆柱管外皮轮廓线的交点与两轴线交点的连线为其相贯线的投影。

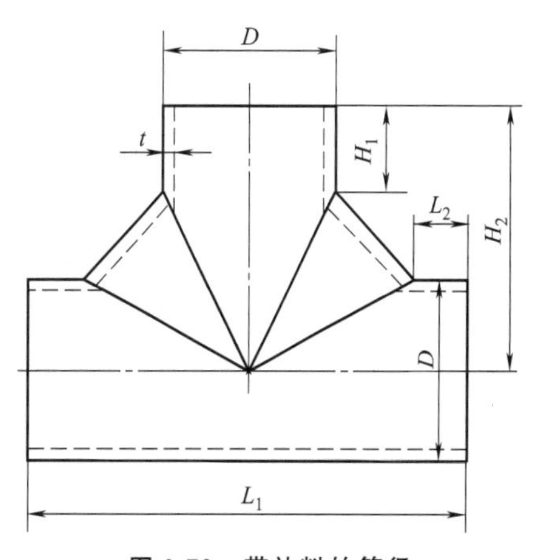

图 2-78 带补料的等径正交三通管正立面图

（2）画展开图

① 画垂直管的展开图（中性层）

Ⅰ. 先将垂直管上端口的圆周的 $\frac{1}{2}$ 进行等分（6 等分），过各等分点作垂直管的素线，各素线与相贯线相交于点 $1'$、$2'$、$3'$……。

Ⅱ. 过各点分别作水平线，并将管口水平线延长，取其长度等于垂直管的圆周长 $\pi(D-t)$，

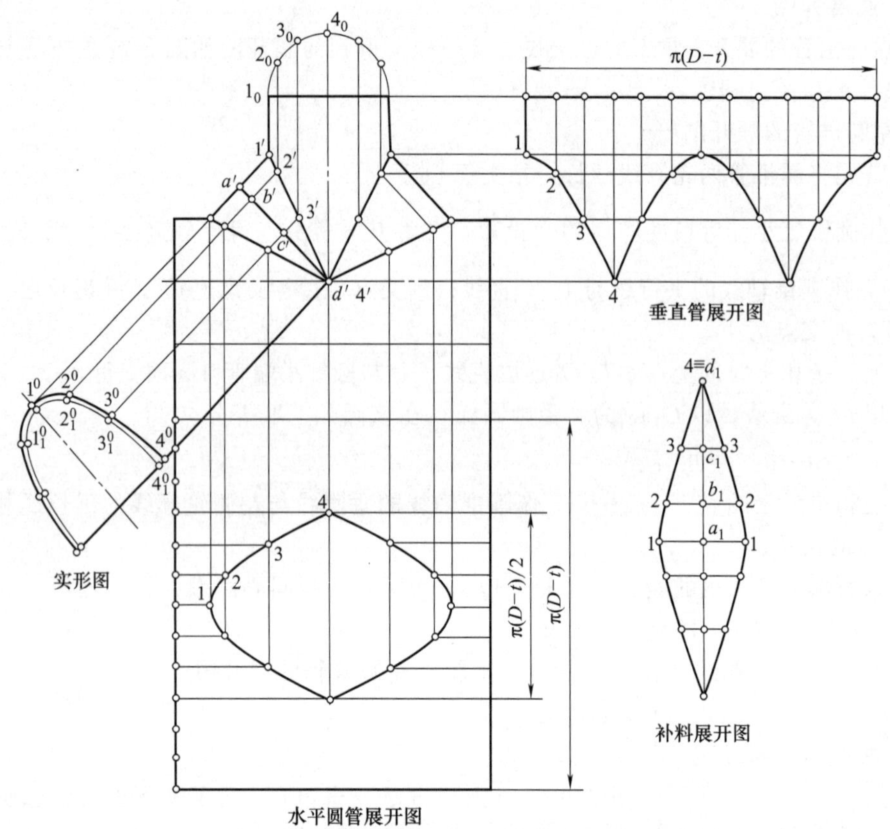

图 2-79　三通管的放样图和展开图

再将此线分成 12 等分，过各点作垂线。则水平线与垂直线的两组线的对应线相交于点 1、2、3……。

Ⅲ. 用曲线板光滑地连接曲线，即得垂直管的展开图，如图 2-79 右上方所示。

② 画水平管的展开图

作法与上述方法基本相同，读者可以从图 2-79 下边所示的展开图中看懂，具体作图过程不再详述。

③ 补料的展开图作法

Ⅰ. 过 $4'$-a' 作补料椭圆柱管的正截面图，图 2-79 左边所示的图形是用换面法求出该正截面的实形。

Ⅱ. 在主视图上过 $1'$、$2'$、$3'$……作补料椭圆柱外皮素线，并求得这些素线在实形图上的投影 1^0、2^0、3^0……。再过这些点作外皮轮廓的法线，与中性层轮廓线相交于点 1_1^0、2_1^0、3_1^0、4_1^0……。

Ⅲ. 在图纸上找一个合适的地方作互相垂直的中心线，在垂直线上取点 a_1、b_1、c_1……，使其间距等于实形图中中性层轮廓线上相应两点间的弧长，即 $a_1b_1=\overset{\frown}{1_1^0 2_1^0}$，$b_1c_1=\overset{\frown}{2_1^0 3_1^0}$，$c_1d_1=\overset{\frown}{3_1^0 4_1^0}$。

Ⅳ. 过 a_1、b_1、c_1……作水平线，使水平线两侧距离对称 $a_1 1$、$b_1 2$、$c_1 3$……分别等于主视图上补料椭圆柱素线上有关相应素线的长度，即 $a_1 1=a'1'$、$b_1 2=b'2'$、$c_1 3=c'3'$，另一侧的长度与此对称。

Ⅴ. 光滑连接各点形成曲线，即得到补料椭圆柱管的展开图。

2-2-38 两平行圆柱管斜交圆锥管异径三通管展开图

图 2-80 是两平行圆柱管斜交圆锥管的异径三通管正立面投影图，左、右轴线铅垂的两圆柱管是互相平行的，它们外皮直径分别是 D_1 和 D_2，管壁厚 t，两圆柱管之间有斜交的圆锥管连接，所有各管的结合处相贯线正立面投影均为直线。

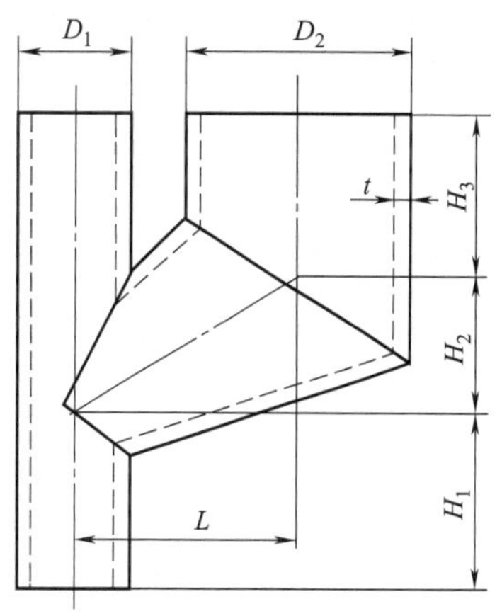

图 2-80 两平行圆柱管斜交圆锥管异径三通管

(1) 放样图

图 2-81 为该三通管的放样图，画法如下：

① 按有关尺寸作出两平行圆柱管的正立面投影。

② 按尺寸 H_2 画出圆锥的轴线，与两平行圆柱的轴线相交得交点 O_1、O_2。

③ 分别以 O_1、O_2 为球心，以 D_1、D_2 为直径作球与圆柱相内切。

④ 作两球的公切线，得圆锥的轮廓线。

⑤ 连相贯线（直线）。

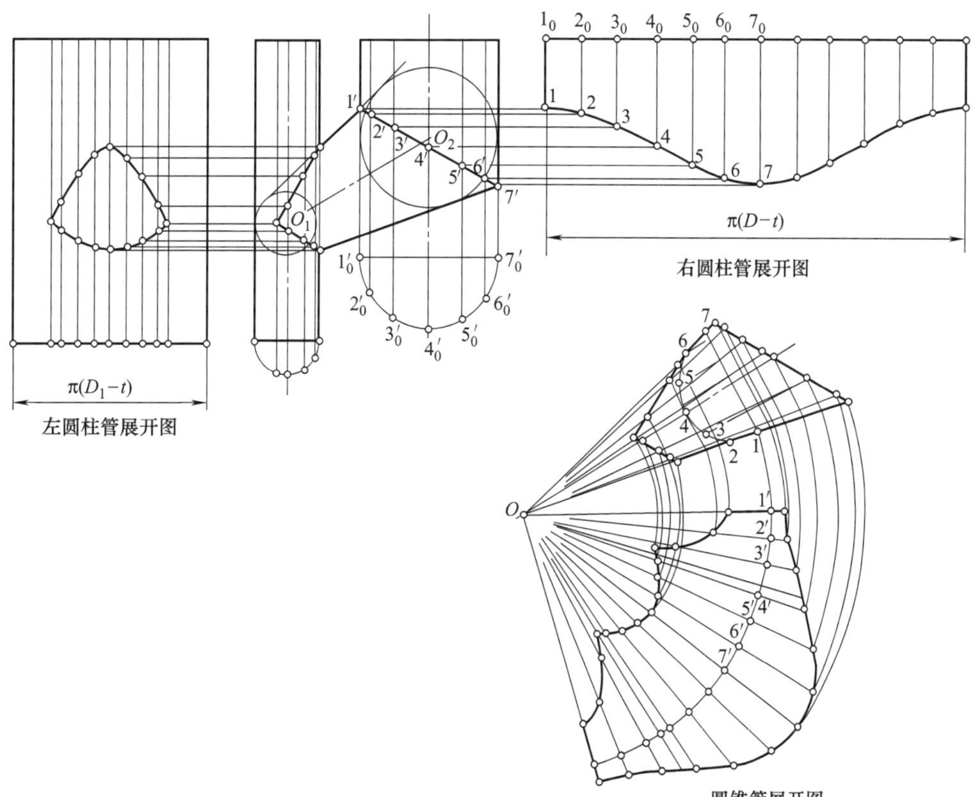

图 2-81 三通管放样图和展开图

（2）画展开图

① 左圆管展开图

Ⅰ. 画矩形线框，使矩形宽等于圆柱管中性层的圆周展开长度 $\pi(D_1-t)$，矩形线框高度等于 $H_1+H_2+H_3$（即高平齐）。

Ⅱ. 在左圆柱有相贯线的范围内任意作几条素线，并将这些素线延伸到下口截面半圆上，得到一些点。

Ⅲ. 根据这些点所作的圆弧长，在矩形框内画出相应的几条素线。

Ⅳ. 由各素线与相贯线的交点引水平线，与相应的素线相交，得到一系列点。

Ⅴ. 光滑连接各点，得到结合线的展开曲线。则该矩形线框及其中的曲线即是左圆柱管的展开图，如图 2-81 左边所示。

② 右圆柱管展开图

Ⅰ. 将右圆柱管的下口圆周的$\frac{1}{2}$等分为 6 等分，得到点 1_0、2_0、3_0……7_0。

Ⅱ. 过各等分点向上作铅垂线，它们分别与相贯线交于 $1'$、$2'$、$3'$……$7'$。

Ⅲ. 过 $1'$、$2'$、$3'$……$7'$作水平线。

Ⅳ. 作右圆柱管上口的水平延长线，在该水平线上截取一段长度等于右圆柱管的圆周展开长度，且等分为 12 等分。

Ⅴ. 过各等分点作铅垂线 1_01、2_02、3_03……7_07……分别与过相贯线上各点作的水平线对应相交于 1、2、3……7……。

Ⅵ. 光滑连接各点，得曲线，则得到右圆柱管的展开图，如图 2-81 右上方所示。

③ 圆锥管的展开图

为看图清晰起见，特将圆锥管的放样图移到原图之外来画。

Ⅰ. 延长圆锥两轮廓得顶点 O。

Ⅱ. 过顶点 O 作若干条圆锥素线，并求得这些素线与相贯线的交点。

Ⅲ. 过这些交点作圆锥轴线的垂直线与下边那条圆锥轮廓线得交点，这样便求得各素线的实长。

Ⅳ. 作圆锥截面半圆，与各素线得交点 1、2、3、4、5、6、7。

Ⅴ. 以 O 为圆心，$O1$ 为半径画圆弧，在该圆弧上取$\overset{\frown}{1'2'}=\overset{\frown}{12}$、$\overset{\frown}{2'3'}=\overset{\frown}{23}$、$\overset{\frown}{3'4'}=\overset{\frown}{34}$、$\overset{\frown}{4'5'}=\overset{\frown}{45}$、$\overset{\frown}{5'6'}=\overset{\frown}{56}$、$\overset{\frown}{6'7'}=\overset{\frown}{67}$，……。

Ⅵ. 过 1、2、3、4、5、6、7……连接 O 点并延长之。

Ⅶ. 分别以各素线至锥底的实长为半径，以 O 为圆心画同心圆弧，与相应的素线相交得交点，光滑连接各点得曲线。

Ⅷ. 再以各素线至相贯线交点的实长为半径，以 O 为圆心，画同心圆，分别与相应的素线相交得交点，连接各交点得相贯线的展开曲线。

Ⅸ. 连最边远的素线（直线），则得到斜交圆锥管的展开图，如图 2-81 右下角所示。

2-2-39 顶圆矩形底弯头的展开图

图 2-82 所示弯头由上、下两节管组成，上节管是圆柱管，下节管是异形连接管，其上

口是椭圆形呈 45°，与圆柱管相接。其下口是矩形。画弯头的展开图的关键在于下节四个平面与四个椭圆锥面相切的展开画法。

（1）画放样图

① 用上口圆柱的中性层为直径，下口矩形的里层尺寸及其他尺寸画出弯头的主视图和俯视图。

② 将上节圆柱的平面图圆周分成 12 等分，由各等分点向上引各素线。

③ 根据 H_1 过圆柱轴线与 H_1 的距离点作 45°线，即是上、下管节结合处的相贯线。

④ 将圆柱各素线画到 45°相贯线，得到点 1′、2′、3′、4′、5′、6′、7′，这些点实际上也是椭圆的等分点。

⑤ 矩形的边 ad 和 bc 平行于椭圆口所在的平面，点 1、7 分别是对应于边 ad 和 bc 的椭圆口上的分界点。矩形边 ab 和 cd 不平行于椭圆口，将两边延长作出它们和椭圆口所在平面的交点 n 和 n'，过 n 和 n_1 点作椭圆的切线，其切点为 m 和 m_1，则 m 和 m_1 是对应于 ab 和 bc 的分界点。

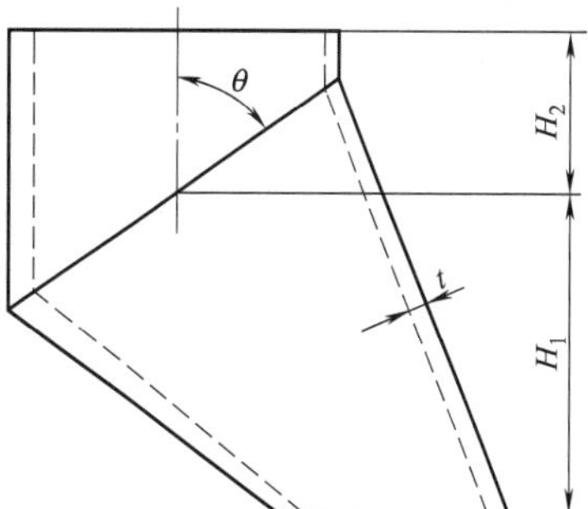

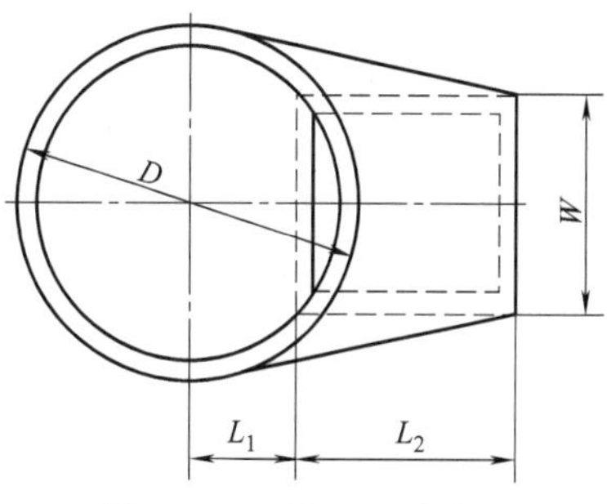

图 2-82　顶圆矩形底弯头

⑥ 用直线分别将矩形的各顶点和椭圆上的对应等分点连接起来。从而得到下节管上的平面椭圆锥面上的分界线和等分素线。

（2）用直角三角形法求出各素线的实长，如图 2-83 主视图的右侧所示。注意，弯头形状前后对称，只需作出前半部的 9 条素线的实长，而矩形各条边的实长显示在俯视图上。

（3）画展开图

① 上节管展开图

Ⅰ. 画水平线，在该线上取一段长度等于上节圆柱的圆周长展开长度。并且等分 12 等分，然后过各等分点画铅垂素线。

Ⅱ. 取各垂直素线的长度等于主视图中各对应素线的长度，得一系列的点 1、2、3、4、5、6、7……。

Ⅲ. 光滑连接各点得曲线，则得到上节圆柱管的展开图，如图 2-83 下方所示。

② 下节异形连接管的展开图

Ⅰ. 画三角形 $bk7$，$\angle bk7=90°$　bk 等于俯视图中的 bk（实长），$k7=k'7'$，$b7$ 等于所求得的 $b7$ 素线实长。

Ⅱ. 以 b 为圆心，$b6$ 素线的实长为半径画弧，与以 7 为圆心，俯视图中$\overset{\frown}{67}$的长度为半径画圆弧相交得 6 点。

Ⅲ. 以 b 点为圆心，$b5$ 素线的实长为半径画弧，与以 6 点为圆心，以俯视图中$\overset{\frown}{65}$为半径画弧得交点 5。

Ⅳ. 以 b 点为圆心，以 bm 素线的实长为半径，与以 5 点为圆心，以俯视图中$\overset{\frown}{5m}$弧长为半径画弧得交点 m。

Ⅴ. 分别以 b、m 点为圆心，$a'b'$（反映实长）和 am 素线的实长为半径画弧交得 a 点。

Ⅵ. 以 a 点为圆心，$a4$ 素线的实长为半径画弧，与以 m 点为圆心，以俯视图上$\overset{\frown}{m4}$弧长为半径画弧得交点 4。

Ⅶ. 以 a 点为圆心，$a3$ 素线实长为半径画弧，与以 4 点为圆心，俯视图中的 $\overset{\frown}{43}$ 弧长为半径画弧得交点 3。

Ⅷ. 以 a 点为圆心，$a2$ 素线实长为半径画弧，与以 3 点为圆心，俯视图中 $\overset{\frown}{32}$ 弧长为半径画弧得交点 2。

Ⅸ. 以 a 点为圆心，$a1$ 素线实长为半径，与以 2 点为圆心、俯视图中 $\overset{\frown}{21}$ 弧长为半径画弧相交得 1 点。

Ⅹ. 以 a 为圆心，ad（反映实长）为半径画弧，与以 1 点为圆心，以 $1d$ 素线的实长（即 $1a$ 素线实长）为半径画弧得交点 d。

Ⅺ. 用上述同样的方法，即通过用各条素线的实长，矩形各边实长，以及显示在上节管展开图中的椭圆各段曲线的弧长，依次可以作出一系列拼合起来的三角形平面和与之相切的椭圆锥面的展开图，从而获得整个下节异形接头管的展开图，如图 2-83 右边所示。

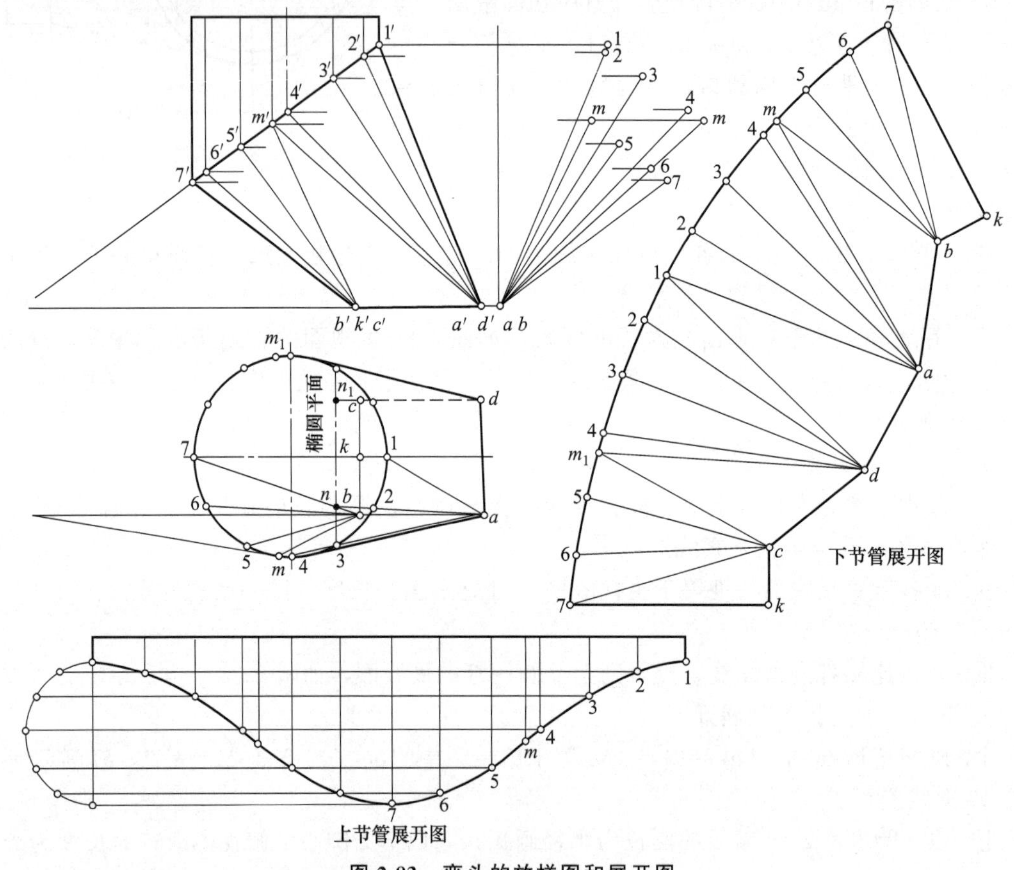

图 2-83　弯头的放样图和展开图

2-2-40 裤形三通管的展开图

图 2-84 是裤形三通管的主视图和俯视图，上口是大圆管Ⅰ，下口是两个小圆柱管Ⅲ，中间用两个圆锥管Ⅱ将它们连接在一起。大圆管和小圆柱管分别切于与其相同直径的球，圆

锥管小端与同侧小圆柱管同时切于同一个球。圆锥管大端与大圆管同时相切于同一个球。因而三者之间结合处的相贯线是平面曲线，在正立面主视图上的投影都是直线。

图 2-84 所标注的尺寸符号均表示已知尺寸，如 a、d_1、d_2、T、h_1、h_2、h_3 等。

(1) 画放样图

① 以 O_1、O_2 为圆心，d_1、d_2 为半径画管Ⅰ、Ⅲ的截面图（O_1 至 O_2 垂直距离为 h_2）。

② 作两圆的公切线与管Ⅰ、Ⅲ的轮廓线得交点 F、G、H、$1'$、$5'$、1°，连接 $1^\circ G$、$1^\circ F$ 得交点 3°。则 $1^\circ3^\circ$、$3^\circ H$、$1'5'$ 即为三种管子Ⅰ、Ⅱ、Ⅲ的相贯线。

③ 由 O_1 向上截取 h_3 作水平线与大圆柱轮廓相交得 A_1B；由 O_2 向下截取 h_1，作水平线与两个小圆柱轮廓线相交得 D、E。这样就完成了放样图，如图 2-85 中主视图所示。

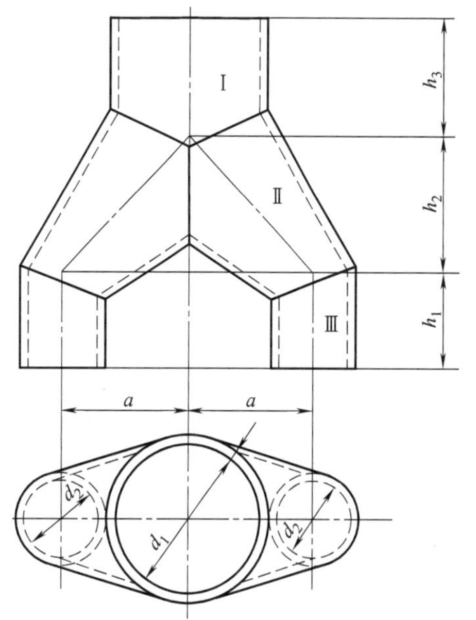

图 2-84　裤形三通主视图和俯视图

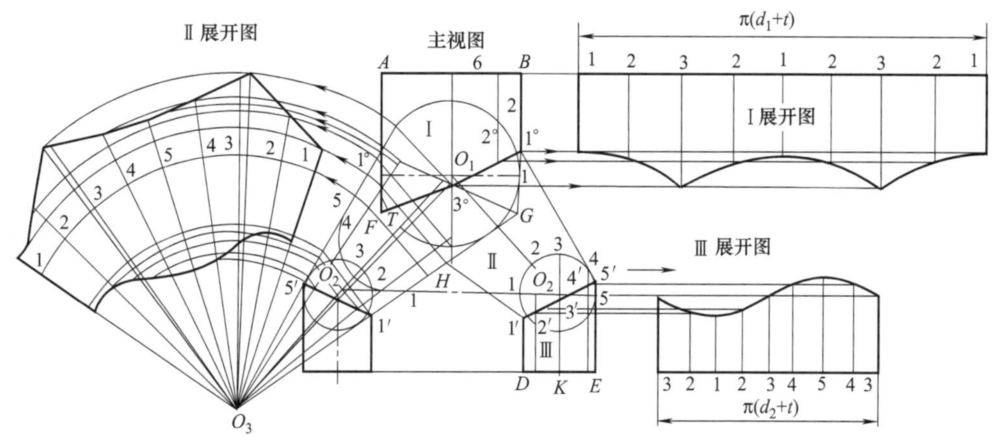

图 2-85　裤形三通展开图

(2) 画展开图

① Ⅰ管展开图

Ⅰ. 8 等分 O_1 圆周，由各等分点 2 向下作铅垂线，与相贯线 $1^\circ3^\circ$相交得 2°。

Ⅱ. 延长 AB，截取 1-1 等于Ⅰ圆柱的圆周长。并也等分成 8 等分，由各等分点向下引铅垂线。

Ⅲ. 由相贯线上的 1°、2°、3°点分别向右方作水平线，与 8 条等分素线对应相交得一系列的交点。

Ⅳ. 光滑连接各交点，即得到大圆管Ⅰ的展开图，如图 2-85 右上方所示。

② Ⅱ管的展开图

Ⅰ. 假想延长圆锥Ⅱ管的两轮廓线得交点 O_3，在管Ⅱ轴线上任取 T 点，过 T 点作轴线的垂直线 15，以 T 为圆心，$1T$ 为半径画半圆弧，且四等分半圆周，由各等分点引 O_1O_2 的平行线，与 15 线相交，将这些交点与 O_3 连接起来得一系列的素线，这一系列的素线与该管的上、下相贯线相交得交点，过这些交点作直线与 O_1O_3 垂直（即平行于 15 线）与 O_31 相交，从而可求得各条素线的实长。

Ⅱ. 以 O_3 为圆心，O_35 为半径画圆弧，这一弧上截取$\overset{\frown}{1—1}$等于 T 圆周长。并将其等分为 8 等分。将各等分点与 O_3 连接成各条素线。

Ⅲ. 以 O_3 为圆心，以各条素线在 $O_31°$上占有的实长为半径画圆弧，与对应的素线相交，将各交点光滑连成曲线，即得到Ⅱ管的完整展开图，如图 2-85 左边所示。

③ Ⅲ管的展开图

Ⅰ. 首先 4 等分 O_2 圆的半圆周，由各等分点向下引垂直线，与相贯线相交得 $1'$、$2'$、$3'$、$4'$、$5'$点。

Ⅱ. 在 DE 向右的延长线上截取 3—3 等于 O_2 圆的周长，并将其分成相应的八等分，由各等分点向上引垂直线，与由相贯线上各点向右引的水平线对应相交，得一系列的交点。

Ⅲ. 光滑地连接这一系列的交点得曲线，即获得Ⅲ管的完整展开图，如图 2-85 右下角所示。

［注］画展开图之前，画实样图时就应按中性层尺寸计算画图。

下面简要介绍一下裤形三通管的生产工艺流程及加工方法，供读者参考。

1. 号料

(1) 确定焊缝位置：按照展开图的画法，实际上各管的纵向焊缝已经给出确定的位置，例如Ⅰ圆柱管的接缝在 $A1°$（或 $B1°$）处。Ⅱ圆锥管的焊接缝在 $H1'$处，Ⅲ小圆柱管的焊接缝在 $3'K$ 处。这里要求注意三种管子的焊缝应尽量互相错开，还要注意到外观的美观性。

(2) 制作样板：按Ⅰ、Ⅱ、Ⅲ管的展开画法，在样板铁板上放样展开，然后刻成样板，修除边上毛刺，即可用它来号料。

(3) 排料：为节省金属材料起见，需用样板精细排料，确保合理使用材料，尽力减少大面积的边角废料。

2. 下料

两种方法：一种手工扁铲剁离，一种是采用气割。直线切割也可用剪切机械，但曲线部分还是气割方便。

3. 成型

(1) Ⅰ、Ⅲ圆柱管的成型

① 大小圆柱管可用卷板机滚制成圆筒状，当用三轴卷板机卷制前，先将钢板端部预弯一下，以便顺利进入三轴滚筒之内。

② 如果无任何压力机械，又是单件小批量生产，则可以用手工槽圆。槽圆时先两边后中间，并用样板检查圆弧曲率是否符合图纸要求。

③ 压弯模具：可通过压力机一次成型。

(2) Ⅱ中间圆锥管的制作成型

① 用卷板机滚制圆锥管。

② 手工槽圆锥管，钢板厚度不超过 3mm，手工槽圆锥管的操作方法介绍于下：

Ⅰ. 将一槽钢放置在平台上，也可用两根圆钢放在平台上，并呈“八”字形焊牢固。

Ⅱ. 在下完料的扇形板上号出五个加工区域线及校对线，注意呈放射状，然后将扇形钢板放在槽钢或圆钢上。

Ⅲ. 用成型锤及大锤手工打弯，首先打第一区域，后打 2 区域，顺次 2、3、4、5 区域打下去，一边打，还要一边用样板检查。

锤击时注意，圆锥小端处落锤要重击，圆锥大口处落锤渐渐减轻，每条射线方向的锤击力量要均匀，以防工件发生扭曲变形。

2-2-41 圆锥管中凹心斜板的展开图

图 2-86（a）是圆锥管中凹心斜板投影图，其展开图作法如下：

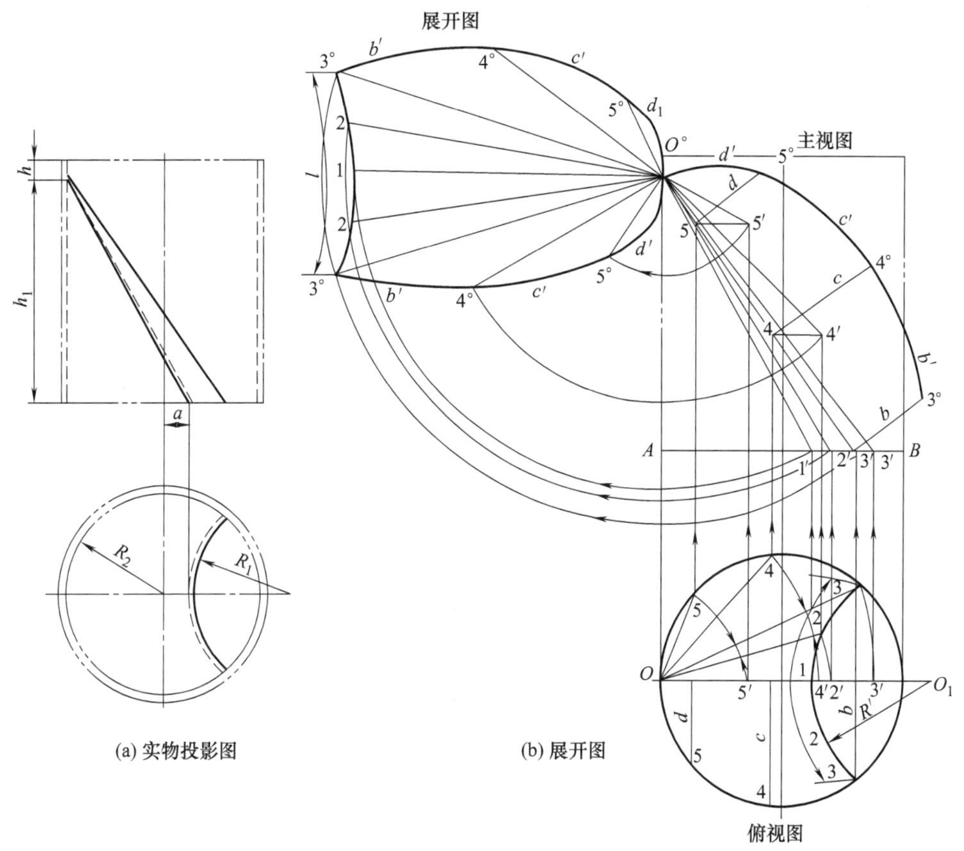

图 2-86 圆锥管中凹心斜板展开画法

（1）按中性层尺寸画主视图和俯视图。

（2）求有关素线的实长，在俯视图上 4 等分圆弧$\overset{\frown}{3-3}$，得等分点 3、2、1、2、3，用直线连接 O-1、O-2、O-3；三等分圆弧$\overset{\frown}{3-O}$，得等分点 3、4、5、O，连接 O4、O5。以 O 为圆心，O-2、O-3 为半径画圆弧，与水平中心线 OO_1 相交，得交点 2′、3′；由点 1、2、3、3′分别向上引垂直线与主视图上 AB 线相交，将各交点 1′、2′、3、3′与 $O°$ 连接，得 $O°$-1′、$O°$-2′、$O°$-3、$O°$-3′四条均为实长线。

由俯视图圆周点 5、4 分别引向上的垂直线，与主视图 O°-3 相交于 5、4 点，由 5、4 向右引与 AB 平行直线，与由俯视图水平中心线 5′、4′分别所引的垂直线相交，对应交点为 5′、4′；连接 $O^{\circ}5'$、$O^{\circ}4'$，则 $O^{\circ}5'$、$O^{\circ}4'$为实长线。

再求曲线的实长，在主视图上分别由点 3、4、5 引对 $O^{\circ}3$ 的垂直线，在此垂直线上分别取等于俯视图上 b、c、d 长度，得到点 3″、4″、5″，通过各点连成曲线 O°-3°，即得曲线的实长。

(3) 展开图的画法

① 在以 O°为圆心，以 O°-1′、O°-2′、O°-3′作半径所画的同心圆弧上取点 1 为中心，以俯视图圆弧长 1-2、1-3 为半径画圆弧，得交点 2、3°。

② 以点 3°为中心，曲线实长 b'作半径画圆弧，与以 O°为中心，实长 O°-4′作半径所画圆弧相交，得交点为 4°。

③ 以 4°点为圆心，曲线实长 C'为半径画圆弧，与以点 O°为中心，实长 O°-5°为半径画弧相交，得交点 5°。

④ 光滑连接各点得曲线，即为所求圆锥管中凹心斜板的完整展开图，如图 2-86（b）左上角所示。

2-2-42 大小方管迂回 90° 螺旋管展开图

图 2-87（a）是大小方管迂回 90°螺旋管的投影图，即主视图和俯视图。已知尺寸 a、b、c、d、r、R、i、h。按尺寸画出放样图（b），将俯视图的内外圆弧作 6 等分，等分点为 1、2……7 和 1′、2′……7′。由各等分点向上引垂直线，将其与主视图相交的对应交点分别连成直线，内外侧板在俯视图上投影为实长线，上下侧板的投影不反映实长。

(1) 内侧板展开图画法

由主视图上点 1 向左所引的水平线上截取等于俯视图内圆弧的展开长度，并量取各等分点，从等分点分别引铅垂线，与由主视图内侧板上各点向左所引水平线相交，将对应交点连成曲线，即是内侧板的展开图，如图 2-87（b）左上角所示。

(2) 外侧板展开图画法

在主视图上由点 1 向右引水平线，在该水平线上截取一段长度等于俯视图上外圆弧的展开长度（板厚中心弧长），量取各等分点，由各等分点分别向下引垂直线，与主视图上各相应点向右所作水平线相交，得一系列交点，光滑连接各点，得曲线，即为外侧板的展开图，如图 2-87（b）右边所示。

(3) 上下侧板展开图的画法

① 上下侧板有关素线实长的求法：

上下侧板的各素线在主视图和俯视上都不反映实长，可以用三角形法求出。

Ⅰ. 由主视图上 1 点向左引水平线，并作水平线的垂线 $1''$-T''。

Ⅱ. 由主视图上侧板各点分别向左引水平线与垂直线 $1''$-T''相交。

Ⅲ. 再在垂直线 $1''$-T''的相应交点向右取等于俯视图各双点划线的长度。

Ⅳ. 由垂直线 $1''$-T''的相应各点向左取等于俯视图中上侧板投影为实线的长度。

Ⅴ. 将各对应点连接成斜线 m°_1、m°_2、m°_3、m°_4、m°_5、m°_6 及 b°_2、b°_3、b°_4、$b^{\circ}4$、

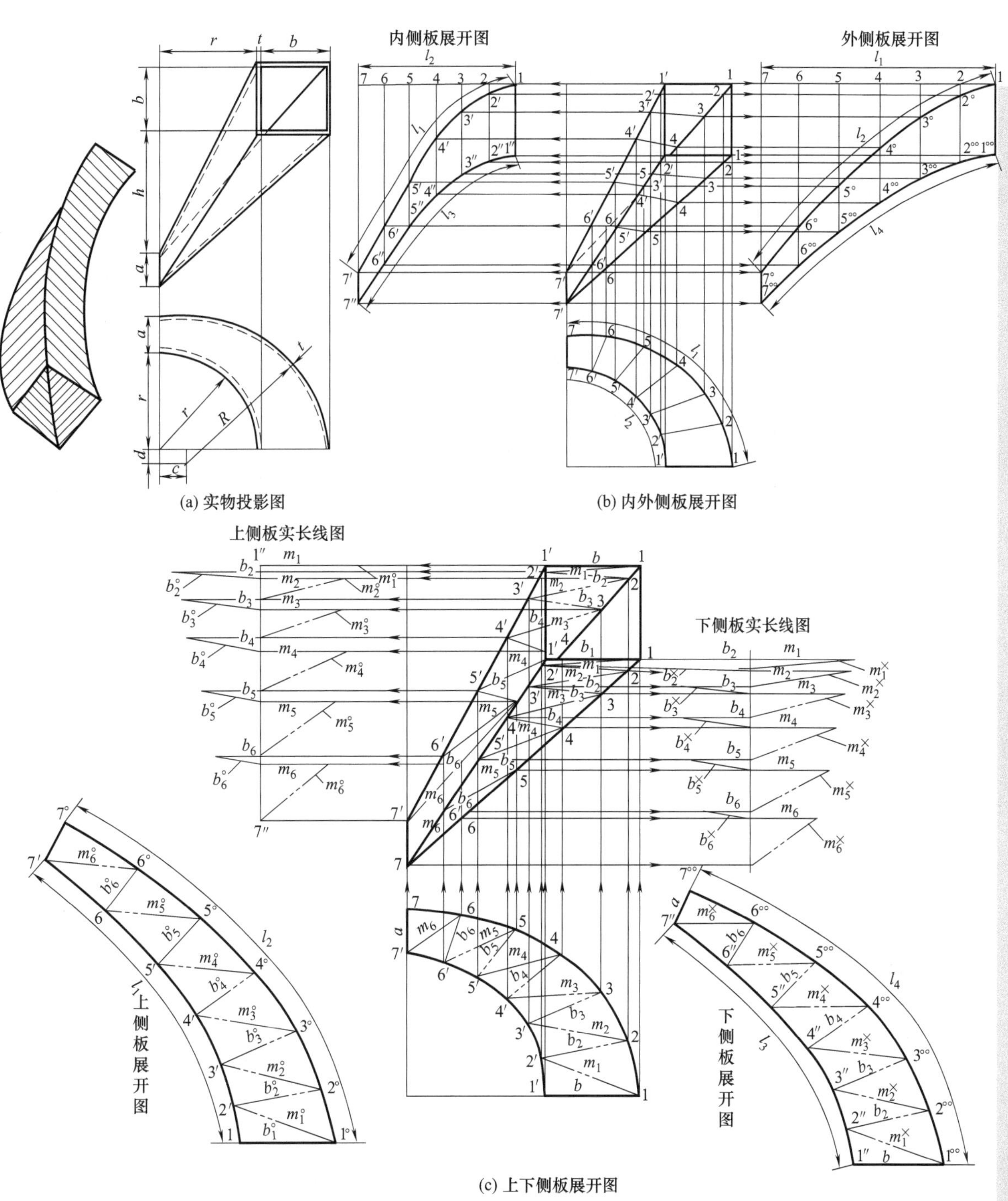

图 2-87 大小方管迂回 90°螺旋管展开画法

$b°_5$、$b°_6$，这些求得的斜线即为所求上侧板各素线的实长，如图 2-87（c）左上角所示。同理，可求出下侧板各投影线的实长，如图 2-87（c）右上角所示。

② 画上侧板的展开图

Ⅰ. 画水平线 1′-1°等于俯视图 1′-1；以点 1°为圆心，上侧板实长图上的实长线 $m°_1$ 作半径画圆弧，与以 1′点为圆心，内侧板展开图 1′-2′为半径所画圆弧相交，得交点 2′。

Ⅱ. 以 2′为圆心，上侧板实长图上实长线 $b°_2$ 为半径画圆弧，与以 1°为圆心，外侧板展开图上 1°-2°弧长为半径所画圆弧相交，得交点 2°。

Ⅲ. 以 2°为圆心，上侧板实长图上实长线 $m°_2$ 作半径所画圆弧，与以点 2′为圆心，内侧板展开图 2′-3′作半径所画的圆弧相交，得交点 3′。

Ⅳ. 以 3′为圆心，以上侧板实长线图上的实长线 $b°3$ 为半径画圆弧，与以点 2°为圆心，外侧板展开图上 2°-3°为半径画圆弧相交，得交点 3°。

Ⅴ. 以 3°点为圆心，上侧板实长图上实长线 $m°_3$ 作半径画圆弧，与以点 3′为圆心，以内侧板展开图上 3′-4′为半径画圆弧相交得交点 4′。

Ⅵ. 以 4′点为圆心，以上侧板实长图上实长线 $b°_4$ 为半径画圆弧，与以点 3°为圆心，以外侧板展开图上 3°-4°作半径画圆弧相交，得交点 4°。

Ⅶ. 以 4°为圆心，以上侧板实长图上的实长线 $m°_4$ 作半径画圆弧，与以点 4′为圆心，以内侧板展开图上 4′-5′为半径画圆弧相交得 5′点。

Ⅷ. 以点 5′为圆心，以上侧板实长图上的实长线 $b°_5$ 为半径画弧，与以点 4°为圆心，以外侧板展开图上 4°-5°为半径画圆弧相交得 5°点。

Ⅸ. 以点 5°为圆心，以上侧板实长图的实长线 $m°_5$ 为半径画圆弧，与以 5′为圆心，以内侧板展开图 5′-6′作半径所画圆弧相交，得交点 6′。

Ⅹ. 以点 6′为圆心，以上侧板实长图上的实长线 $b°_6$ 作半径画圆弧，与以 5°为圆心，以外侧板展开图上的 5°-6°作半径所画圆弧相交，得交点为 6°。

Ⅺ. 以点 6°为圆心，以上侧板实长图的实长线 $m°_6$ 作半径画圆弧，与以 6′点为圆心，以内侧板展开图上 6′-7′作半径画圆弧相交，得交点 7′。

Ⅻ. 以 7′为圆心，以俯视图上 7′-7 作半径画圆弧，与以点 6°为圆心，外侧板展开图 6°-7°作半径所画圆弧相交，得交点 7°。

XIII. 光滑连接各点，得 1°2°3°4°5°6°7°及 1′2′3′4′5′6′7′，连直线 1°-1′、7°-7′，则获得上侧板完整的展开图，如图 2-87（c）左下角所示。

用同样的方法亦可画出下侧板的展开图，如图 2-87（c）右下角所示。

2-2-43 方管迂回 180°的螺旋管展开图

图 2-88（a）是方管迂回 180°的螺旋管的主视图和俯视图及局部断面图，已知尺寸为 a、h、r、l。

（1）画放样图

① 用已知尺寸画俯视图表达外形是半圆，画主视图及上下两端口（正方形）。

② 分别 6 等分内外半圆周，等分点为 1′、2′、3′、4′、5′、6′、7′和 1、2、3、4、5、6、7，并通过各等分点引铅垂线，与主视图高 6 等分点引出的水平线相交，将对应交点连成光滑曲线，即得出主视图。

（2）求实长线

① 在俯视图上连实线 a，即 1′-1、2′-2、3′-3、4′-4、5′-5、6′-6、7′-7，连双点划线 b，即 1′-2、2′-3、3′-4、4′-5、5′-6、6′-7。

② 俯视图上 a 都是实线，只需求双点划线 b 的实长。在由俯视图点 2 引对 1′-2 的垂直线上取 2-2″等于主视图等分高 h_1，1′-2″即是所求 b 的实长 b'，如图 2-88（b）俯视图旁的三

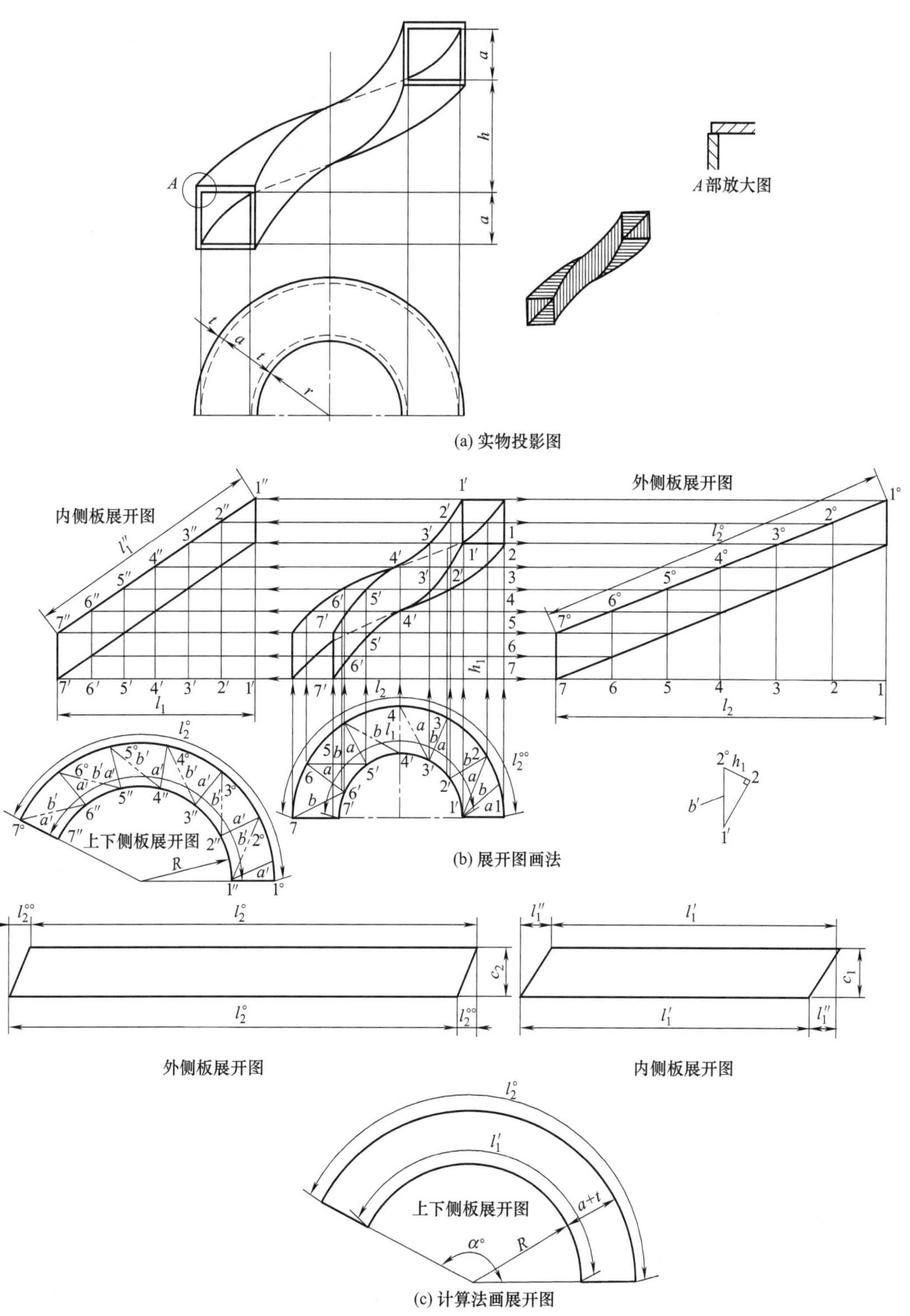

(a) 实物投影图

(b) 展开图画法

(c) 计算法画展开图

图 2-88 方管迂回 180°的螺旋管展开图画法

角形所示。

（3）画内侧板的展开图

① 在主视图向左引水平线，取等于俯视图的内半圆周长$\widehat{1'7'}$，并等分为 6 等分，得 1′、2′、3′、4′、5′、6′、7′点。

② 由各等分点向上作垂直线，与主视图上各等分点向左引的水平线相交。

③ 将对应的交点连成直线，则所形成的平行四边形线框，即为内侧板的展开图，如图 2-88（b）左上角所示。

［注］：用同样的方法，可以画出外侧板的展开图。如图 2-88（b）右上角所示。

（4）画上下侧板展开图

按俯视图 a 线长、b 线长及其连接形式，用实长线 b'，内外侧板斜线 $1''$-$2''$和 1°-2°作等分弧，顺次求出各点并连成曲线，即得出所求的上下侧板展开图（作图过程与上述大同小异，不作详细介绍）。

（5）用计算法求作展开图

除了用放样法画展开图外，为方便起见，可以通过用计算的方法求出 l_1'、l_1''、l_2°、$l_2^{\circ\circ}$、c_1、c_2、a、R 的数值，然后用这些尺寸直接画出展开图。计算式如下：

$$l_2^\circ=\sqrt{[\pi(r+a+1.5t)]^2+(h+a)^2}$$

$$l_1'=\sqrt{\left[\pi\left(r+\frac{t}{2}\right)\right]+(h+a)^2}$$

$$c_2=\frac{\pi a(r+a+1.5t)}{l_2^\circ}$$

$$c_1=\frac{\pi a\left(r+\frac{a}{2}\right)}{l_1'}$$

$$l_2^{\circ\circ}=\frac{a(h+a)}{l^\circ{}_2}$$

$$l_1''=\frac{a(h+a)}{l_1'}$$

$$R=\frac{l_1'a}{l_2^\circ-l_1'}$$

$$a=57.2956\frac{l_1'}{R}$$

图 2-88（c）所示的外侧板展开图、内侧板展开图、上下侧板展开图均为用计算法算出有关画图的尺寸后，再直接画出的展开图。与放样法比较来说，计算法具有方便快速的优势，但是必须牢记公式。当用户要求特精确时，还是应采用放样法画展开图。

2-2-44 大小方管斜接渐缩三通管展开图

图 2-89 为大小方管斜接渐缩三通管的正立面主视图及俯视平面图。已知尺寸 a、b、c、h、t。

（1）画放样图

画主视图和左视图，考虑板厚 t，可将该零件分成Ⅰ、Ⅱ、Ⅲ、Ⅳ、Ⅴ等五个部分，然后分别画出这五部分的展开图（按中性层展开）。

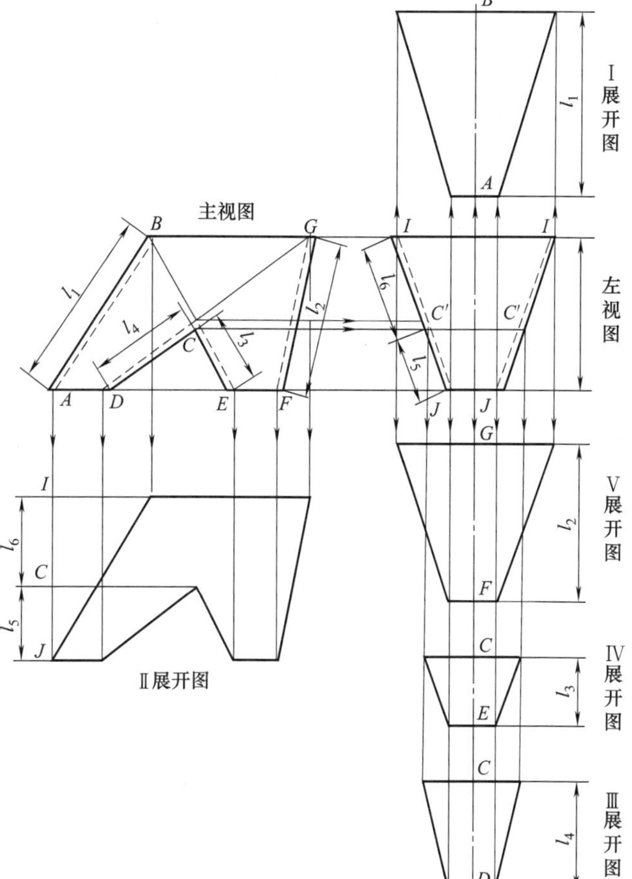

图 2-89　大小方管斜接渐缩三通管

图 2-90　四部分展开图

(2) 画展开图

① 画Ⅰ展开图

Ⅰ. 由左视图向上延长中心线，并截取 AB 等于主视对应 AB 边实长（主视图 AB 反映实长）。

Ⅱ. 过 A、B 引水平线与左视图上 I、I、J、J 所引的铅垂线对应相交，将对应的交点连成直线，即得Ⅰ展开图，如图 2-90 右上方所示。

② 画Ⅱ展开图

由主视图上 A 点向下引垂直线，并截取 IJ 等于左视图 IJ 长度，其中 $IC=l_6$，$CJ=l_5$，再由 I、C、J 分别向右引水平线，与主视图各点向下延长的垂直线对应相交，连接各交点得一系列直线，即得Ⅱ展开图，如图 2-90 左下方所示。

③ 画Ⅲ展开图

由左视图向下延长中心线，并截取 CD 等于主视图 CD 的长度，通过点 C、D 作水平线，与左视图上 C'、C'、J、J 分别向下引下垂直线相交，对应的交点连成直线，即得到Ⅲ的展开图，如图 2-90 右下方所示。

④ Ⅳ展开图的画法

由左视图向下延长中心线，并截取 CE 等于主视图上的 CE 长度。过 C、E 点引水平线，

与由左视图上点 C'、C'、J、J 分别向下引垂直线相交，得对应的交点，连成直线，即是Ⅳ展开图。

⑤ Ⅴ展开图的画法

由左视图向下延长中心线，并截取 GF 等于主视图上的 GF 长度，过 G、F 点作水平线，与由左视图上 I、I、J、J 向下分别引垂直线对应相交得交点，连成直线，得Ⅴ展开图，如图 2-90 左视图下方所示。

2-2-45 球体的分块展开画法

球体的表面不可能自然地摊平在一个平面上，所以球体是不可展开的曲面，凡是以曲线为母线或相邻两素线呈交叉状态的表面，均为不可展开的表面。我们可以假想地将球体分割成若干部分，再假设每一小部分为可展开的曲面，这样就可以将球体近似地展开。

图 2-91 为球体分块展开画法，画法的详细过程如下：

(1) 分割球体

按已知尺寸作出球的主视图和俯视图，用纬线分割法将半圆球分割成上、中、下三层。再用经线分割法分别把中、下两层分割相同的八分为提高工件的强度。一般应将各层的经线方向的焊缝互相错开。如图 2-91 (a) (b) 所示。

(2) 中间两层的展开画法

① 将主视图中的 $\overset{\frown}{AB}$ 等分为四等分，得点 1、2、3，过 $\overset{\frown}{AB}$ 的中点 2 作圆弧的切线，与中心线相交于 O''，于是就得到了中间层展开料的中心半径 $O''2$ (R_1)。

② 以 O''_1 为圆心，R_1 的长度为半径画圆弧，与铅垂线相交于 2 点。

③ 在 $O''_1 2$ 的直线上分别截取 21、1B、23、3A 分别等于主视图上弧长 $\overset{\frown}{21}$、$\overset{\frown}{1B}$、$\overset{\frown}{23}$、$\overset{\frown}{3A}$。

④ 以 O''_1 为圆心，以 O''_1A、$O''_1 3$、$O''_1 2$、$O''_1 1$、$O''_1 B$ 分别为半径画圆弧，在 AB 对称轴上各弧依次截取俯视图上相应弧长 $\overset{\frown}{B'B'}$、$\overset{\frown}{1'1'}$、$\overset{\frown}{2'2'}$、$\overset{\frown}{3'3'}$、$\overset{\frown}{A'A'}$，得各点 A'、$3'$、$2'$、$1'$、B'。

⑤ 光滑地连接各点得曲线，即是中间层的某一等分的分块展开图，如图 2-91 (c) 中间部分所示。

(3) 用同样方法可以画出下层的分块展开图。

① 假想将 DE 弧等分为四等分，得 4、5、6 点。

② 过 DE 弧的中点 5 作 $\overset{\frown}{DE}$ 弧的切线与中心线相交于 O'' 点，$O''5$ (R_2) 即是下层展开料的中心半径 R_2。

③ 以 O'' 为圆心，以 R_2 为半径画圆弧，与铅垂线交于 5 点，在 $O''5$ 线上分别截取 54、4D、56、6E 分别等于主视图上弧长 $\overset{\frown}{54}$、$\overset{\frown}{4D}$、$\overset{\frown}{56}$、$\overset{\frown}{6E}$。

④ 以 O'' 为圆心，分别以 $O''D$、$O''4$、$O''5$、$O''6$、$O''E$ 为半径画同心圆弧。

⑤ 在对称轴 DE 上，将各弧依次截取俯视图上相应弧长 $\overset{\frown}{D'D}$、$\overset{\frown}{4'4}$、$\overset{\frown}{5'5'}$、$\overset{\frown}{6'6'}$、$\overset{\frown}{E'E'}$，得各点 D'、$4'$、$5'$、$6'$、E'。

⑥ 光滑连接各点得曲线，即是下层的某一等分的分块球面展开图，如图 2-91 (c) 下面所示。

(4) 顶部的展开画法

以 O_1'' 为圆心，主视图上 l 弧长为半径画圆，即近似地为顶部展开图，如图 2-91（c）上部所示。

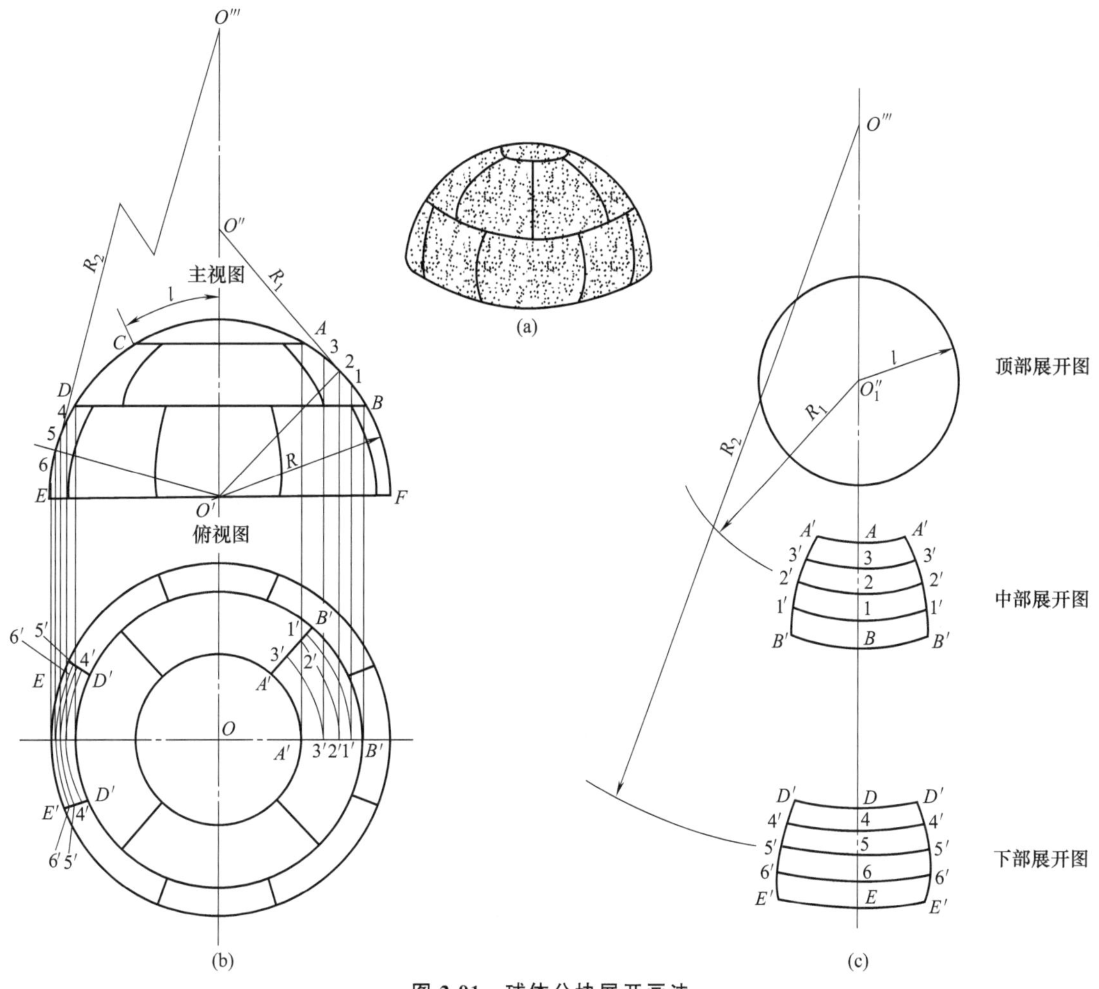

图 2-91　球体分块展开画法

2.2.46 球体的分瓣展开画法

图 2-92 是球体分瓣展开画法，具体作法如下：

(1) 画主视图和俯视图。

(2) 将俯视图圆周分成 12 等分，并将各等分点与圆心 O 相连，则各线即是各分瓣的相交结合线在俯视图上的投影。

(3) 用辅助圆法求出各结合线在主视图上的投影。

(4) 一个分瓣的展开方法

① 在俯视图上取一个等分弧段的中点 M，连 OM，并延长，在延长线上取主视图上的半圆周长得 1、2、3、4、3、2、1 各点。

② 过各点作垂线，并以各点为中心在垂线上左右量取分瓣各处等于主视图对应的弧长。

③ 用曲线光滑连接各点，便得到分瓣的展开图$\left(\text{整个球体展开图的}\frac{1}{12}\right)$。

［注］：为避免接缝汇交于一点，故在球的上下两端用小圆板连接。

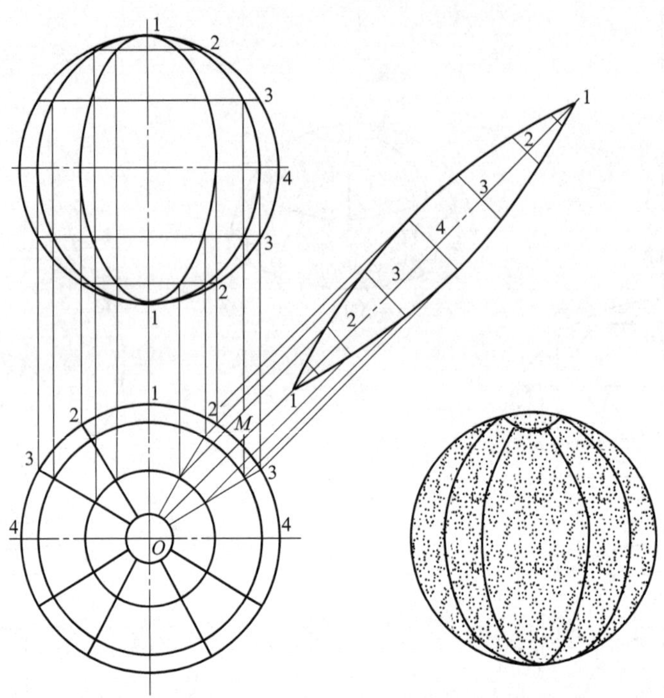

图 2-92　球体的分瓣展开画法

2-2-47 球体的分带展开画法

图 2-93 是球体的分带展开图画法，作图过程如下：

(1) 首先将球体分割成若干横带，横带数量是根据球体的大小而定。每节横带近似看作为正圆锥台，然后用扇形法画出各圆锥台的展开图。

(2) 假想将球体分成 9 部分即分成 7 个横带和两个大小相同的圆板Ⅰ。

(3) 中间一个横带Ⅴ为近似圆柱形，其展开图为一矩形。

(4) Ⅱ、Ⅲ、Ⅳ各横带为圆锥形，其展开图为扇形。

下面向读者介绍其中Ⅳ横带的展开图的画法：

① 在主视图连接 4、3 两点，并延长与垂直中心线相交得 O_4 点。

② 以 O_4 为圆心，R_4 为半径画圆弧与垂直中心线交于 M 点。

③ 在垂直中心线上取 MN 等于主视图上$\overset{\frown}{43}$弧长，求得 N 点。

④ 以 O_4 为圆心，以 O_4N 为半径画圆弧。以 O_4 为圆心，以 O_4M 为半径画圆弧。

⑤ 以中心线对称地量取Ⅳ段大圆柱的圆周弧长的一半，即得到横带Ⅳ的展开图。

用同样的方法可以求得Ⅱ、Ⅲ、Ⅴ各横带的展开图，如图 2-93 所示。

(5) 圆板Ⅰ的展开

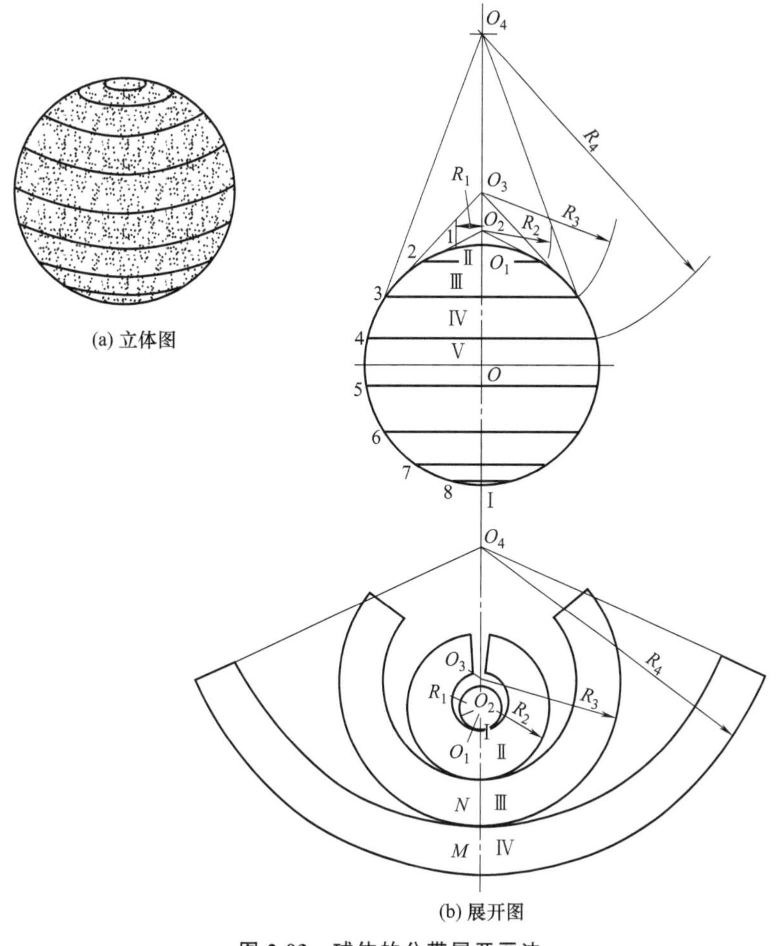

图 2-93　球体的分带展开画法

以 O_1 为圆心，R_1 为半径画圆。该圆即为圆板Ⅰ的展开图。

2-2-48 球罐的支柱接口展开图画法

图 2-94 是球罐结构和支柱支撑情况，支柱多为管状形式，与球体相切连接。图 2-95 是支柱接口展开图画法，作图过程如下：

(1) 画放样图

① 画支柱的主视图。作底圆截面图，并作 12 等分。

② 画支柱与球面结合线的投影。

一般地说支柱支承的位置正是处在球罐的上下对称部位，而球体在这个位置的所有截面轮廓线均为圆，所以接合处应是一个与球相适应的圆弧，则按接合处球体的直径画圆弧即是支柱接口的相贯线，如图 2-95

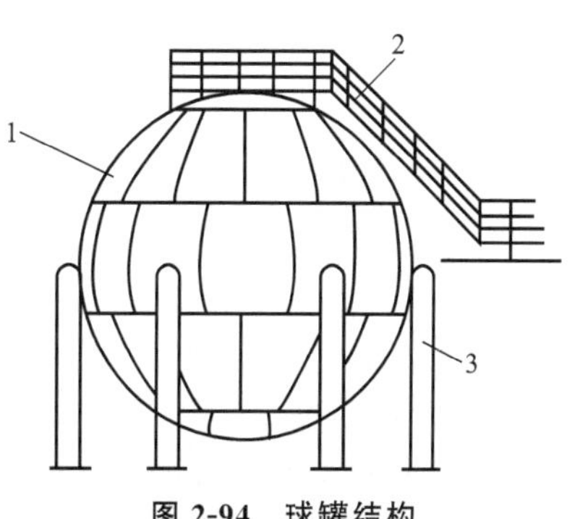

图 2-94　球罐结构

1—球体；2—扶梯；3—支柱

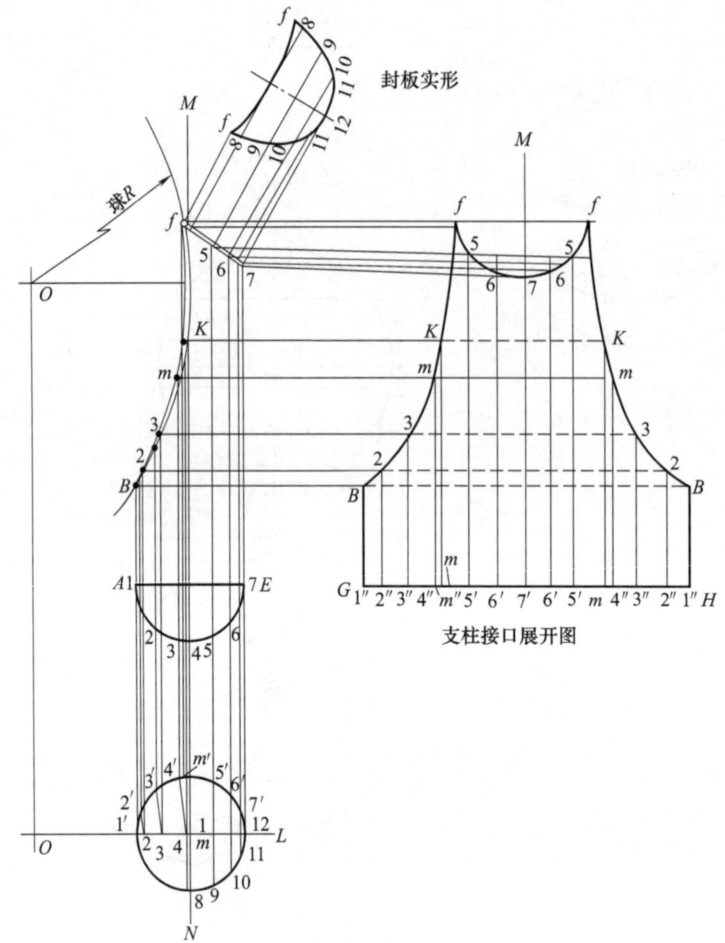

图 2-95 支柱接口的放样及展开

中以球 R 为半径画球面的正立面投影圆弧［注：第二道圆弧线是倒角产生的弧］。

③ 求封板的实形

封板是防水盖板，焊在支柱上部斜口上。斜口的形状是椭圆形的一部分，作法如下：作对称中心线平行于斜面，作对称中心线的垂直线，使各垂直线之间的距离为下面截面等分弧长，取对称中心线的垂直线的长度分别等于 8-8、9-9、10-10、11-11 得各点 8、9、10、11、12、11、10、9、8、f、f，连椭圆曲线 $f12f$ 及曲线 ff，即得到封板实形图，如图 2-95 上方所示。

（2）画展开图

大型球罐支柱制造时可分为上下两部分焊接而成。

① 作支柱上部，与下部接头处的 AE 并延长至右边，截取 GH 等于支柱圆周周长，等分 GH 为 12 等分，得点 $1'$、$2'$、$3'$、$4'$、$5'$、$6'$、$7'$……过 $5'$、$6'$、$7'$点作 GH 的垂直线，分别与主视图上过 5、6、7 及 f 点所作的水平线相交于 5、6、7 及 f 点，光滑连接曲线 $f56765f$，得到封板口处的展开形状。注意，f、f 两点水平距离可由封板实形图上量得。

② 在底圆截面图圆上取 $1'$、$2'$、$3'$、$4'$、m'，在圆的左侧水平中心线上也取 1、2、3、4、m 点，连 $2'2$、$3'3$、$4'4$、$m'm$，由 $1'$、2、3、4、m 各点向上作铅垂线，与球面结合线

（相贯线）相交，得对应交点 B、2、3、m、K（K 点是圆柱中心线 MI 与相贯线的交点）。

③ 由 B、2、3、m、K 等点向右作水平线，与 GH 上所作的 $1''$、$2''$、$3''$、$''4$、m''、I''各点向上所作的垂直线相交，得点 K、m、3、2、B（两侧对称）。

④ 光滑连接各点，得曲线，即是支柱接口的展开图，如图 2-95 右边所示。

(3) 支柱的制造工艺简介

① 球罐的支柱多采用钢管，与球体相切于赤道板，当直径较大时，可用钢板卷制焊接而成。为运输方便，一般可分为上、下两部分，上部带有支柱接口，下部即为钢板卷制的圆管。

② 一般先将钢板卷制成管后，再用样板去划线，以免先划好线再卷制会发生扭曲变形。这时用的划线样板在画展开图时应注意以管子外壁尺寸为准，利用平行线法画展开图，如图 2-95 右边所示。

③ 球罐在组装时，应先安装焊接赤道带的瓣块，然后再分别向上、下两侧错缝安装，在安装赤道带之前，首先要逐瓣地将支柱与瓣块焊接好，这样整体重量可由支柱来支撑，有利于定位、稳定性好。

④ 用专用胎架，在地面上将支柱在赤道板上拼装成柱脚，然后按球罐的圆周等分在地基上竖立起柱脚，最后吊装其余赤道带单瓣，并施焊。

⑤ 吊装温带球瓣，按赤道圆周对称吊装，以防止赤道带受力不均匀引起变形。

⑥ 顶圆板的安装，上、下顶圆板应在地面上用专用胎架装配成型，上顶圆板要先焊接成型后整体吊装。然后再吊装下顶圆板，因受支柱脚的影响，多采用单瓣安装。

⑦ 采用对接焊缝，第一层用后退法焊接，而第二层则要采用前进法焊接，而且应采用对称法焊接，做到先焊纵缝，后焊环缝。

⑧ 为防止焊缝冷却过快产生裂纹，必须在焊缝坡口反面两侧 100mm 范围内预热，预热温度 30～150℃，焊后应立即低温回火，保温 15～30h。如果有变形，可采用火焰矫正，加热温度为 700～800℃，可用弧形锤锤击局部。

2-2-49 封头的近似展开（图 2-96）

封头为不可展的曲面，只能近似地展开，作法如下：

(1) 顶部展开为一圆，其直径 $d=2a'o'$落料后再压制成形，一般顶部 D_1 取 $2D$ 的 1/5。

(2) 主体部分的展开，可将主体部分分成几个等分，图上为 5 等分，先作出 1/5 一块的展开图。将 $o'e'$ 展开为一直线，即使 $OA=o'a'$，$AB=a'b'$，$BC=b'c'$，$CD=c'd'$，$DE=d'e'$。

(3) 分别以 OA、OB、OC、OD、OE 为半径，以 O 为圆心画圆弧。

(4) 在所画各条圆弧上，量取俯视图上相应的圆弧长。

(5) 光滑连接各圆弧的两端点，便得到 1/5 封头主体的展开图。

(6) 将已展开的五块封头主体钣材压制成形后，焊接成整体。

(7) 将封头顶部已成形的钣金件与封头主体成形整体焊合。

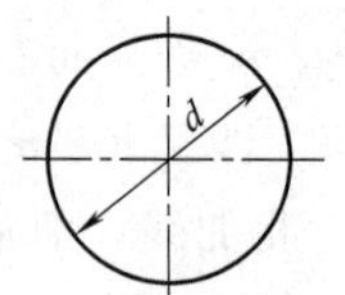

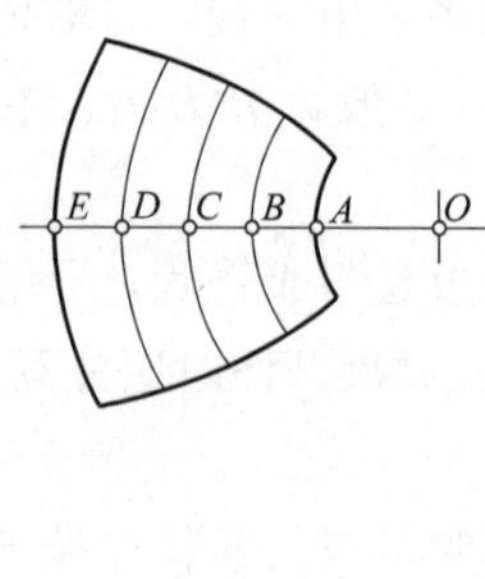

(a)　　(b)

图 2-96

2-2-50 圆柱管铅垂和倾斜球面封头

图 2-97 是圆柱管铅垂和倾斜球面封头的主视图和俯视图。图 2-98 是放样图，铅垂圆柱管的轴线与封头轴线平行，倾斜圆柱管的轴线与封头轴线相交，铅垂圆柱管与封头的相贯线需要用水平辅助平面法求取。倾斜圆柱管与封头的相贯线在主视图上的投影是与圆柱管相垂直的直线（实物上是一个与圆柱管轴线相垂直的圆），其水平投影是一个椭圆。铅垂圆柱管与封头的相贯线的正面投影是一条曲线，其水平投影是一个圆，下面重点谈谈各构件的展开图画法。

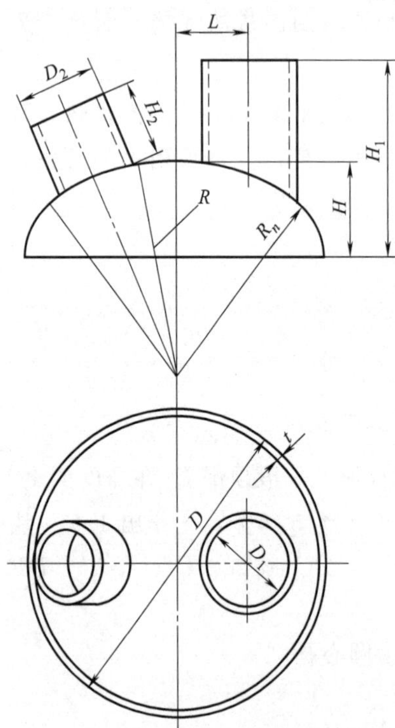

图 2-97　圆柱管铅垂和倾斜球面封头

（1）铅垂圆柱管的展开图

由铅垂圆柱管上端面向右水平延伸，并截取一段长度等于圆柱管的圆周长，将此线段等分为 12 等分，由各等分点作垂直线，与主视图上相应素线与相贯线的交点向右作的水平线相交，得一系列交点，最后光滑连接各点得曲线，即得到铅垂圆柱管的展开图，如图 2-98 右边上方所示。

（2）倾斜圆柱管的展开图

其展开图是矩形，该矩形的高等于 H_2，宽度为 $\pi(D_2-t)$，如图 2-98 右侧所示。

（3）封头展开图

顶板圆的展开及侧板的展开方法，可参阅图 2-96 所示的作法。各构件的展开图如图

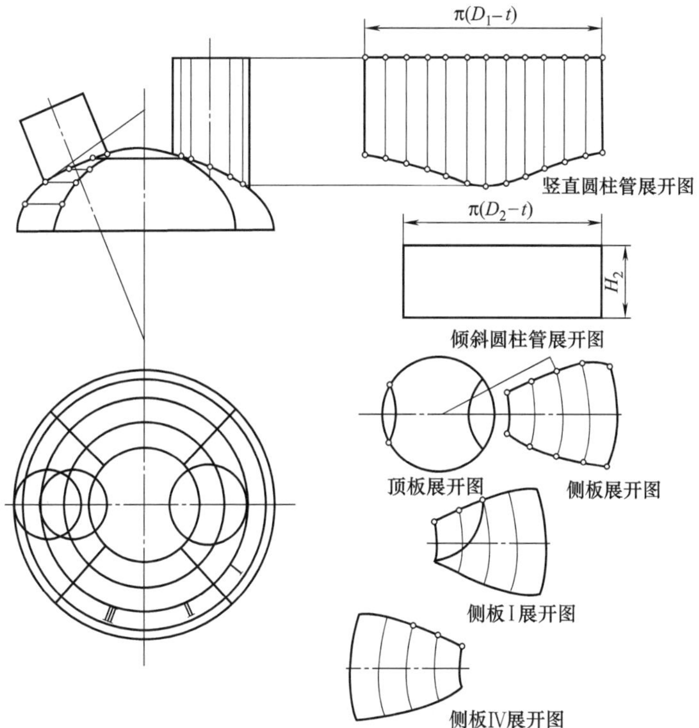

图 2-98 圆柱管铅垂和斜交封头展开图

2-98右边所示。

2-2-51 经线、纬线联合分割法

图 2-99 是用经线、纬线联合分割法画半圆球的展开图的方法，此方法多用于特别大型油罐顶盖封头的展开。

① 画半圆球的正立面图和水平投影图即俯视图。

② 将俯视图上的外圆周等分成 8 等分，得等分点 A、B、C、D、E、F、G、H。并将各等分点与圆心 O 连线 AO、BO、CO、DO、EO、FO、GO、HO。

③ 将正立面图上的 KO'弧长平分为 4 等分，等分点为 K、1、2、3、O'。

④ 通过各等分点 K、1、2、3、O'向下作铅垂线，与俯视图中 OA 及其延长线相交于 K'、$1'$、$2'$、$3'$；与 OB 及其延长线相交于 K''、$1''$、$2''$、$3''$点。

⑤ 在立面图上用直线连接 $K1$、12、23，并作水平线与半圆球的正面轮廓相交。

⑥ 在平面图上，以 O 为圆心，以 OK'、$O1'$、$O2'$、$O3'$为半径画同心圆。这时，该半球已用纬线分割法分割完成。

⑦ 在俯视图中，将经线和纬线的交点，用直线顺次连接，则半圆球的全部曲面可以假想地看成近似的平面，除正中部一块是八角形的平面外，其他 24 块均近似为小梯形平面，而且每层八个小梯形都是全等的。所以只要求出每一层的其中一块小梯形展开图，即可得到全部的展开图。

⑧ 画各梯形的展开图，在俯视图上延长 OK 到图外，并截取 $K1$、12、23 的等分距离，分别等于正立面图上的$\overset{\frown}{K1}$、$\overset{\frown}{12}$、$\overset{\frown}{23}$的弧长。再通过 K、1、1、2、2、3 点作铅垂线，分别与平视图中 K'、$1'$、$2'$、$3'$、$3''$、$2''$、$1''$、K''各点所引出的水平线相交于 K'、$1'$、$2'$、$3'$、$3''$、$2''$、$1''$、K''各点，连接各交点得到三个梯形线框，即为半球每一层的其中一块展开图。

⑨ 画出每一层中相同的 8 块展开图，即为半圆球的全部展开图，如图 2-99 所示。

[注]：实际生产中只需每一层制作一块梯形展开图的样板，然后用样板去下料即可。

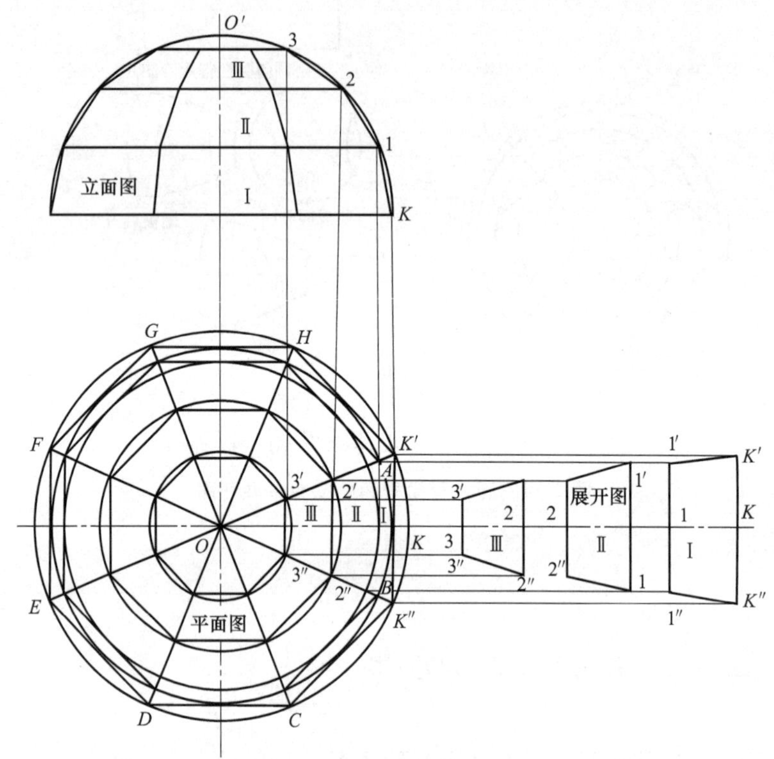

图 2-99　半圆球的经纬联合分割法画展开图

2-2-52 正圆柱螺旋面的近似展开

Ⅰ. 正圆柱螺旋面的近似展开画法（图 2-100）

(1) 首先将一个导程的螺旋面分成若干等分，一般多为 12 等分，画出各条素线，用对角线将相邻两直素线间的曲面近似分为两个三角形，如图 2-100 中曲面 $A_0A_1B_1B_0$ 可变为由 $\triangle A_0A_1B_0$ 和$\triangle A_1B_0B$ 组成。

(2) 用直角三角形法求出各三角形边的实长，然后作出这些三角形的实形，并拼画在一起，如图 2-100 中用$\triangle A_0A_1B_0$ 和$\triangle A_1B_0B_1$ 拼合成$\frac{1}{12}$导程正圆柱螺旋面的展开图。

(3) 其余部分的作图，可延长 A_1B_1、A_0B_0 交于 O，然后，以 O 为圆心，以 OB_1、OA_1 为半径分别画两个圆弧，在大弧上取 11 份$\overset{\frown}{A_1A_0}$的弧长，即可得一个导程的正圆柱螺旋

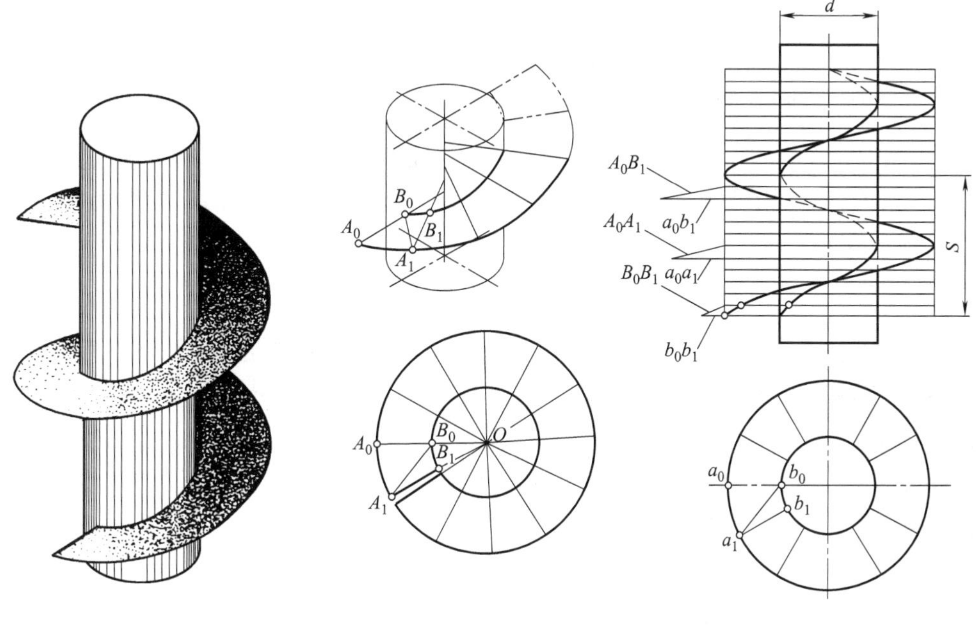

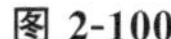
图 2-100

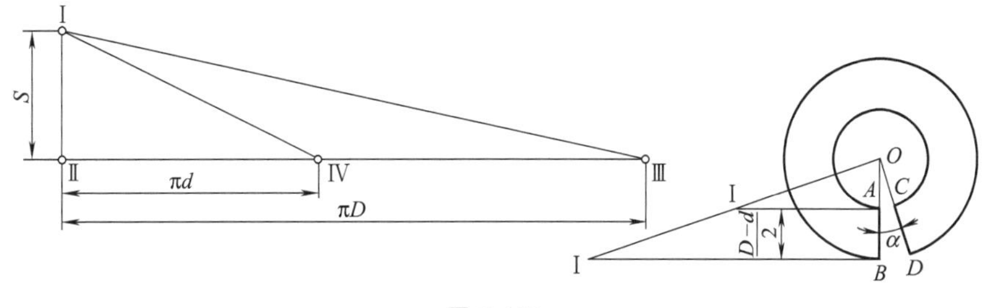

图 2-101

面的展开图。

Ⅱ. 正圆柱螺旋面的简便展开作图方法（图 2-101）

若已知导程 S，内径 d，外径 D，可以用简便方法作出正圆柱螺旋面的展开图，作法如下：

(1) 以 S、πD 为两直角边作直角三角形ⅠⅡⅢ，斜边ⅠⅢ即为一个导程的正圆柱螺旋面外缘展开的长度。

(2) 再以 S 和 πd 为两直角边作直角三角形ⅠⅡⅣ，则斜边ⅠⅣ为正圆柱螺旋面内缘展开长度。

(3) 用ⅠⅣ和ⅠⅢ为上底和下底，$\frac{D-d}{2}$为高作等腰梯形（图 2-101 中只画了一半），$AB=\frac{D-d}{2}$。

(4) 分别延长ⅠⅠ、BA 交于 O，分别以 OA、OB 为半径画圆，在外圆周上量取弧长等于ⅠⅢ得 D 点，连 DO 交内圆周于 C 点，则$\overset{\frown}{AC}$、$\overset{\frown}{BD}$两弧所围成的图形即为正圆柱螺旋面一个导程的展开图，如图 2-101 所示。

2-2-53 螺旋方管的近似展开

图 2-102 中（b）为其投影图，（c）为顶面和底面的正圆柱螺旋面展开图（作法与图 2-100 原理相同）。它是用三角线法并求得各线实长后画出的近似展开图，图 2-102（d）、（e）为内、外侧面板 1/4 的正圆柱面展开图。

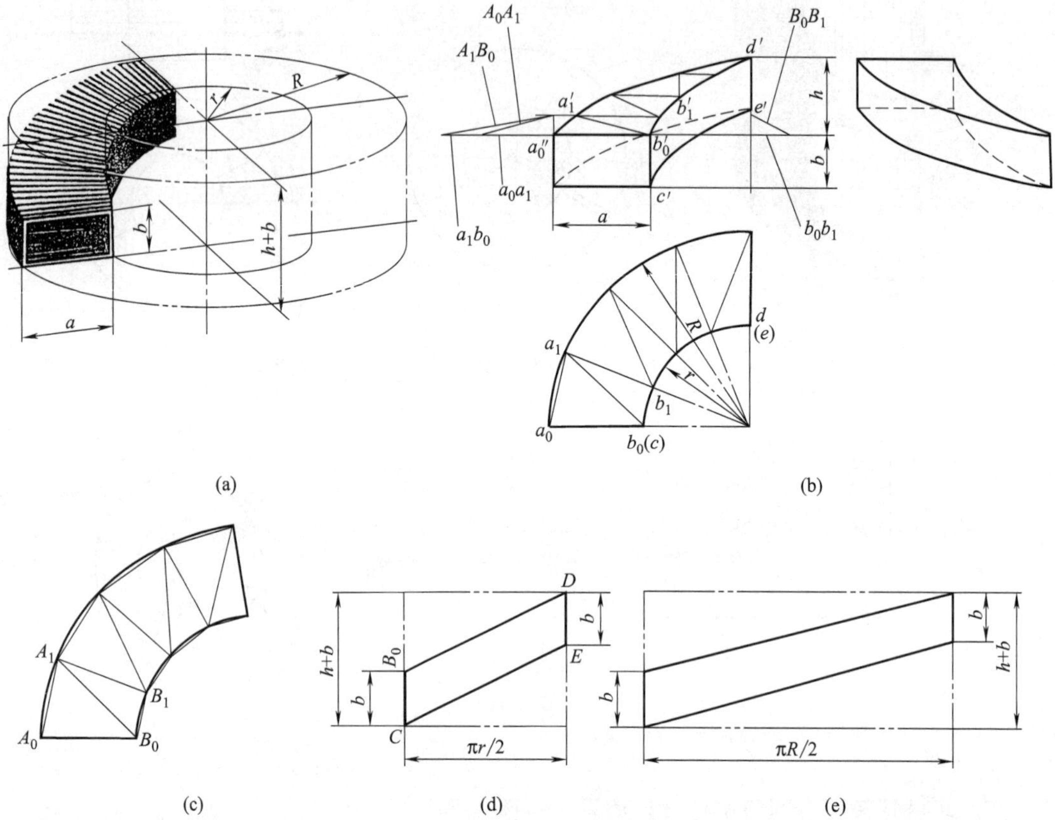

(a) (b)

(c) (d) (e)

图 2-102

2-2-54 正圆柱螺旋面的展开图

图 2-103（a）简单表示了正螺旋面的基本尺寸 D、d、h 等，下面介绍正圆柱螺旋面的近似展开画法，常用的方法有三角形法、计算法和简便画法。

（1）三角形法：

即是假设将正圆柱螺旋面的叶片分成若干个三角形，然后分别求出各个三角形的实形，最后依次排列出展开图，具体作法如下。

① 首先在一个导程内将螺旋面分成 12 等分，如图 2-103（b）所示，每一小曲面 1-1_1-2_1-2 可看成是近似的空间四边形。

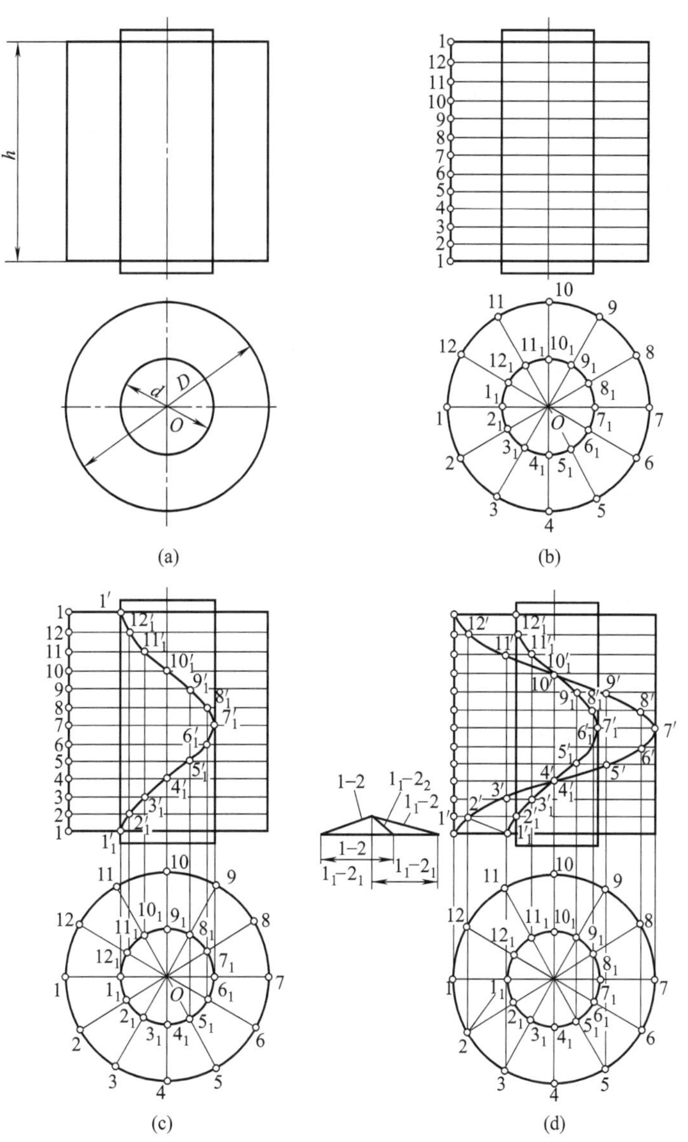

图 2-103　正圆柱螺旋面的画法

② 连该四边形的对角线，将四边形分成两个三角形，如图 2-103（d），其中 1-1_1、2-2_1 两直线是实长，其余三条边长不反映实长，但可用直角三角形法求出其实长，如图 2-103（d）左侧的求实长图所示。

③ 根据已知的实长，用三角形法画出四边形 1-1_1-2_1-2 的展开图，即作 1-1_1 等于用户需要的叶片宽度 b，再分别以 1、1_1 为中心，以 1-2、1_1-2 的实长为半径，画圆弧相交，得 2 点，再以 1_1、2 点为圆心，分别以 1_1-2_1、2-2_1 的实长为半径画圆弧相交于 2_1 点。用同样的方法可以作出下面 11 个四边形即得到螺旋面的完整展开图，如图 2-104（a）所示。

（2）简便画法：

① 先作出第一个四边形 1-1_1-2_1-2 后，分别延长 1-1_1、2-2_1 得交点 O。

② 以 O 为圆心，分别以 $O1$、$O1_1$ 为半径画同心圆弧，在大圆弧上截取 11 个$\overset{\frown}{12}$弧的弧

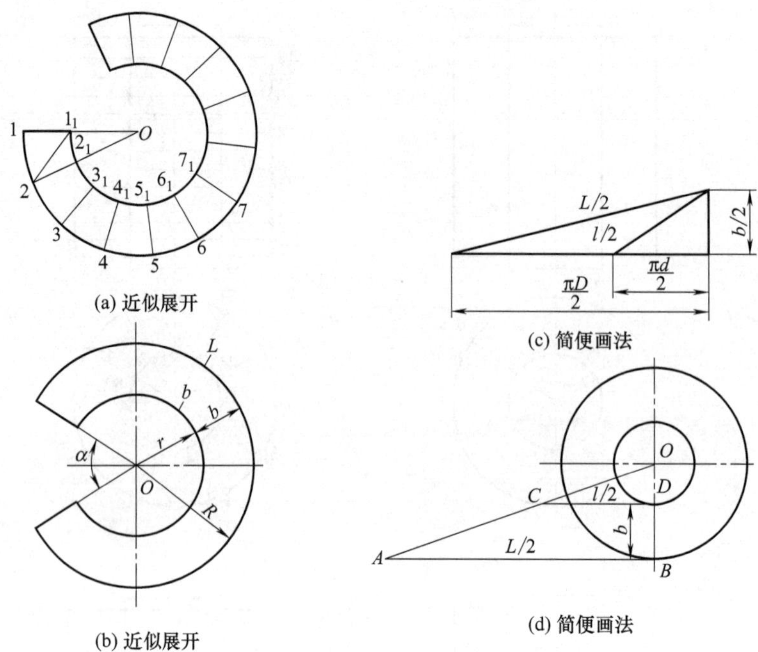

(a) 近似展开

(c) 简便画法

(b) 近似展开

(d) 简便画法

图 2-104　正圆柱螺旋面的展开

长，将圆心 O 与大圆弧的终点连接起来，再以 O 为圆心，以 $O1_1$ 为半径画小圆弧，将小圆弧画到 O 点与大圆弧终点连线为止，即得到简便画法的螺旋面展开图，如图 2-104（a）。

③ 画出主视图上正圆柱螺旋面的投影图。

将俯视图上内、外圆上的等分点分别向上引垂直线，并且与主视图一个导程的高度所分成同样等分的水平线对应相交，得内、外一系列交点，光滑连接各有关交点，即得到正圆柱螺旋面的正面投影图，如图 2-102（c）（d）所示。

［注］：注意可见性，不可见部分的螺旋线应为虚线，包括主杆被遮挡的部分也应画成虚线。

（3）用计算法画展开图

图 2-104（b）是计算法画出的一个导程螺旋面的展开图，其中

$$r=\frac{bl}{L-l}$$

$$\alpha=\frac{2\pi R-L}{2\pi R}\times 360^\circ$$

式中，b 是螺旋面的宽度；L、l 为外、内螺旋线一个导程的展开长度；$L=\sqrt{h^2+(\pi D)^2}$；$l=\sqrt{h^2+(\pi d)^2}$。

（4）简易作图法画螺旋面展开图

① 分别以$\frac{L}{2}$、$\frac{l}{2}$画梯形，高等于螺旋面的宽度 b，即作 $AB=L$，$CD=l$，垂直高度为 b；

② 连 AC，且延长与 BD 的延长线相交于 O 点；

③ 以 O 点为圆心，分别以 OD、OB 为半径画圆，然后沿半径方向剪开，即得到一个导

程多一点正圆柱螺旋面的展开图，如图 2-104（d）所示。

2-2-55 圆锥螺旋线的展开画法

图 2-105 是圆锥螺旋线的展开画法详图，其中已知尺寸 b、c、d、d_1、h。

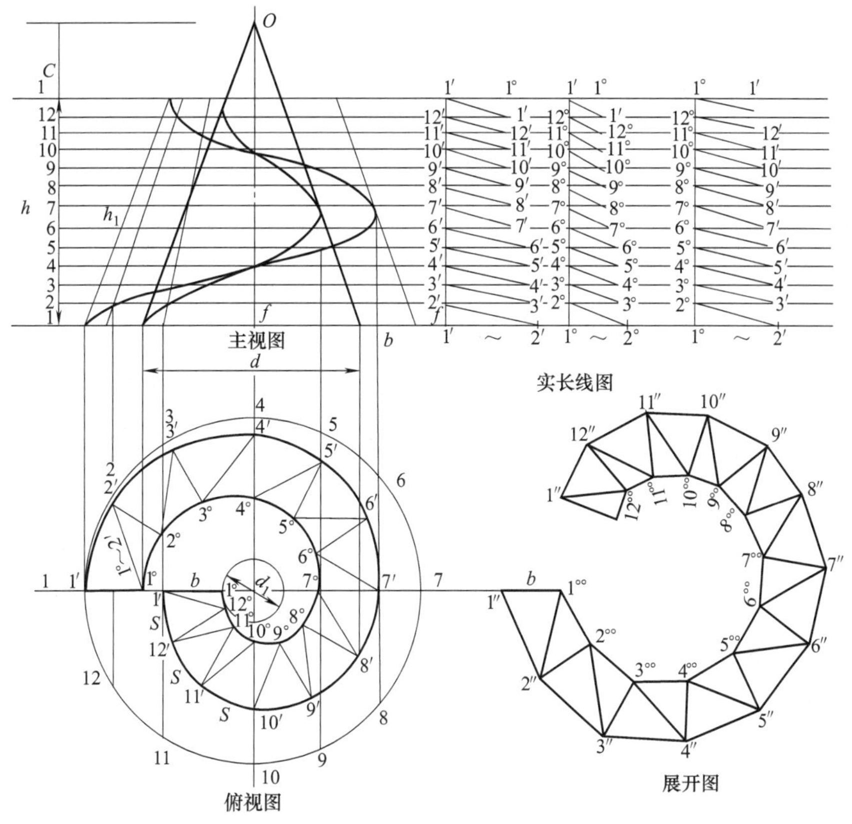

图 2-105 圆锥螺旋线展开图画法

1. 圆锥螺旋线展开画法（一）

（1）画出圆锥螺旋线的投影图

① 用已知尺寸按渐缩线的画法画出俯视图。

② 将主视图上的高度线分成 12 等分，并且过各等分点作水平线。

③ 将俯视图内、外曲线也分成同样的十二等分，由各等分点分别向上引垂直线，与主视图上对应的水平线相交，得内、外螺旋曲线上的一系列点。

④ 光滑连接各点，分别得到内、外曲线在主视图上的投影，注意可见性。

（2）求实长线

由俯视图外螺旋线 1′-2′、2′-3′……，内螺旋线 1°-2°、2°-3°……分别引直角线，取高度等于导程的$\frac{1}{12}$，将各点连成斜线，即得内、外螺旋线各段长度的实长，如图 2-105 右上角所示。

(3) 画螺旋线的展开图

① 先画一直线，长度等于 b，得 $1''$-$1^{\circ\circ}$线。

② 以 $1^{\circ\circ}$为圆心，以 1°-$2'$的实长为半径画圆弧，与以 $1''$为圆心，以 $1'$-$2'$的实长为半径画的圆弧相交，得交点 $2''$。

③ 以 $2''$为圆心，以 b 为半径画圆弧，与以 $1^{\circ\circ}$为圆心，以 1°-2°的实长线为半径画的圆弧相交，得交点 $2^{\circ\circ}$。

④ 以 $2^{\circ\circ}$为圆心，以 2°-$3'$的实长为半径画圆弧，与以 $2''$为圆心，以 $2'$-$3'$的实长线为半径画的圆弧相交，得交点 $3''$。

⑤ 以 $3''$为圆心，主视图上 b 为半径画圆弧，与以 $2^{\circ\circ}$为圆心，以 2°-3°的实长线为半径画圆弧相交，得交点 $3^{\circ\circ}$。

⑥ 以 $3^{\circ\circ}$为圆心，以 3°-$4'$的实长为半径画圆弧，与以 3°为圆心，$3'$-$4'$的实长为半径画的圆弧相交得交点 $4''$。

⑦ 以 $4''$为圆心，以 b 为半径画圆弧，与以 $3^{\circ\circ}$为圆心，以 3°-4°的实长线为半径画圆弧相交，得交点 $4^{\circ\circ}$。

⑧ 用同样的方法，可以 $4^{\circ\circ}$为圆心，以 4°-$5'$实长为半径画圆弧，与以 $4''$为圆心，以 $4'$-$5'$实长为半径画圆弧相交，得交点 $5''$。以 $5''$为圆心，以 b 为圆心画圆弧，与以 $4^{\circ\circ}$为圆心，以 4°-5°的实长为半径画的圆弧相交，得交点 $5^{\circ\circ}$。以 $5^{\circ\circ}$为圆心，以 5°-$6'$为半径画圆弧，与以 $5''$为圆心，以 $5'$-$6'$的实长为半径画的圆弧相交，得交点 $6''$。以 $6''$为圆心，以 b 为半径画圆弧，与以 $5^{\circ\circ}$为圆心，5°-6°的实长为半径画的圆弧相交得交点 $6^{\circ\circ}$。依此类推，可得到 $7''$、$8''$、$9''$、$10''$、$11''$、$12''$、$1''$及 $7^{\circ\circ}$、$8^{\circ\circ}$、$9^{\circ\circ}$、$10^{\circ\circ}$、$11^{\circ\circ}$、$12^{\circ\circ}$、$1^{\circ\circ}$等各点。

⑨ 将各点光滑连接成曲线，即得到圆锥螺旋线叶片的展开图，如图 2-105 右下角所示。

2. 圆锥螺旋线展开画法（二）

已知尺寸 b、d、d_1、d_2、d_3 和 h、c，可用图解法画展开图。

(1) 画圆锥螺旋线的投影图

① 画等腰三角形，画下底为 d_2，上底为 d_3，高为 h（一个导程），连两边并延长交得 O。

② 分别以 d、d_1、d_2、d_3 画同心圆，将半圆等分为 6 等分，过 1 点作底边的铅垂线，取一个导程的长度 h，将 h 也等分 12 等分，过各等分点作水平线，与过半圆上各等分点所作的垂直线对应相交得到一系列交点。

③ 光滑连接各点得曲线，即可完成主视图。

(2) 求实长线：

作直角三角形△ABC、△ADC，取三角形的高 $h_1=\dfrac{h}{2}$，分别以内、外$\dfrac{1}{2}$圆周长为直角三角形的底边，即以$\dfrac{\pi d}{2}$、$\dfrac{\pi d_2}{2}$为直角三角形的底边，从而可由斜边 AB、AD 确定螺旋线的长度$\left(\dfrac{1}{2}\right)$，如图 2-106 右下角所示。

(3) 作展开图

① 用螺旋线的实长线的$\dfrac{1}{2}$即 $A'B'$、$A'D'$与 b 形成一直角梯形，延长 $B''D'$与 $A'A'$的延

长线交于 O 点。

② 在以 O 点为圆心，OB'、OD' 为半径所画的同心圆上取外螺旋线圆周上 12 等分$\left(每一等分长等于螺旋线长度的\frac{1}{12}\right)$。

③ 用 0—1 减去 f，剩余部分等分为 12 等分，则一个等分量即为每份的收缩量，因为叶片是等宽的，内螺旋线收缩量随叶片等宽而作相应的收缩量。

④ 将收缩后所得到的各点形成的轨迹光滑连成曲线，即得到等宽圆锥螺旋线叶片的展开图，如图 2-106 右上角所示。

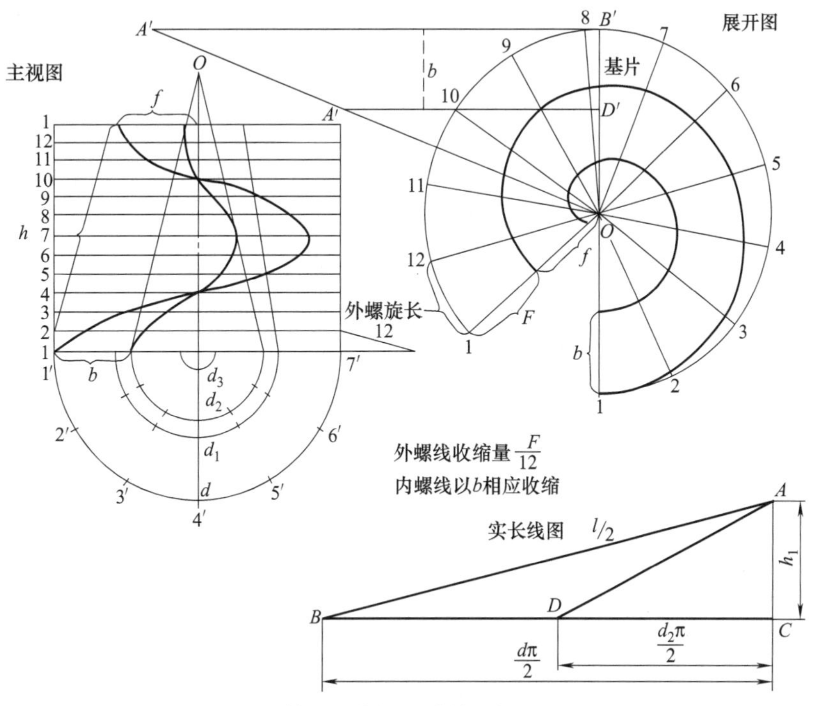

图 2-106 等宽圆锥螺旋叶片图解法画展开图

2-2-56 圆锥螺旋面的展开图

图 2-107 是圆锥螺旋面实物的投影主视图和俯视图，已知尺寸 b、c、d_1、d_2、h。

(1) 画放样图（图 2-108）

① 用已知尺寸按渐伸线的画法画出俯视图。

② 将主视图高度分成与俯视图相等数量的等分。

③ 通过各等分点作水平线，与外曲线上各等分点分别向上引垂直线相交，得交点，将交点连成外曲线，即得主视图。

④ 通过主视图各等分点作水平线，与俯视图上内曲线上各等分点分别引上垂直线相交，得交点，将交点连成内曲线的正立面主视图上的投影，注意可见性实线与虚线。

(2) 求出有关作图线的实长

① 俯视图上的实线为实长线，双点划线为投影线。

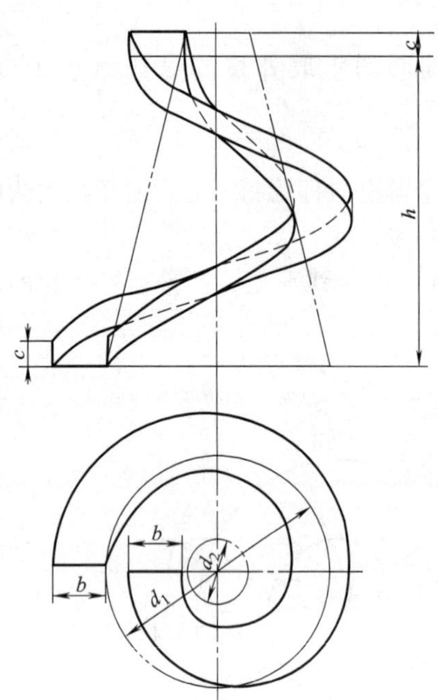

图 2-107　圆锥螺旋面的实物投影图

② 由俯视图上外曲线各点 1′、2′……分别引对双点划线的直角线，取等于主视图上一个等分高度 f，得出各点，分别连成斜线，即得出底板各段曲线的实长 e_1'、e_2'、e_3'、……、e_{12}'。

（3）内侧板展开图画法

① 由主视图点 1 向右引水平线，并在该线上截取俯视图上内曲线伸直长度 l_2，得 1°、2°……13°，由各点引下垂直线，与主视图上各相应点向右引水平线相交。

② 连接各点得曲线，即是内侧板展开图，如图 2-108 右上角所示。

（4）外侧板展开图画法

① 由主视图上各等分点向右引水平线，并在此线上截取等于俯视图上的曲线伸直长度 l_1，得 1′、2′、3′……13′点。

② 将各点引上垂线，与主视图向右引水平线对应相交。

③ 将交点连成曲线，即得出外侧板展开图，如图 2-108 右上角所示。

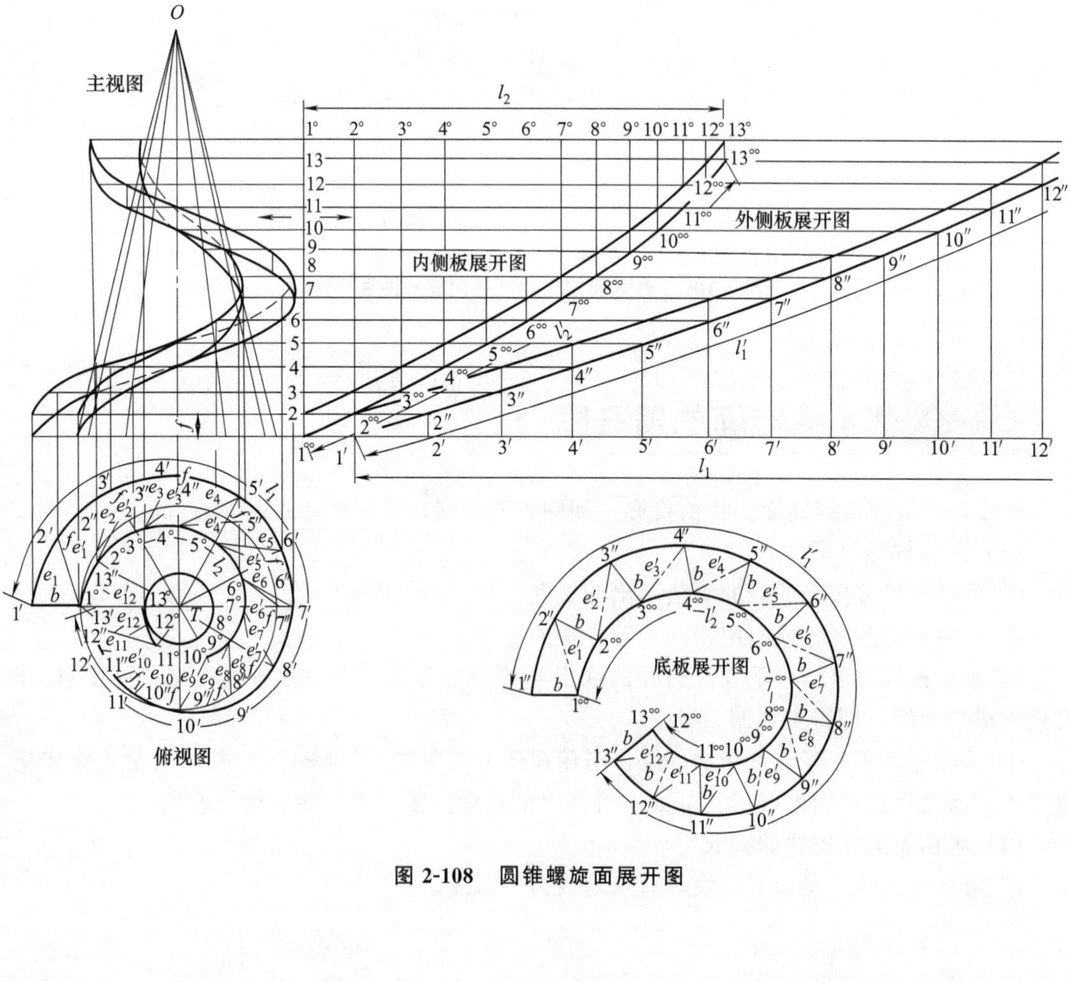

图 2-108　圆锥螺旋面展开图

（5）底板的展开画法

① 画 $1''1^{00}$ 等于俯视图中 b 长，以点 1^{00} 为中心，俯视图中实长线 e_1' 作半径画圆弧，并以点 $1''$ 为中心，外侧板展开图 $1''2''$ 作半径画圆弧得交点 $2''$。以点 $2''$ 为中心，俯视图 b 长作半径画圆弧，与 1^{00} 点为中心，内侧板展开图 $1^{00}2^{00}$ 作半径画圆弧得交点 2^{00}，以点 2^{00} 为中心，实长线 e_2' 作半径画圆弧，与以 $2''$ 为中心，外侧板展开图 $2''3''$ 作半径画圆弧得交点 $3''$。以点 $3''$ 为中心，以俯视图中 b 长为半径画圆弧，与以点 2^{00} 为中心，内侧板展开图 $2^{00}3^{00}$ 作半径画圆弧得交点为 3^{00}。

② 用上述同样的方法求出以下各点，通过各点连成曲线，即得到所求底板的展开图，如图 2-108 右下角所示。

[注]：按上述方法可制成圆锥螺旋面的样板，然后便可用样板在圆锥形导柱上画出圆锥螺旋线，以便安装时以此螺旋线进行焊接螺旋叶片。

2-2-57 斜螺旋叶片的展开图

图 2-109（a）是斜螺旋叶片的主、俯视图，已知尺寸为 d_1、d_2、h_1、h_2。

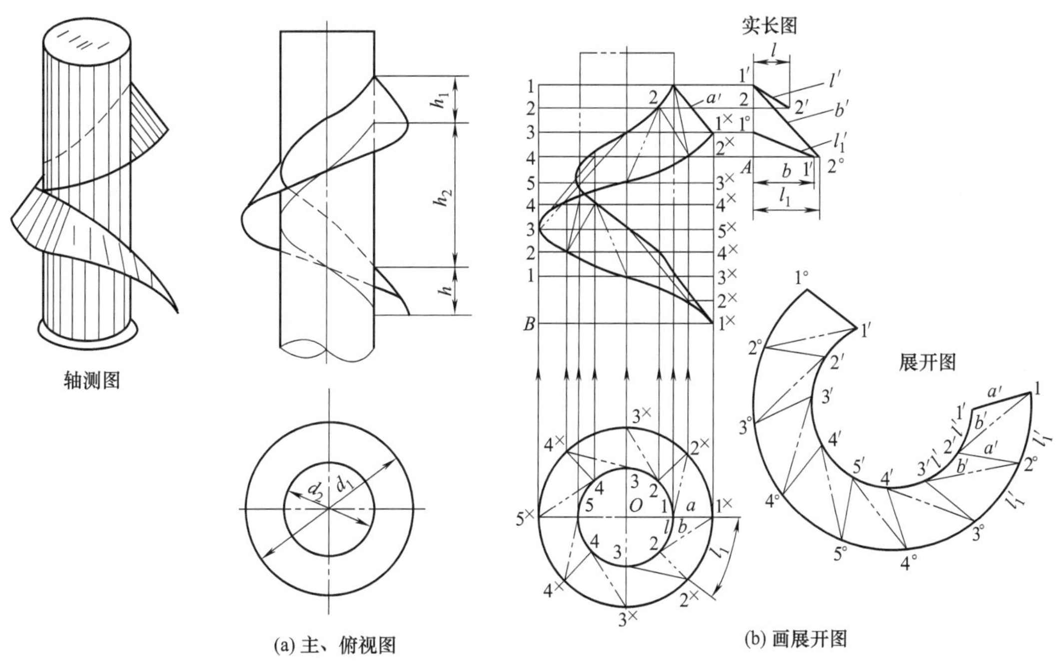

图 2-109 斜螺旋叶片展开图画法

（1）画主视图和俯视图

① 画中心线。用已知尺寸画俯视图的内、外圆，8 等分外圆圆周，等分点为 $1^{\times}$、$2^{\times}$、$3^{\times}$、$4^{\times}$、$5^{\times}$、$4^{\times}$、$3^{\times}$、$2^{\times}$、$1^{\times}$，将各点与 O 点连接，与内圆圆周相交得交点（也是等分点）1、2、3、4、5、4、3、2、1，由 $1^{\times}$ 引对 $1^{\times}$-$5^{\times}$ 的垂直线，在该垂直线截取 $1^{\times}$-$1^{\times}$ 等于已知高度 h_1+h_2（一个导程），8 等分 $1^{\times}$-$1^{\times}$，得等分点 $1^{\times}$、$2^{\times}$、$3^{\times}$、$4^{\times}$、$5^{\times}$、$4^{\times}$、$3^{\times}$、$2^{\times}$、$1^{\times}$。

② 由各点向左作水平线，由俯视图外圆周各等分点向上引垂直线，与对应的水平线相交，得一系列的交点，将这些点光滑连接起来，便得到主视图上外圆斜螺旋线的投影图。

③ 接下来可以求内圆斜螺旋线的正面投影。

④ 由俯视图外圆周上 $5^{\times}$ 点引上垂直线，由点 B 向上量取 B-1 等于已知尺寸 h_1，取 1-1 等于已知尺寸 h_2+h_1；8 等分 1-1，得等分点 1、2、3、4、5、4、3、2、1。

⑤ 再由各等分点向右作水平线，与由俯视图上内圆周各等分点向上引的垂直线相交，得到一系列的交点，将这一系列的交点光滑连接成曲线，即得到内圆斜螺旋线在主视图上的投影。最后，作内外螺旋线的包络线。

(2) 求实长线

① 俯视图上 a 与 b 都是水平投影变形的长度，a 在主视图上反映实长 a'，俯视图上内圆圆周等分弧长 l 和外圆圆周等分弧长 l_1 都含有主视图上一个等分高度，双点划线 b 实际含有三个等分高度，故其水平投影和正面投影都不反映实长。

② 在主视图上将 $4\text{-}2^{\times}$ 线向右延长，截取 $A1'=b$。

③ 作 $1''A$ 垂直 $4\text{-}2^{\times}$ 线，向上取三个等分点 1°、2、$1''$。

④ 延长 2-2，取 $2\text{-}2'=l$。

⑤ 延长 $A1'$取 $A\text{-}2^{\circ}=l_1$。

⑥ 分别连接 $1^{\circ}\text{-}1'$、$2\text{-}2^{\circ}$、$1''\text{-}2'$，则 $1^{\circ}\text{-}1'$是 b 的实长 b'，$2\text{-}2^{\circ}$是 l_1 的实长 l_1'，$1''\text{-}2'$是 l 的实长 l'。

［注］：b'是双点划线的实长；l_1'是外圆周螺旋线的实长（一个等分弧的实长）；l'是内圆周一个等分弧螺旋线实长。

(3) 画斜螺旋叶片的展开图

① 画直线 $1'\text{-}1^{\circ}$，以 1°点为圆心、实长线 b'为半径画圆弧，与以 $1'$点为圆心，实长线 l'为半径画的圆弧相交，得交点 $2'$；

② 以 $2'$为圆心，主视图 a'的长度作半径画圆弧，与以 1°为圆心，实长线 l_1'为半径画圆弧相交，得交点 2°；

③ 以 2°点为圆心，以实长线 b'为半径画圆弧，与 $2'$点为圆心，实长线 l'为半径画圆弧相交，得交点 $3'$；

④ 以 $3'$为圆心，以主视图上 a'为半径画圆弧，与以 2°为圆心，实长线 l_1'为半径画圆弧相交，得交点 3°；

⑤ 以 3°为圆心，以实长线 b'作半径画圆弧，与以 $3'$点为圆心，实长线 l'为半径画圆弧相交，得交点 $4'$；

⑥ 以 $4'$点为圆心，以主视图上 a'为半径画圆弧，与以 3°点为圆心，以实长线 l_1'为半径画圆弧相交，得交点 4°；

⑦ 以 4°为圆心，实长线 b'为半径画弧，与以 $4'$点为圆心，以实长线 l'为半径画圆弧相交，得交点 $5'$；

⑧ 以 $5'$点为圆心，以主视图上 a'为半径画圆弧，与以 4°点为圆心，以实长线 l_1'为半径画圆弧相交，得交点 5°；

⑨ 用同样的方法可以求出另一半展开图上的一系列点 $4'$、$3'$、$2'$、$1'$和 4°、3°、2°、1°；

⑩ 光滑连接各点得到曲线，即得到斜螺旋叶片的展开图，如图 2-109 右下角所示。

2-3 各种展开方法比较

2-3-1 采用三种基本展开法应具备的条件

综合以上各种展开的方法，它们不外乎平行线展开法、放射线展开法、三角形（线）展开法，这三种基本展开法是针对不同情况的钣金制件而有选择性采用的。采用哪一种展开方法是根据零件表面素线在某一投影面上的投影具体情况而确定的，也就是说是根据零件的实际条件而选定某一展开方法的（有时可能是唯一的）。

（1）平行线展开法

如果钣金制件的某一平面或曲面上所有素线在一个投影面上的投影都是互相平行的实长线，而在另一个投影面上的投影是曲线或直线时，则应选用平行线法画展开图。例如图 2-9、图 2-17、图 2-18、图 2-19、图 2-20、图 2-21、图 2-22、图 2-23、图 2-24、图 2-25 等。

（2）放射线展开法

如果一个锥体或锥体的一部分，在某投影面上投影，其轴线反映实长，而锥的底面又垂直于该投影面时，则具备采用放射线展开法的条件。这时，锥体上有的素线可能处于不平行于投影面的位置，可以通过求实长的方法求出实长，进而画出展开图。例如图 2-26、图 2-27、图 2-28、图 2-29、图 2-30、图 2-73、图 2-75 等。这里再举一例说明放射线展开法的应用。图 2-110 是斜圆锥筒的展开画法，其作法如下：

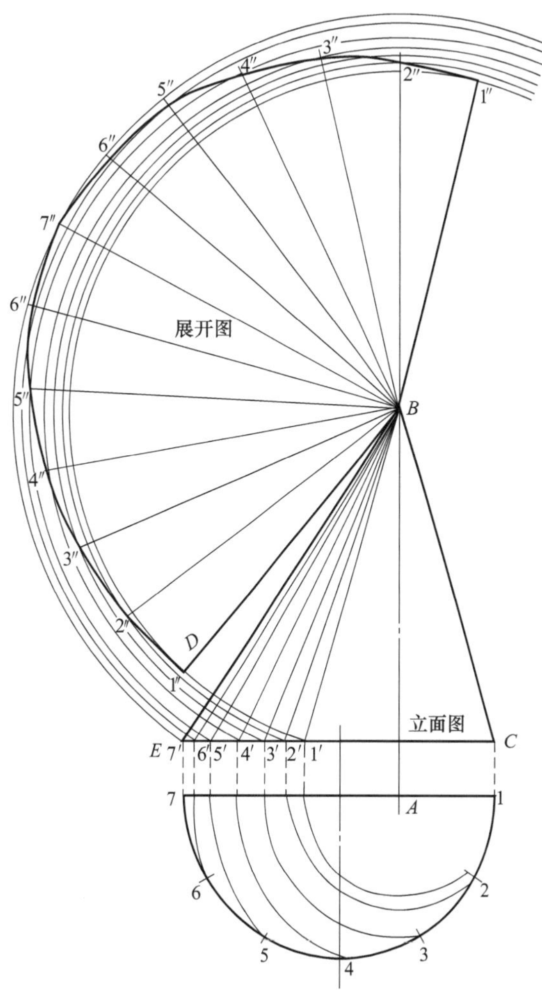

图 2-110 斜圆锥筒展开图

① 首先画出斜圆锥筒的正立面图，以立面图底边尺寸为直径，在下方画半圆，将半圆作六等分，得等分点 1、2、3、4、5、6、7。

② 由立面图顶端 B 点向下引垂直线，与半圆的弦相交于 A 点，以 A 为圆

心，分别以 A_1、A_2、A_3、A_4、A_5、A_6 为半径画圆弧，交半圆的弦上，并分别作垂直于立面图上底面线，得 1′、2′、3′、4′、5′、6′、7′（各点到 B 点的距离即为各素线实长）。

③ 以 B 点为圆心，以 B 点到 1′、2′、3′、4′、5′、6′、7′各点的距离为半径，依次画七条圆弧线。

④ 由 B 点向第一条圆弧线画一条基准线 D，以 D 线为基准，取 D 线与第一条圆弧线的交点为 1″点。

⑤ 以 1″为圆心，$\overset{\frown}{12}$为半径画弧交第二条圆弧线于 2″点；再以 2″为圆心，以$\overset{\frown}{23}$为半径画弧交第三条圆弧线于 3″点，依次画到第七条圆弧线得 7″点，然后，再画与此对称的另一半弧线。

⑥ 连接弧线上各点 1″、2″、3″、4″、5″、6″、7″、6″、5″、4″、3″、2″、1″，得到该斜圆锥全部的展开图，如图 2-110 所示。

(3) 三角形（线）展开法

当钣金零件的某一平面或曲面在三视图中的投影都是不反映真形的多边形，即某一平面或曲面既不平行又不垂直于任一投影面时，则应采用三角形（线）展开法。尤其在画不规则形体的展开图时，运用三角形（线）展开法更为方便。例如图 2-52、图 2-56、图 2-68、图 2-83、图 2-87、图 2-88 等。这里举一例说明三角形（线）展开法的应用。

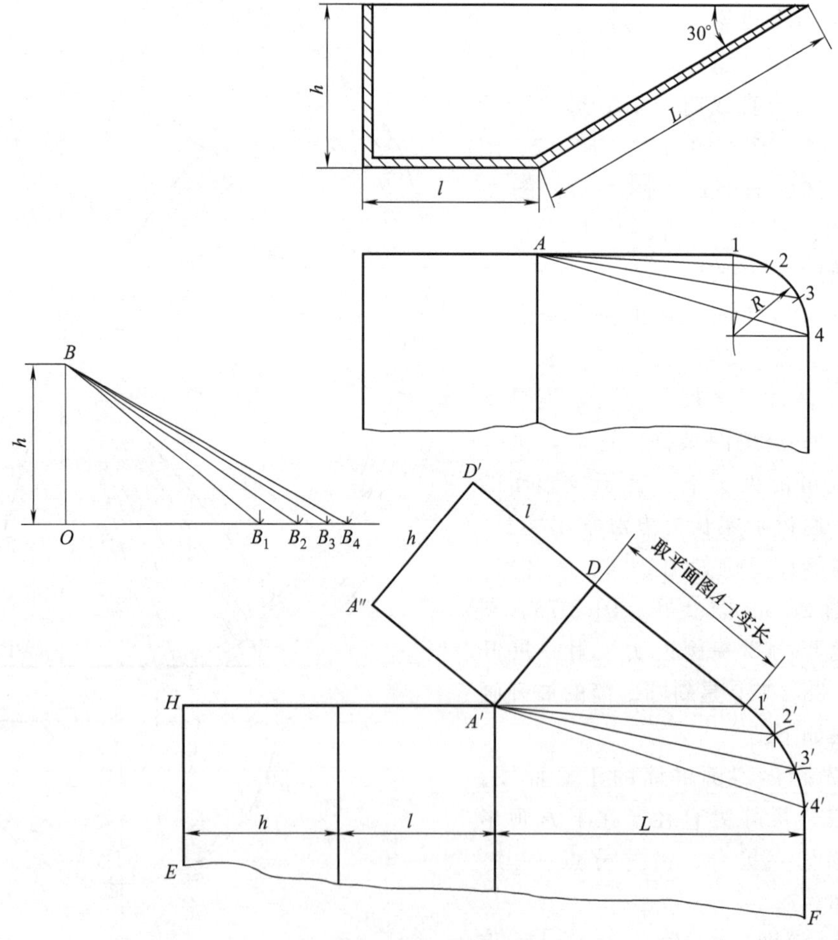

图 2-111　油盘角展开画法

图 2-111 是油盘角展开图的画法，其作法如下：

① 首先画出油盘角的立面图和俯视图，将俯视图中 R 圆角的圆弧分成 3 等分，得等分点 1、2、3、4。联 $A2$、$A3$、$A4$ 线（A 是折弯线上的点）。

② 作三角线，即作直角三角形。画互相垂直的两条线，即 BO 垂直水平线，取 $BO=h$（油盘的高度实长），以 O 为圆心，俯视图上 $A1$、$A2$、$A3$、$A4$ 为半径作弧在水平线上交得 $B1$、$B2$、$B3$、$B4$ 点，连结 $BB1$、$BB2$、$BB3$、$BB4$，则 $BB1$、$BB2$、$BB3$、$BB4$ 分别是 $A1$、$A2$、$A3$、$A4$ 的实长。

③ 画展开图，将立面图的高度尺寸，底边尺寸及 30°斜边尺寸展开画出，以底边与斜边相交线上端 A'点为圆心，取实长线 $BB4$ 为半径画圆弧交边线于 $4'$点。

④ 以 $4'$点为圆心，俯视图上一等分圆弧为半径画圆弧，再以 A'为圆心，以 $BB3$ 为半径画圆弧，两弧相交于 $3'$点。

⑤ 以 $3'$点为圆心，俯视图上一等分圆弧长度为半径画弧；再以 A'为圆心，以 $BB2$ 为半径画弧，两弧相交得 $2'$点。

⑥ 以 $2'$点为圆心，俯视图上一等分圆弧长度为半径画弧；再以 A'为圆心，以 $BB1$ 为半径画弧，两弧的交点得 $1'$点。

⑦ 以 $1'$点为圆心，以俯视图上 $A1$ 即实长为半径画弧；再以 A'为圆心，立面图上油盘实际高度 h 为半径画弧，两弧的交点为 D 点，连结 $A'D$ 线。

⑧ 画 $A'D$ 的两端垂直线，其尺寸等于 l，再作 $A'D$ 的平行线 $A''D'$。

⑨ 用上述同样的方法作油盘的前一半展开图，连接各点得到整个油盘角的展开图，如图 2-111 下边所示。

展开方法的选用

平行线展开法只限于零件表面素线彼此互相平行的钣金零件，放射线法展开仅限于展开素线交汇于一点的钣金零件，而三角形（线）法展开适用于各种可展的钣金零件。三角形（线）法展开比较复杂，作图有些难度，平行线展开法比较简单方便，平行线法中的辅助圆或系数法更为容易，在实际生产中，必须根据钣金零件具体结构特点，合理选用展开方法。

例如圆顶矩形底弯头，上节是圆柱管，下节管是异形连接管，其上口是椭圆形，下口是矩形。下节管的板壁是由四个平面和四个椭圆锥面交替组成，四个点将椭圆分成四段曲线，四个点分别和矩形上的对应边形成四个三角形平面，四段曲线分别和矩形上的对应顶点形成四个椭圆锥面。画下节管的放样图时，椭圆按中性层尺寸，矩形按里侧尺寸，下节管板壁的各平面用三角形法展开，椭圆锥面用放射线法展开。

(1) 放样图

用上口圆的中性层直径，下口矩形的里侧尺寸和其余尺寸画出弯头的主、俯视图，即放样图（图 2-112）。将上节圆柱分成 12 等分，得到各等分素线，并将各等分素线与上、下节管间的椭圆的交点 1、2……7 点为椭圆的等分点。矩形的边 ad 和 bc 平行于椭圆所在平面，点 1 和 7 分别是对应于边 ad 和 bc 的椭圆上的分界点。矩形的边 ab 和 cd 不平行于椭圆，将两边延长作出它们和椭圆所在平面的交点 n 和 n_1 作椭圆的切线，其切点 m 和 m_1 是对应于边 ab 和 bc 的分界点。用直线分别将矩形的各顶点和椭圆上的对应等分点连接，得到下节管上的平面和椭圆锥面上的分界素线和等分素线。用直角三角形法作出各素线的实长，实长线图画在主视图右侧。弯头形状前、后对称，只作出前半部分的 9 条素线的实长，矩形各边实长显示在俯视图上。

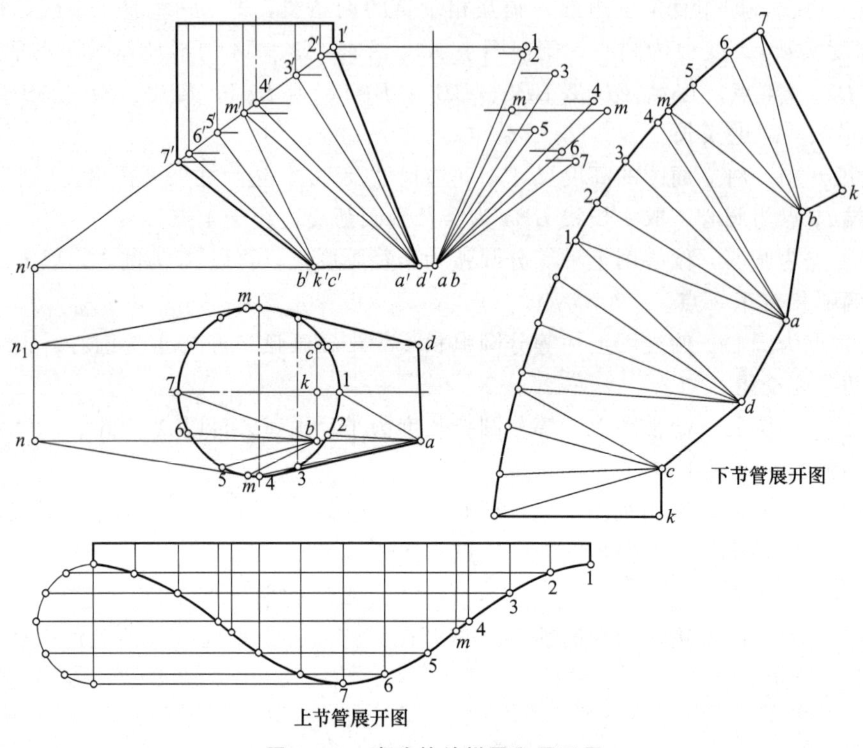

图 2-112　弯头的放样图和展开图

(2) 展开图

先按圆管的中性层直径用平行线法作出上节圆管的展开图。再用各条素线的实长，矩形各边的实长，以及显示在上节管展开图中的椭圆各段曲线的弧长依次拼画出各三角形平面和椭圆锥面的实形，即得下节管的展开图。

本例三种基本展开法都用到了，上节管的展开是选用平行线展开法，下节管的椭圆锥面选用的是放射线展开法，而下节管的板壁平面部分选用了三角形展开法，通过用三角形法求 1、2、3、4、5、6、7 条素线的实长后，再画展开图。

第 3 章

钣金工艺基础知识

3-1 放样

3-1-1 放样概念

放样又称落样，它是按照工程图样的要求，按正投影原理，把零件直接画在钣金板料上。画放样图的过程称为放样，从而按放样图上的实际尺寸制作出样板。

放样图与施工图同等重要，它们的区别在于施工图是按机械制图标准绘制的，而放样图可不必标注尺寸，线型不必拘泥于制图标准。放样图上画出形状和大小就可以了，不必像施工图上标注完整的尺寸，表达出全部形状，更不必表示出技术要求的符号及数值。施工图上不能任意增加或去掉某些线条，但放样图上可以添加必要的辅助作图线，也可以去掉与放样无关的线条。再有，放样图必须真实而精确地反映实物形状，不可以像施工图那样将图形放大或缩小。

3-1-2 划线

钣金工放样多为平面划线，所谓平面划线就是在一个平面上划线，如果在几个有关系的平面上划线，即称为立体划线。

(1) 划线工具

冲子、划规、划针、角尺、地规、粉线盘、直尺、钢卷尺、游标尺、曲线尺等。

(2) 划线基准

在放样图中起着决定其他面或线的位置的面和线为基准面和基准线。划线之前，首先要正确地选好基准。若是基准选错，则一切都错。一般来说，中心轴心可以作基准线；重要的平面可以作基准面。

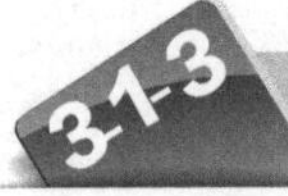

3-1-3 放样程序

① 在放样工作台上放样，放样之前先熟悉图纸，核对图上形状、尺寸等是否正确。确认无误后开始放样。

② 按施工图要求，按 1∶1 画出基准线，并准确地画出零件的形状和大小。

③ 制作样板。确认放样图无误后，便可用镀锌板或钢板（0.32～1mm），以实样为依据制作出零件的样板。

已制作好的样板应标明图号、名称、件数、库存编号，以便于管理和使用。

④ 常用样板的名称和用途

平面样板——在板材和型材上一个平面内划线下料。

弧形样板——用来检查圆弧及圆的曲率大小。

切口样板——用来当作角钢，槽钢切口的样板及煨弯的标准。

展开样板——用来检查各种钣料及型材展开零件的实际形状和大小。

号孔样板——检查确定零件各孔的位置是否正确。

弯曲样板——用来检验各种压型零件和胎模零件是否标准。

⑤ 对于在三视图中不能反映真实尺寸和形状时，则需要通过作辅助线，求实长的方法，然后方能作几何展开或近似展开，求得真实图形。

3-2 下料

3-2-1 下料的概念

下料又叫号料，根据图纸或用样板在钣料上或型钢上，划出零件的真实形状和尺寸，这一过程称为下料。

3-2-2 下料须知

① 准备下料工具、中心冲子、划规、划针、手锤、錾子等。

② 检查一下样板是否符合施工图要求，下料尺寸是否正确。

③ 检查板料、型钢上是否有裂纹，凹凸不平，板厚不均匀等缺陷。

④ 下料后，在零件的加工线、接缝线及各孔的中心位置，用白漆注明，以便为剪切，冲裁、气割等下道工序提供方便。

3-2-3 几种下料方法

（1）集中下料法

将相同规格、形状、尺寸、板厚的钣金零件和相同规格的型钢零件集中一起下料，称为集中下料。这样既可提高生产效率，又可以减少材料浪费。

（2）统计计算法下料

对于型钢零件多采用统计计算法下料，即是以米为单位，先把较长的料排出来，余下的料再考虑将短尺寸的型钢零件排上，直到整根型钢材料被充分利用为止。这样先进行统计安排再下料的方法，称为用统计计算法下料。

(3) 巧裁套料法

为充分利用钢板，尽量减少余料，为下道工序提供方便，在下料前，需将同一形状的零件和各种不同形状的零件进行精心合理、巧妙的安排，如同裁剪师进行巧裁套料一样，这样的方法叫巧裁套料法。

(4) 余料统一下料法

每一张钢板和每一根型钢下料后，总会有剩下一定形状和大小的余料。将这些余料按板厚、规格、形状基本相同的集中起来，用于合适的较小零件的下料，即称为余料统一下料法下料。

3-3 剪切与冲裁

3-3-1 剪切

(1) 剪切的概念

通过剪切设备，使材料在外力作用下，变形部分的应力超过了材料的屈服强度极限，从而使板料或卷料沿直线或曲线相互分离的冷冲压工序。

(2) 剪切的方法

① 手工剪切

对于小批量或单件生产，可利用手剪或台式剪床进行剪切分离。这种方法生产效率低，劳动强度大。

② 机床剪切

为了提高劳动生产效率、节省工时，可以利用专用机床进行剪裁板料或卷料，目前主要剪裁机床有直口剪板机床、斜口剪板机床、龙门剪床、圆盘剪床、联合冲剪机床等。

③ 铣割剪切

利用大型铣床，对板料进行铣切分离。

④ 火焰切割

对于厚度超过 2cm 的钣料或异型零件钣料，可以利用火焰进行分离下料。

(3) 几种剪切机床的使用方法

① 斜口剪切机床

斜口剪切机床主要工作部分是上下两片剪刀，上剪片装在由齿轮带动的上下运动的滑块上，下剪片固定在喉型虎口的机座上。当上剪片作上下运动，则进行剪切，上剪切片力的方向角度为 10°～15°，上剪切片的截面角度为 75°～80°，以免剪切时剪刀片与钢板相摩擦。下剪刀片也有 5°～

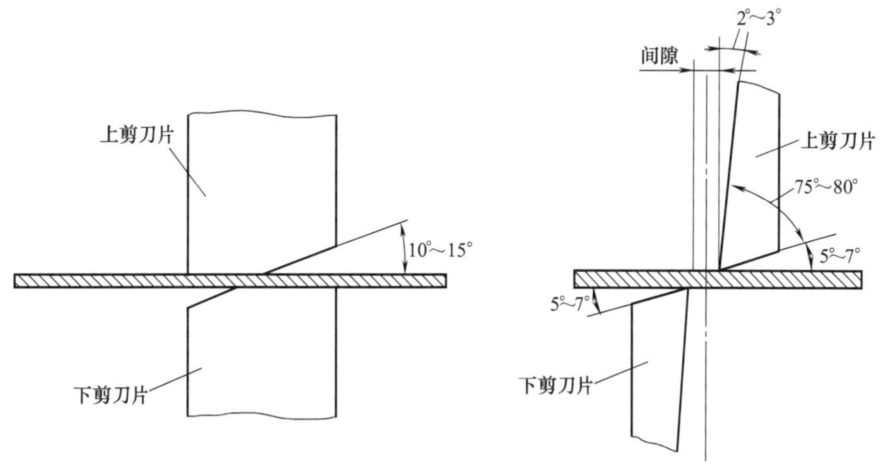

图 3-1 斜口剪切机上下剪刀片的角度

7°的刃口，上下剪刀片之间的间隙是根据所切钢板厚度而调整的，如图 3-1 所示。

当板厚小于 5mm 时，调整间隙为 0.09mm；板厚 6～14mm 时，调整间隙应为 0.1～0.2mm；板厚 15～25mm 时，调整间隙是 0.3～0.4mm；板厚 26～40mm 时，调整间隙是 0.5mm。

② 龙门剪切机床

铸铁的床身两侧有轴承座和轴承，用以支撑横轴，轴的两端装有同轴旋转的齿轮，轴上有偏心轮和连杆，连杆的下端与上、下刀架相连接，上剪刀片是固定在刀架上的，上剪刀片长度方向的刀口与下剪刀片的刀口倾斜 3°～5°角，以便由一端到另一端逐渐进行剪切。工作台与下剪刀片相平，可以放置被剪切的钢板。

上剪刀片是依靠离合器实现每次剪切工作的，脚踏离合器，偏心轮旋转一周，带动刀架上的剪刀片上下运动一次，由于上剪刀片长度方向的倾角较小，上剪刀片的长度为 2.5m，所以板料的剪切长度略小于 2.5m，龙门剪切机在剪切不同厚度的钢板时，其上、下剪刀片之间的间隙可以调整，具体调整方法见表 3-1：

表 3-1 具体调整方法

板厚/mm	1	2	3	4	5	6	7	8	9	10	11	12	13
间隙/mm	0.05	0.08	0.1	0.15	0.2	0.25	0.3	0.35	0.4	0.45	0.5	0.55	0.6

为防止钢板在剪切时移位和保障安全，床面上有压料装置，同时工作台前后设有定位挡板，这便于剪切大批量规格尺寸相同的零件时不必一一去量测剪切尺寸，如图 3-2 所示。

龙门剪刀机的剪切操作注意事项：

Ⅰ. 将清理干净的钢板放置在工作台上，把剪切线对准下剪切刀口，然后，启动压料装置，压紧板料，再检查一下工件剪切线与下刀口对准无误后，脚踩离合器，刀架托板下行，上剪切刀片下降，剪断钢板。

Ⅱ. 剪切同一规格尺寸板料零件时，可按所需尺寸固定好前（或后）挡板，校正第一块剪下的板料尺寸准确后，方可继续剪切。

Ⅲ. 对于同一张钢板上有多块零件需要剪切时，应事先合理排料，以便充分利用板材，不会造成浪费。

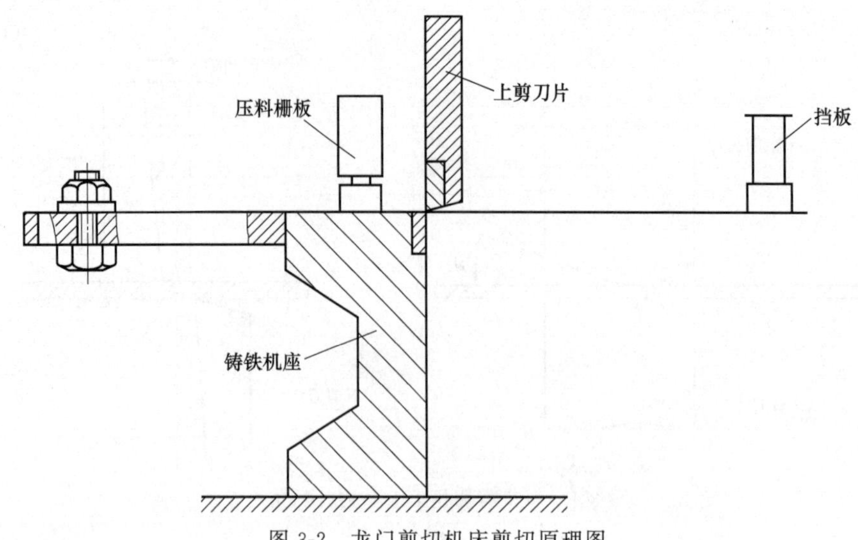

图 3-2　龙门剪切机床剪切原理图

Ⅳ. 剪切前必须确认钢板工件是否切实被压紧，必要时可采用加垫的方法压紧。

Ⅴ. 两人或多人剪切钢板时，需密切配合、由一人指挥和操控离合器，确保人身安全。

③ 圆盘剪切机床

如图 3-3，圆盘剪切机床是由上下两个圆锥形圆盘为剪刀，上圆盘是主动盘，通过齿轮带动旋转，下圆盘是从动盘，固定在机座上。将钢板放在两圆盘之间，可以剪切任意曲线形。当钢板前进运动时，剪刀在板料上面旋转，钢板就可以沿剪切线切开。当钢板不作前进运动时，上剪刀只是自行旋转，下剪刀则停止不转动。

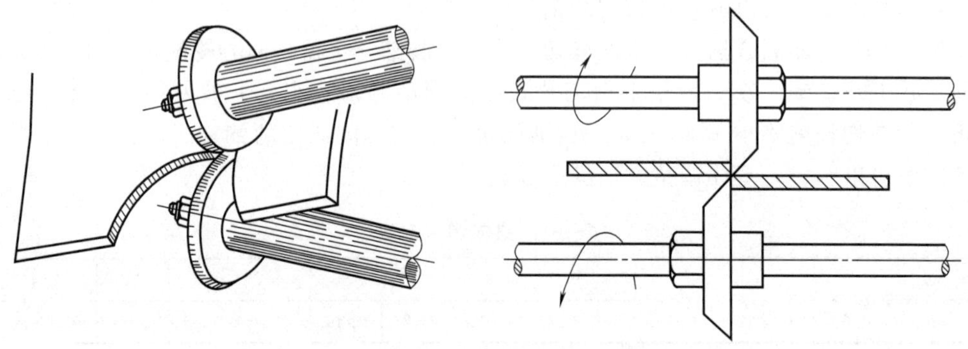

图 3-3　圆盘剪切机床剪切示意图

在剪切钢板之前，应根据钢板的厚度，调整上下两圆盘剪刀之间的距离，其调整数据见表 3-2。

表 3-2　调整数据

钢板厚度/mm	1	2	3	4	5	6
上下圆盘剪刀口距离/mm	0.3	1	1.5	2	2.5	3

圆盘剪切机床使用操作注意事项：

Ⅰ. 根据钢板的厚度，调整好圆盘剪切机上下剪刀之间的距离及所需转速。

Ⅱ. 将被切钢板上的剪切线对正圆盘的切面，平稳地托住板料，钢板靠其与圆盘剪刀之间的摩擦力自动进料，特别要注意好进料方向，以防出废品。

Ⅲ. 操作者一定要小心，手切勿靠近剪刀口，确保安全。

④ 型钢剪床

型钢剪床可以剪切角钢、槽钢、圆钢等型材，还可冲孔、冲压，如图 3-4 所示。

(a) 型钢剪床照片

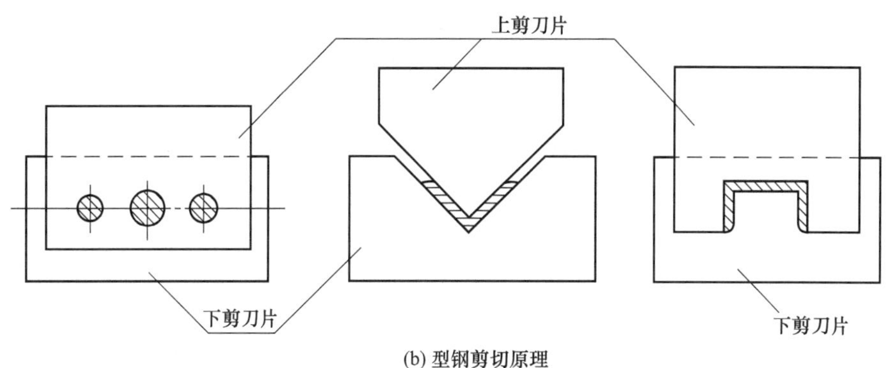

(b) 型钢剪切原理

图 3-4 型钢剪床

型钢剪床的操作注意事项：

Ⅰ. 当型钢弯曲变形超过规定公差时，必须矫正平直后方可进行剪切，如果型钢端头不平整时，应先剪成直角。

Ⅱ. 连续剪切同一长度的型材，可采用定位器固定尺寸（用后挡板）。

Ⅲ. 剪切型材前，应事先旋下压料板、剪切后、检查型材棱边与材料表面是否垂直。

Ⅳ. 型钢剪床的前侧，应按装有滑轮架装置，不仅可保持剪切时型材全长平直，且节省劳动强度，提高工效。

⑤ 振动剪床

振动剪床的下剪刀片固定在床身上，上剪刀片固定在滑块刀座上，滑块通过连杆与偏心轮相连接，偏心轴由电机带动，当偏心轮转动时，经连杆而使上剪刀片紧靠固定的下剪刀片作快速的振动，每分钟 1500～2000 次，因而两刀刃处在接触状态。板料的剪切就是依靠上刀刃的振动和下刀刃同时作用而切断的。上剪刀与下剪刀相对倾斜成 20°～30°夹角，上下刀片的重叠部分可根据板料厚度调整。剪切时上下刀刃之间的距离应为板厚的 0.25 倍。

振动剪床操作注意事项：

Ⅰ. 一般情况下，振动剪床可以剪切 2mm 以下厚度的钢板，可以剪切直线或曲线，也可以对成形后的工件进行切边工作。

Ⅱ. 剪切前，先在板料上划线，开动剪切机后，两手平稳把握好板料，按剪切线将板料沿刀片水平方向移动，为确保板料又在水平内，同时又必须在刀口内，可以在刀口两侧装上有夹板的夹具。

Ⅲ. 振动剪切的零件，切断面可能粗糙，剪切后应将边缘修光。

3-3-2 冲裁

(1) 冲裁的概念

在冲床上，通过冲模，使板料产生分离的加工方法，谓之冲裁。冲裁时，板材放在凹模上面，由于凸凹模组成一对锋利的刀刃口，当冲床滑块向下运动，引导凸模进入凹模，靠其剪切力将板料切离。如图 3-5 所示。

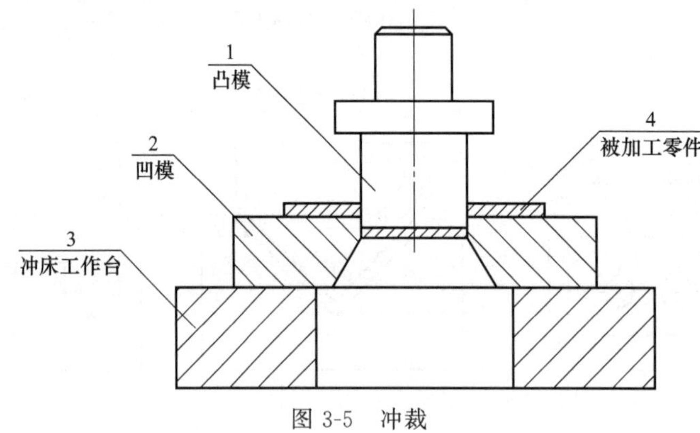

图 3-5 冲裁

图 3-6 表示冲裁的变形过程可分三个阶段，第一阶段为弹性变形；第二阶段为塑性变形，这时部分金属，材料挤入凹模孔内，其金属纤维发生弯曲和拉伸，当材料受力超过其弹性极限达到屈服极限时，开始塑性变形，这时材料接近凸凹模的刃口部分，应力达到最大值（剪切强度）；第三阶段是剪裂阶段，当凸模继续下压、板料从凸凹模的刃口开始微小裂纹，并且不断向材料内部扩展，当上下裂纹重合时，板料即被切断分离。

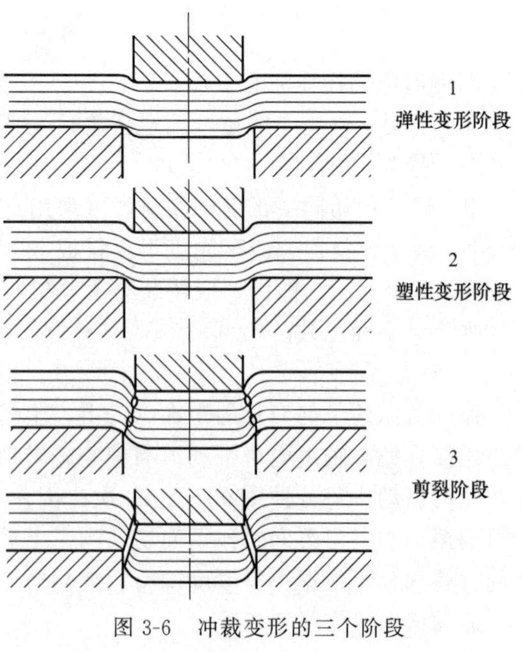

图 3-6 冲裁变形的三个阶段

(2) 冲裁力的计算

冲裁力与板料厚度、材料性质、零件的形状和大小等因素有关，也与凸凹模的构造、间隙大小、刃口的利钝及硬度有关。材料的极限强度越大，冲裁力越大，材料的厚度增加，冲裁力增加，材料的延伸率小时、冲裁力增加。冲裁间隙过大或过小，都会使冲裁力增加。

当用平刃模具冲裁时，冲裁力的计算公式是：

$$P=L\delta\sigma_J K$$

式中 P——冲裁力，kgf；

L——冲裁零件的周边长度，mm；

δ——冲裁零件的厚度，mm；

σ_J——材料抗剪切强度，N/mm^2；

K——修正系数，一般取 1.1～1.3。

当冲裁力用吨表示时，则公式可改为

$$P=1.3L\delta\sigma_J/1000\ (t)$$

当无法查出 σ_J 时，便按下式计算：

$$P=L\delta\sigma_b/1000\ (t)$$

式中，σ_b 为材料强度即极限强度，N/mm^2。

部分材料的抗剪切强度见表 3-3：

表 3-3 部分材料的抗剪切强度 N/mm^2

材料	抗剪切强度	材料	抗剪切强度	材料	抗剪切强度	材料	抗剪切强度
A0	254.8～274.4	A3	294～333.2	A6	470.4～568.4	10Mn2	313.6～450.8
A1	254.8～313.6	A4	333.2～411.6	A7	548.8～666.4	H62	254.8～666.4
A2	264.6～333.2	A5	392～490	45	431.2～548.8	Ly12	274.4～313.6

(3) 减小冲裁力的方法

① 斜刃冲裁

采用斜刃冲裁时，整个刃口与零件周边不是像平刃那样同时接触，而是逐渐地对材料斜切，故冲裁力明显减小，如图 3-7 (c)、(d) 所示。当用于落料时，为确保零件平整，凸模应作成平刃，如图 3-7 (a)、(b) 所示。当用于冲孔时，则相反，凹模做成平刃、凸模作成斜刃，如图 3-7 (c)、(d)。当冲裁弯曲状零件时，凸模做成圆头，如图 3-7 (e) 所示。

当仅需折弯零件时，凸模做成单边斜刃，如图 3-7 (f) 所示。

斜刃冲裁数据见表 3-4：

表 3-4 斜刃冲裁数据

材料厚度 δ/mm	斜刃高度 H/mm	斜角度数 φ/(°)	平均冲裁力比平刃冲裁力减小值
<3	2δ	<5	(60～70)%
3～10	δ	<8	(35～40)%

② 加热冲裁

材料在加热状态下的抗剪强度有明显下降，从而可大大降低冲裁力。加热冲裁时，冲裁力的计算与平刃冲裁时一样，要注意的是抗剪强度应取冲压温度的数值，冲压温度通常比加热温度低 150～200℃。

钢在加热状态的抗剪强度见表 3-5：

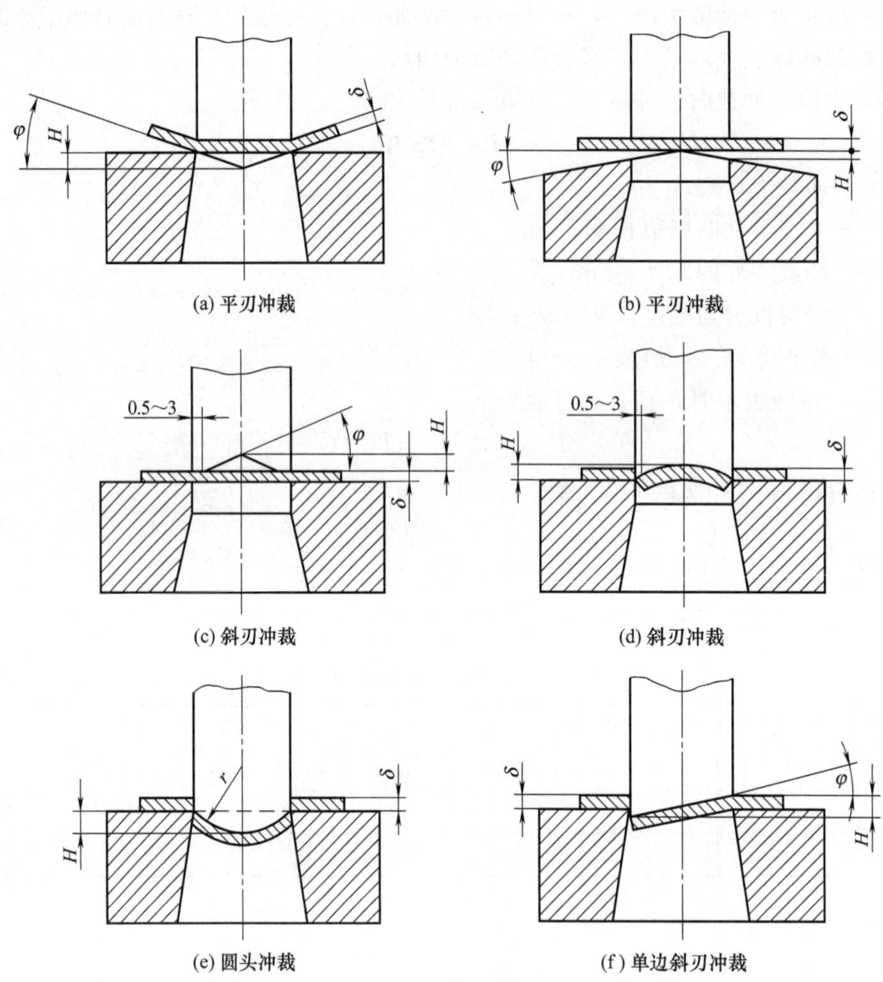

图 3-7 冲裁方法

表 3-5 钢在加热状态的抗剪切强度

钢的牌号	加热到以下温度时的抗剪切强度/(N/mm²)				
	500℃	600℃	700℃	800℃	900℃
A_1 A_2 10 15	313.6	196	107.8	58.8	29.4
A_3 A_4 20 25	441	235.2	127.4	88.2	58.8
A_5 30 35	509.6	323.4	156.8	88.2	68.6
A_6 40 45 50	568.4	372.4	186.2	88.2	68.6

③ 阶梯模冲裁

在多凸模的模具中，可根据凸模的尺寸大小，加工成不同高度，使各凸模冲裁力的最大值不同时出现。从而减小了冲裁力。如图 3-8 所示。为保证模具有足够的刚度，尺寸细小的凸模一般应尽量作短些。各凸模的高度差值 H 与零件材料厚度有关，对于小于 2mm 的薄料取 H 值等于料厚；对于大于 2mm 的厚料，则取 H 值为料厚的 1/2。

3-3-3 常用的冲床设备

常用的冲床有曲轴冲床、摩擦冲床、偏心冲床、液压冲床、三动冲床、数控冲床等，下面谈谈摩擦冲床、曲轴冲床、偏心冲床的工作原理和应用特点。

(1) 摩擦冲床

图 3-9 为摩擦冲床的传动系统示意图。工作时，压下手柄 13，轴 4 右移，使摩擦盘 3 与飞轮 6 的轮缘相接触，迫使飞轮与螺杆 9 顺时针旋转，而滑块 12 向下进行冲压；反之，手柄向上，滑块上升。

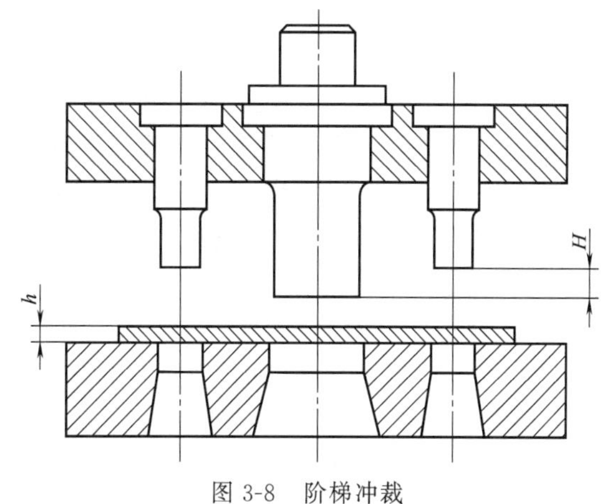

图 3-8 阶梯冲裁

滑块运动的速度，决定于飞轮与摩擦盘接触处到摩擦盘中心的距离及两者接触的紧密程度。接触正常时，接触处到摩擦盘中心的距离越大，飞轮转速越快，螺杆转速也随之增加。因此冲压时滑块以加速度下降。回程时情况正相反。由于这个原理，摩擦冲床在冲压的瞬间能产生很大的压力。同时靠手柄压下多少来控制飞轮与摩擦盘的接触松紧程度。使压力大小得到调整，以适应不同类型的冲压工作。

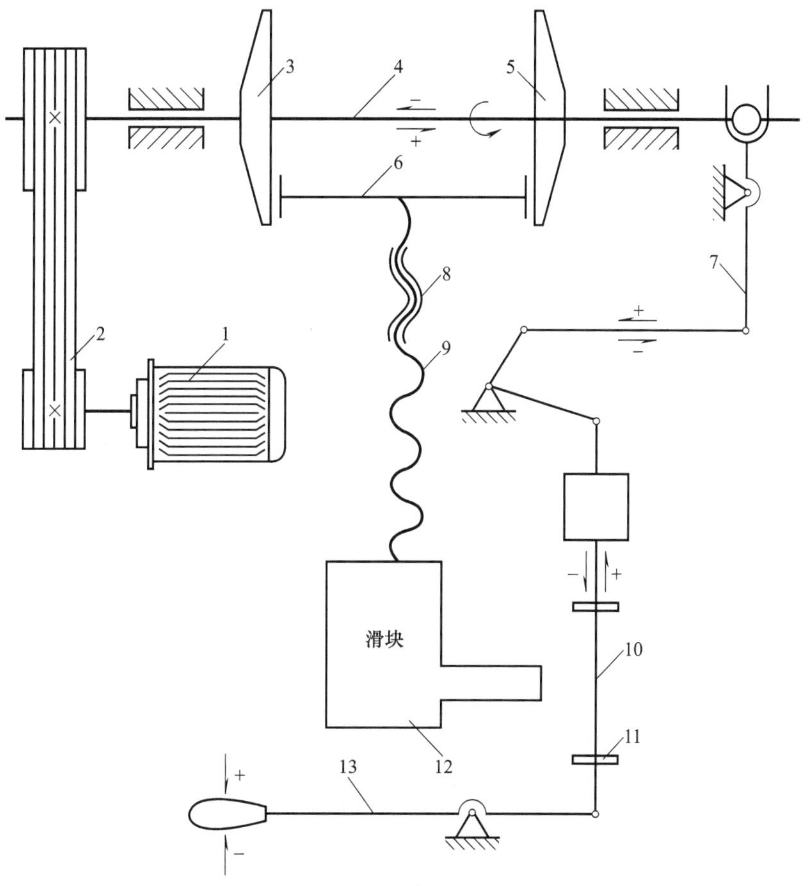

图 3-9 摩擦冲床

1—电机；2—皮带轮；3,5—摩擦盘；4—轴；6—飞轮；7,10,13—连杆；8—轴瓦；9—螺杆；11—挡块；12—滑块滑块的行程用安装在连杆10上的两个挡块11来调节。当滑块触及下挡块时，能自动移动传动轴，改变飞轮旋转方向，滑块立即上升，滑块触及上挡块时，滑块则下降，因此，调整两挡块之间的距离，即可决定滑块行程的大小。摩擦冲床优点是当超负荷时，飞轮与摩擦盘之间摩擦滑动，不致损坏机件。

（2）曲轴冲床

图3-10为曲轴冲床外观结构，图3-11为工作原理示意图。冲床的床身与工作台是一体的，床身上有导轨，用以引导滑块的上下运动，凸模装在滑块上。工作台上有T型槽，用以安装与固定凹模，台面与导轨垂直。曲轴冲床行程较大，其大小等于曲轴偏心距的两倍，不能调整。由于曲轴在床身内有两个或多个轴承对称地支承着，因此冲床所承受的负荷较均匀。

图3-10　曲轴冲床

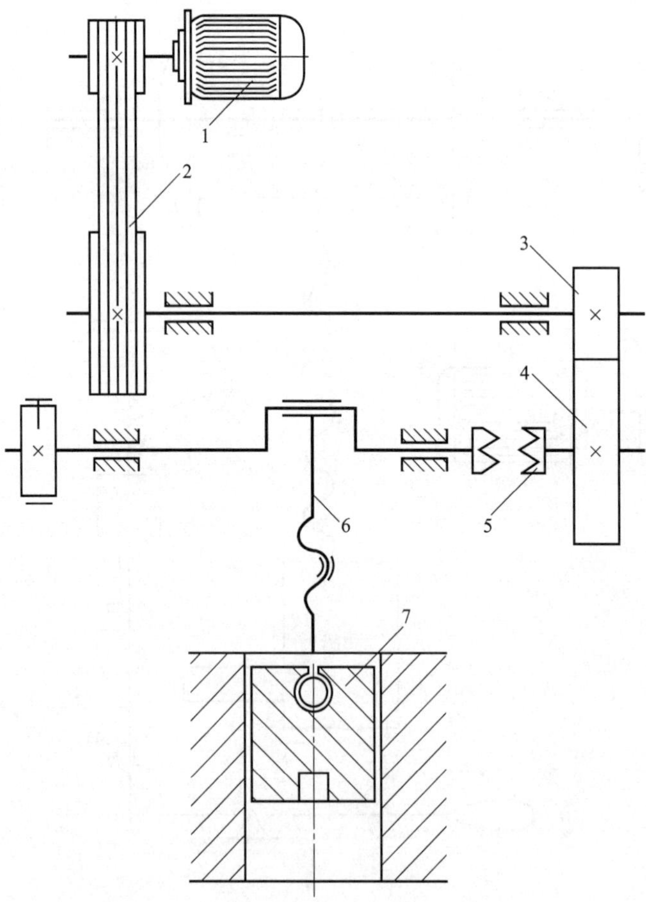

图3-11　曲轴冲床工作原理

1—电机；2—皮带轮；3,4—齿轮；5—离合器；6—连杆；7—滑块

曲轴冲床的传动机构包括减速装置、曲轴和连杆等，滑块 7 的上下往复直线运动是通过电机 1，皮带轮 2，齿轮 3、4 和离合器 5，连杆 6 实现的。

曲轴冲床的操纵机构包括踏板、拉杆和离合器等，当电机开始工作后，尚未踩踏板时，大皮带轮只是空转，曲轴不运动。当踩下踏板时，离合器就将曲轴和皮带轮连接起来，于是大皮带轮便使曲轴带动滑块做上下往复运动。

滑块本身由于用以固定凸模，在连杆带动下沿床身导轨上下运动，以完成冲切动作。滑块从最上位置至最下位置所滑动的距离叫作冲程。滑块在冲程的最下位置时，下表面至工作台面的距离叫作闭合高度，冲床的闭合高度应与冲模高度相适应，调节连杆长度可以改变闭合高度。冲床力量的大小，是以滑块在冲程下端时，曲轴所能承受的允许最大外力（通过计算）来表示的，力量单位用吨表示。

（3）偏心冲床

图 3-12 是偏心冲床传动系统示意图。偏心冲床与曲轴冲床的结构和工作原理基本相同，工作机构均为曲柄连杆机构，主要区别是曲轴冲床的滑块往复运动由曲轴带动的，而偏心冲床则是由偏心轴的回转而运动的。

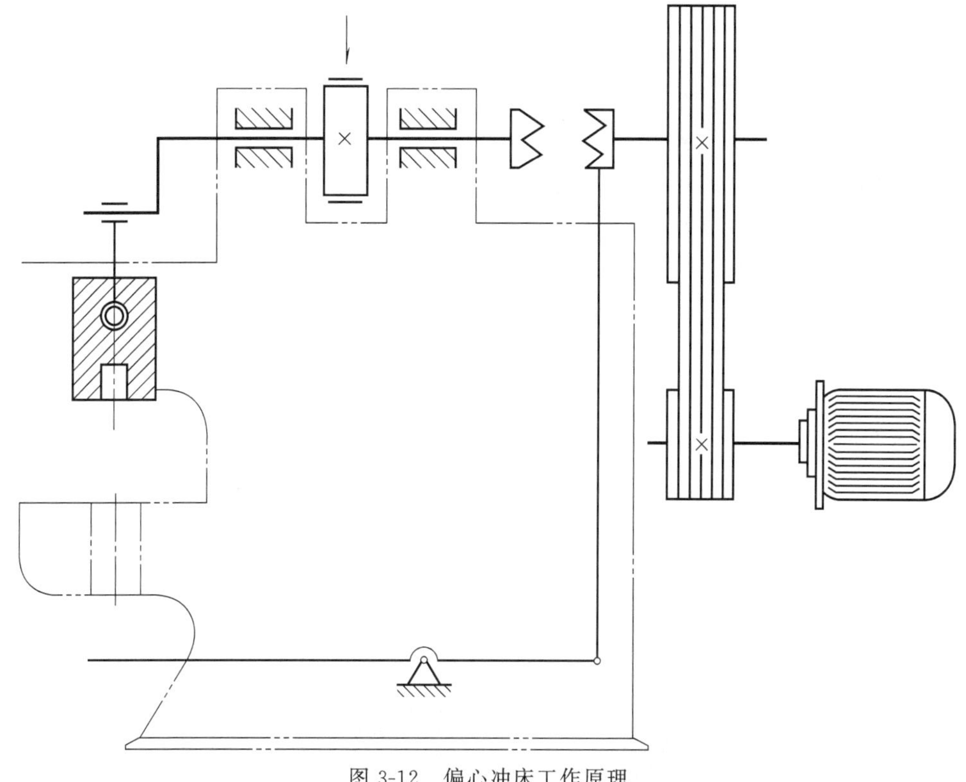

图 3-12　偏心冲床工作原理

偏心冲床特点是：

① 行程小，能调整，适用于冲裁、弯曲、浅拉伸等工作。

② 生产效率高

具体工作时选用冲床应首先考虑冲压的工艺性，生产批量和工厂企业现有设备情况等。所选冲床吨位压力，要比所加工的零件需用的压力吨位稍高，冲床的闭合高度、行程及台面漏料孔的大小等均应满足使用要求。各类冲床所适用的工作范围见表 3-6。

表 3-6 各类冲床所适用的工作范围

<table>
<tr><th>工艺名称
机床类型</th><th>冲孔落料</th><th>拉伸</th><th>落料拉伸</th><th>立体成形</th><th>弯曲</th><th>型材弯曲</th><th>冷挤</th><th>整形调平</th></tr>
<tr><td>小行程曲轴冲床</td><td rowspan="3">V</td><td colspan="2">X</td><td>X</td><td rowspan="3">V</td><td>X</td><td rowspan="3">X</td><td>X</td></tr>
<tr><td>中行程曲轴冲床</td><td rowspan="2">O</td><td rowspan="2">V</td><td rowspan="2">V</td><td>O</td><td>O</td></tr>
<tr><td>大行程曲轴冲床</td><td>V</td><td>V</td></tr>
<tr><td>双动拉伸冲床</td><td>X</td><td>V</td><td></td><td colspan="3" rowspan="2">X</td><td rowspan="2">X</td><td rowspan="2">X</td></tr>
<tr><td>曲轴高速自动冲床</td><td>V</td><td colspan="2">X</td></tr>
<tr><td>摩擦冲床</td><td colspan="3">O</td><td>V</td><td rowspan="2">V</td><td colspan="2">O</td><td>V</td></tr>
<tr><td>偏心冲床</td><td colspan="3">V</td><td>O</td><td>V</td><td colspan="2">O</td></tr>
<tr><td>卧式冲床</td><td rowspan="2">X</td><td>X</td><td rowspan="2">X</td><td colspan="3">X</td><td>V</td><td>X</td></tr>
<tr><td>液压机</td><td>O</td><td colspan="5">O</td></tr>
<tr><td>自动弯曲机</td><td>X</td><td colspan="3">X</td><td colspan="2">V</td><td colspan="2">X</td></tr>
</table>

注："V" ——表示适用，"O" ——表示尚可适用，"X" ——表示不适用。

3-3-4 冲裁模

(1) 冲裁模的类型

按工序性质分——冲孔模、落料模、切断模、切边模、切口模。

按工序组合分——单工序模、多工序模，多工序模又分为复合模和跳步模。

按模具结构分——无导向模、有导向模。

(2) 钣金工常用的冲模

① 单工序冲模

图 3-13 是单工序冲模，只用于冲孔或落料一道工序，适于外形简单、尺寸精度不高的

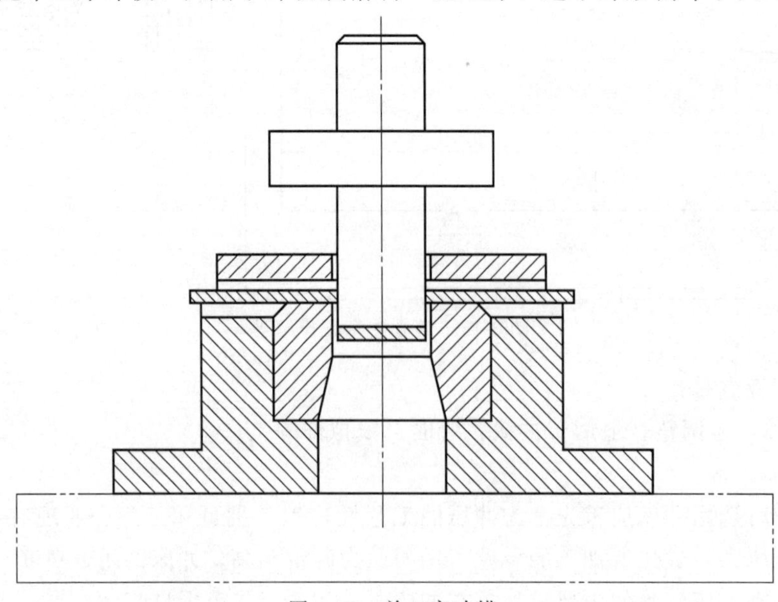

图 3-13 单工序冲模

零件，冲裁时，凸模直接安装在冲床滑块上，凹模固定在冲床工作台上，多用于板料、角钢、槽钢等的冲孔或切口。

② 导柱冲裁模

图 3-14 为带导柱冲模，依靠模具上导柱和导套来导向。从而保持凸模和凹模周边有均匀间隙，导柱 2 紧固在下模板 1 上，导套 5 紧固在上模板 7 上。冲裁时，冲下的零件进入凹模孔，通过下模板的出料槽取出。这种模具导向性良好，安装使用方便，适用于大批量高精度的冲裁零件，但其制造成本较高。

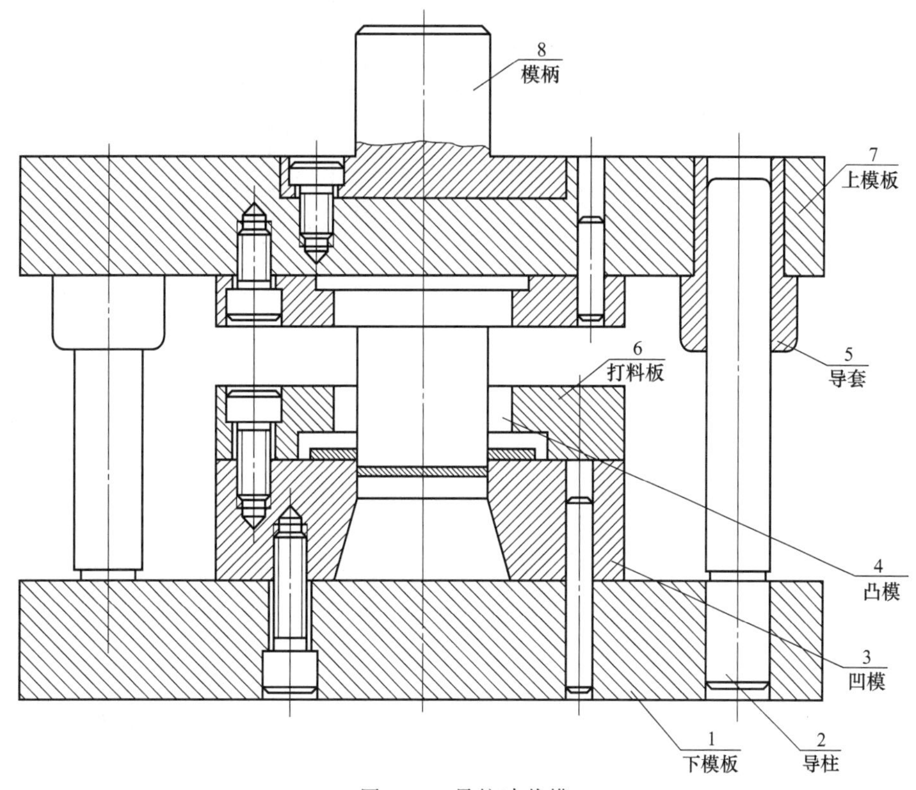

图 3-14 导柱冲裁模

③ 复合冲裁模

复合冲裁模可以将落料与冲切或落料与压筋，成形与修边二道工序在冲床的一次行程中完成。图 3-15 是落料与冲孔的复合冲裁模。在冲裁中凸凹模既起凸模作用，又起凹模的作用。落料时，通过压料板 1 首先钳制板料、冲切成所需要的形状的零件、中间孔眼里的废料由下模板推出。在冲床回程时，由于卸料板 2 的作用，将周边的废料顶出。这种复合冲裁模工效高，适于批量生产。冲裁模的结构由工作部分和辅助部分组成，工作部件是凸模、凹模、凸凹模、刃口镶块，定位部件有定位销，挡料板、定料销。压料、卸料、出料零件有压料板、出料装置、卸料板、压边圈、打料板、顶板、推杆、顶销。辅助部件包括：导向零件导柱、导套、导板、支承。夹持零件有冲头把（模柄）、垫板、凸凹模固定板、底座。紧固零件有螺钉、弹簧、压板、垫块、销钉。这些零件都要求具有一定的硬度和强度，特别是冲裁模具的耐用度即使用寿命是首先要考虑的，现将制作一般冲裁模零件所用的材料列于表 3-7 中。对于形状复杂的凸凹模，应采用镶块式，即模具刃口部分选用较好的材料，其他部分采用一般材料，用螺钉和销钉紧固在一起组成凸凹模。这样可以节约贵重材料，便于模具加工修理，提高模具使用寿命。

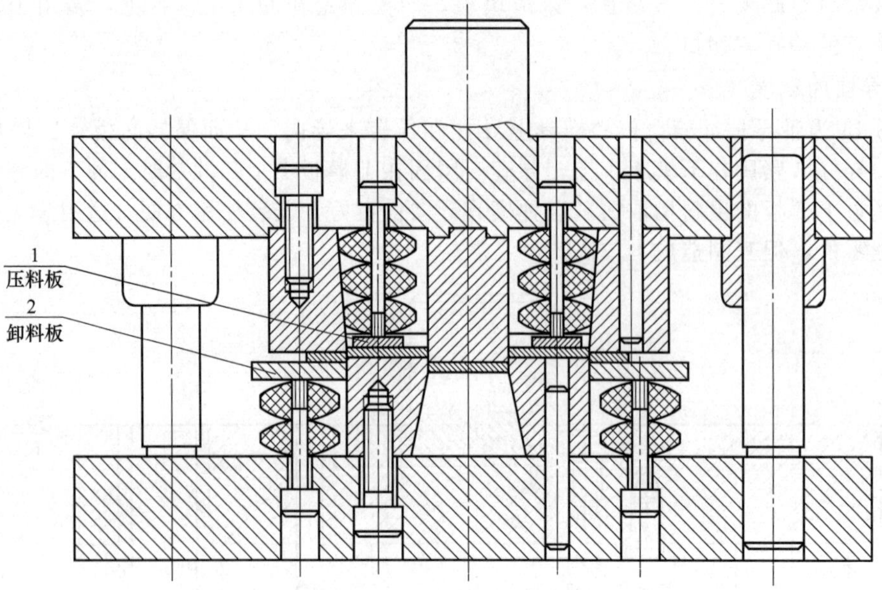

图 3-15 复合冲裁模

表 3-7 模具零件的材料

零件名称	材料牌号		热处理要求
	常用的	可代用的	
形状简单的凸凹模	TBA,T10A	78,9MnZV	HRC 56～60
形状复杂的凸凹模	Cr12,5CrMnMo	Cr12MoV,CrWMn	HRC 54～58
钢板模	25、45	A5	—
铸铁模板	HT21—40	铸钢	—
模柄	40、45	A5	—
导柱	T8A	15、20	渗碳淬火 RC＝55～60
导套	15、20	A2	渗碳淬火 RC＝54～55
凸凹模固定板	45	A5	—
凸模垫板	45	T8	HRC＝50～55
卸料板	25	A3	—
导板(压边圈)	45	A5	—
顶杠	45		—
挡料销	45		HRC＝45～48
废料切刀	T8	45	HRC＝58～62
定位销	45		HRC＝45～50
紧固螺钉	45		头部淬火 HRC40～45

3.3.5 冲裁间隙

冲裁间隙系指冲裁模凸凹模之间的间隙量大小。冲裁模其间隙的大小，对冲裁零件的质量起决定性作用，而且也影响冲裁力的大小和模具的寿命。如间隙量选配合理，则零件表面质量较高，光滑平整无撕裂，毛刺等冲裁缺陷。当间隙量过大时，冲裁1mm以下薄板时，板料将被拉进凹模中，最终在加工的零件上形成拉长的毛刺，冲厚板时，被加工零件的断面边缘有较大的圆角和明显的毛刺。当间隙量过小时，板料断裂处出现分层现象。因此模具间隙量过大或过小，都会影响冲裁零件的质量，甚至造成废品。从理论上讲，合理的间隙应该使凸模和凹模刃口边产生的剪裂缝在一直线上。实际工作经验证明，间隙量控制在合理的范围内，就能获得合格的产品零件。

对于形状比较复杂的零件，模具加工制造比较困难，可以配制法制造凸凹模：如是落料模，将零件的名义尺寸作在凹模上，而凸模则按凹模配作并选择合理间隙。如是冲孔模，将零件的名义尺寸作在凸模上，而凹模则按凸模配作并选择合理间隙。根据实际工作的总结，一般间隙可取板厚的10%～15%，最大为板厚的20%。表3-8中为实际生产中所采用的冲裁间隙数值。

表3-8　冲裁间隙

mm

材料厚度/mm	低碳钢A3、08、10、20、25、黄铜、铝		中碳钢				红柏板、赛璐珞、夹布、胶木		纸板、纸皮革石棉	
			30、40		45、50及50以上					
	最大	最小	最大	最小	最大	最小	最大	最小	最大	最小
0.1	0.025	0.005	0.025	0.005	0.03	0.005	0.02	0.005	0.015	0.005
0.2	0.025	0.005	0.03	0.01	0.035	0.01	0.02	0.005	0.015	0.005
0.3	0.03	0.01	0.035	0.015	0.04	0.015	0.02	0.01	0.015	0.005
0.4	0.03	0.015	0.04	0.02	0.045	0.025	0.02	0.01	0.015	0.005
0.5	0.04	0.02	0.05	0.025	0.055	0.03	0.025	0.01	0.015	0.005
0.6	0.05	0.025	0.06	0.03	0.07	0.04	0.025	0.01	0.015	0.005
0.8	0.065	0.03	0.08	0.04	0.09	0.05	0.03	0.015	0.015	0.005
1.0	0.08	0.04	0.10	0.05	0.11	0.06	0.04	0.02	0.02	0.015
1.2	0.12	0.06	0.13	0.075	0.16	0.08	0.055	0.03	0.03	0.015
1.5	0.14	0.075	0.165	0.09	0.195	0.1	0.07	0.035	0.035	0.015
1.8	0.16	0.09	0.20	0.11	0.25	0.13	0.08	0.045	0.04	0.02
2.0	0.18	0.10	0.22	0.12	0.26	0.14	0.09	0.05	0.045	0.025
2.5	0.225	0.125	0.275	0.15	0.325	0.175	0.1	0.06	0.05	0.03
3.0	0.27	0.15	0.33	0.18	0.39	0.21	0.13	0.075	0.06	0.035
3.5	0.35	0.21	0.42	0.245	0.49	0.28	0.17	0.090		
4.0	0.4	0.24	0.48	0.28	0.56	0.32	0.20	0.1		
4.5	0.45	0.27	0.54	0.315	0.63	0.36	0.23	0.12		
5.0	0.5	0.3	0.6	0.35	0.7	0.4	0.25	0.15		
6.0	0.66	0.4	0.8	0.5	0.9	0.5				
7.0	0.77	0.5	0.9	0.6	1.1	0.6				
8.0	0.88	0.6	1.1	0.7	1.2	0.7				
9.0	1.10	0.7	1.3	0.8	1.4	0.9				
10	1.20	0.8	1.4	0.9	1.6	1.0				
11	1.50	1.0	1.7	1.1	2.0	1.2				
12	1.50	1.0	1.7	1.1	2.0	1.2				
13	1.80	1.3	2.0	1.4	2.10	1.6				
14	2.00	1.4	2.1	1.5	2.20	1.7				
15	2.20	1.5	2.3	1.6	2.40	1.8				
16	2.30	1.6	2.4	1.8	2.60	2.0				

3-4 弯曲

弯曲概念

钣金件的弯曲分为冷弯和热弯，通常情况下，都是冷弯，即在常温下弯曲。钣金零件弯曲包括：压弯、滚弯、拉弯、折弯、手工弯曲等。这里着重介绍压弯。

压弯

压弯——在压力机压力作用下，利用材料塑性变形，通过压弯模具将钣料或型材弯成相应的角度，这种方法为压弯，如图 3-16 所示。

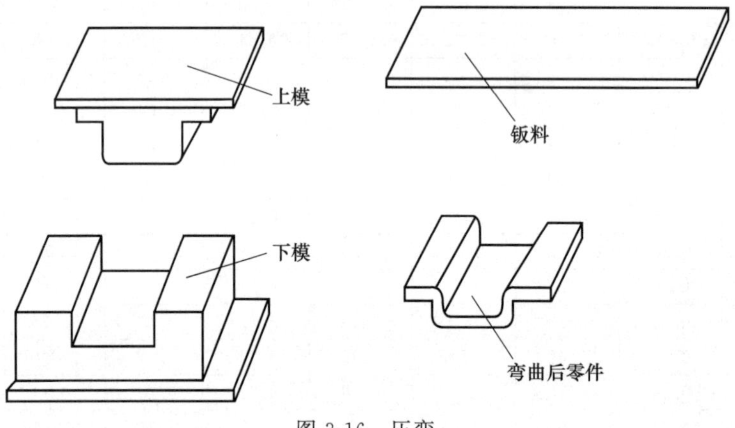

图 3-16 压弯

弯曲零件的有关知识

(1) 弯曲零件的宽度不得小于板厚的 3 倍，因为当宽度小于板厚的 3 倍，弯曲区的外层因受拉而宽度要缩短。宽度大于板厚 3 倍时，其横向变形受到材料的阻碍，因而宽度不变。

(2) 弯曲零件的直边长度一般不小于板厚的两倍。当实际需要小于两倍时，则可以先将直角边适当加长，等到弯曲完成后再将其切短。

(3) 弯曲⊔形零件时，如要求内侧圆角半径很小时（清角），可预先压槽后再进行弯曲，如图 3-17 所示。

（4）弯曲乚厂形零件时，对称内圆弧圆角的半径应相等，即 $R_1=R_2$，$R_3=R_4$，以保证板材弯曲力平衡，如图 3-18 所示。

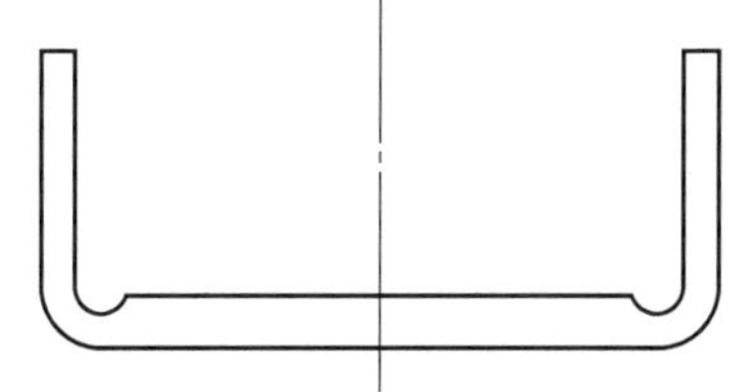

图 3-17 凵形件内侧圆角为清角需先压槽后弯曲

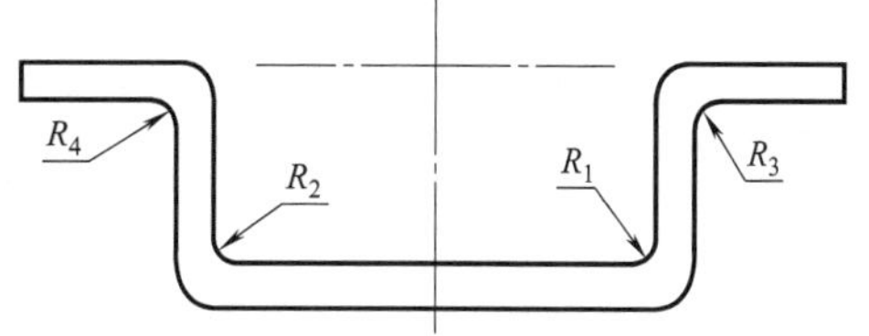

图 3-18 乚厂形零件对称内圆角半径应相等

（5）弯曲较长的 V 形零件时，如模具长度较短时，可采用分段压制法，注意两段必须重叠 20～30mm，第一次压弯角度在 20°～30°，如图 3-19 所示。

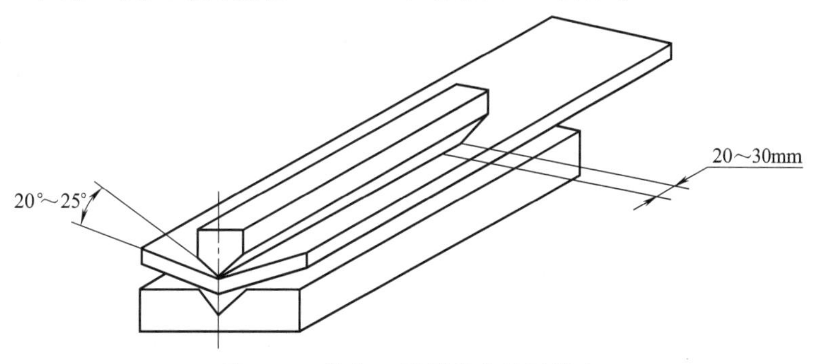

图 3-19 弯曲 V 形零件分段压制法

3-4-4 最小弯曲半径

弯曲零件是受模具外力作用而变形的，外侧受拉伸，易发生破裂，为防止弯曲时破裂，必须根据材料的力学性能选取最小弯曲半径。下面介绍影响弯曲半径的一些因素：

（1）弯曲角度越小，板料越厚，外层拉伸变形越大，最小弯曲半径应增大。

（2）同一材质，其板料轧制纤维方向与弯曲线垂直时，可用较小的弯曲半径。如果板料轧制纤维方向与弯曲线平行时，最小弯曲半径应增大，否则易于弯裂。

（3）板料经剪切下料后，在边缘上往往留下毛刺或细小裂纹，则容易产生弯曲裂纹。

（4）采用热弯曲，可采用较小弯曲半径

钢板及型材的最小弯曲半径分别见表 3-9～表 3-12：

表 3-9 钢板的最小弯曲半径

板材	弯曲半径	
	退火	不退火
钢 A^3,15,30	0.5δ	δ
钢 A^5,35	0.8δ	1.5δ
钢 45	δ	1.7δ
铜	—	0.8δ
铝	0.2δ	0.8δ

表 3-10 钢管的最小弯曲半径

管子	弯曲工艺		管子外径 d	弯曲半径 $R\geqslant$				备注
钢管	热弯		任意值	$3d$				(1)L 为管端量短直管长座，一般 $L=2d$，但应 $\geqslant$45mm。 (2)单位，mm
钢管	冷弯	焊接钢管	任意值	$6d$				
		无缝钢管	5～20	壁厚$\leqslant$2	$4d$	壁厚$>$2	$3d$	
			$>$20～35		$5d$		$3d$	
			$>$35～60				$4d$	
			$>$60～140				$5d$	
铜管	冷弯		$\leqslant$18	$2d$				
铝管			$>$18	$3d$				

表 3-11 型钢最小弯曲半径

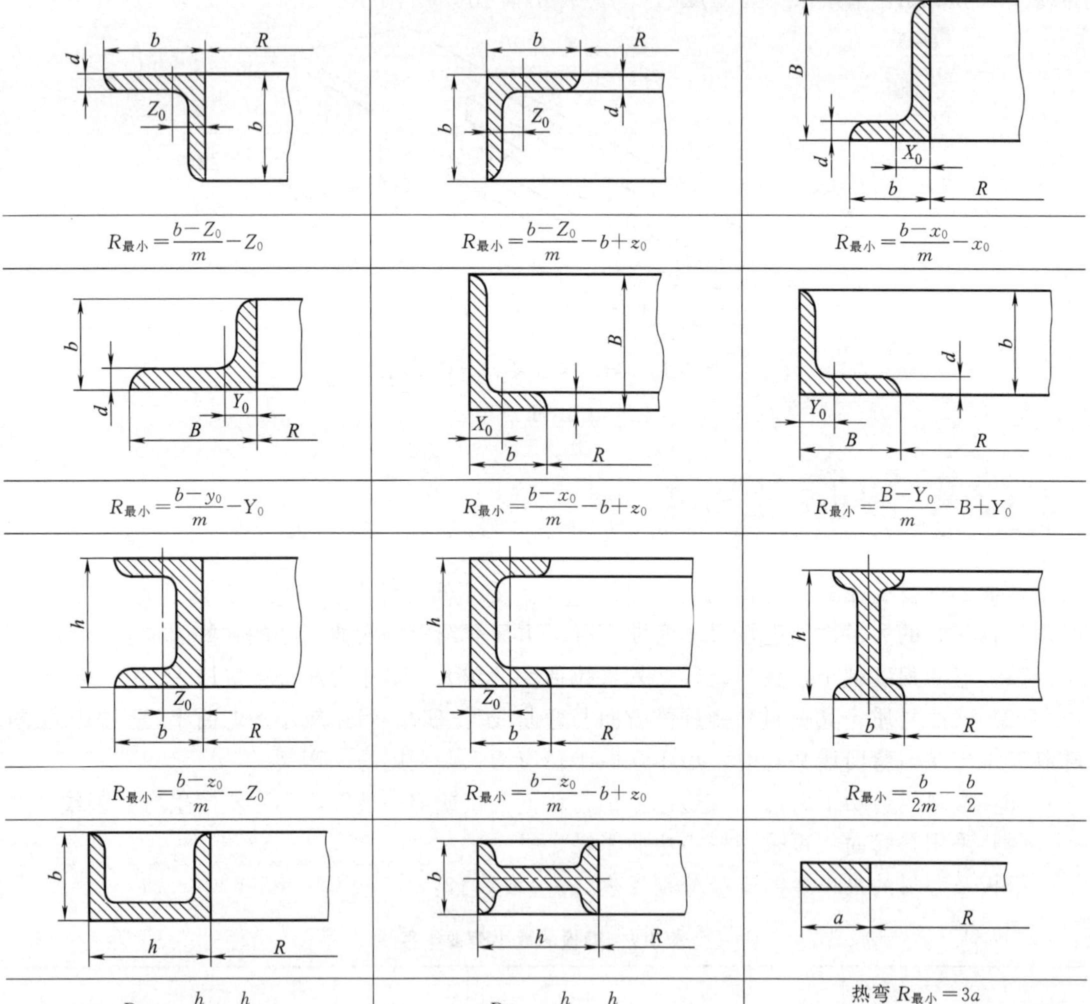

$R_{最小}=\frac{b-Z_0}{m}-Z_0$	$R_{最小}=\frac{b-Z_0}{m}-b+z_0$	$R_{最小}=\frac{b-x_0}{m}-x_0$
$R_{最小}=\frac{b-y_0}{m}-Y_0$	$R_{最小}=\frac{b-x_0}{m}-b+z_0$	$R_{最小}=\frac{B-Y_0}{m}-B+Y_0$
$R_{最小}=\frac{b-z_0}{m}-Z_0$	$R_{最小}=\frac{b-z_0}{m}-b+z_0$	$R_{最小}=\frac{b}{2m}-\frac{b}{2}$
$R_{最小}=\frac{h}{2m}-\frac{h}{2}$	$R_{最小}=\frac{h}{2m}-\frac{h}{2}$	热弯 $R_{最小}=3a$ 冷弯 $R_{最小}=12a$
$R_{最小}=a$ 冷弯 $R_{最小}=2.5a$		

注：热弯时取 $m=0.14$；冷弯时取 $m=0.04$；Z_0、Y_0 和 X_0 为重心距离。

表 3-12 圆钢的最小弯曲半径

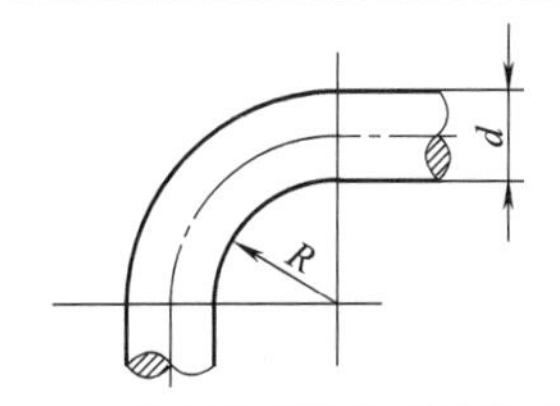

圆钢直径 d	6	8	10	12	14	16	18	20	25	30
最小弯曲半径 R	4		6		8		10	12	14	

注：圆钢在冷弯曲时弯曲半径一般应使 $R\geqslant d$，D 特殊情况下允许采用表中的数值

弯曲力的计算

为保证弯曲成形的实现，必须有足够的外力来克服材料抵抗变形的内力。因此在选择压弯设备时，应使设备的吨位大于零件所需的弯曲力。各种类型的钢板的弯曲力计算公式见表3-13。

表 3-13 各种类型的钢板的弯曲力

类型	简图	弯曲力
V形弯曲		对材料不加校正的弯曲 $P=0.6\dfrac{CB\delta^2\sigma_b}{r+\delta}$ 对材料加校正的弯曲 $P=C\left(0.6\dfrac{B\delta^2\sigma_b}{r+\delta}\right)$
■形弯曲		对材料不加校正的弯曲 $P=0.7\dfrac{CB\delta\sigma_b}{r+\delta}$ 对材料加校正的弯曲 $P=c\left(0.7\dfrac{B\delta^2\sigma_b}{r+\delta}+Fg\sqrt{\delta}\right)$
带顶板的弯曲		对材料不加校正的弯曲 $P=c\left(0.7\dfrac{B\delta^2\sigma_b}{r+\delta}+Q\right)$ 对材料加校正的弯曲 $P=c\left(0.7\dfrac{B\delta^2\sigma_b}{r+\delta}+Fg\sqrt{\delta}+Q\right)$

表内公式中：P——用模具弯曲所需压力，N/mm²；
B——弯曲的长度，mm；
δ——板料厚度，mm；
σ_b——材料强度极限，N/mm²；
F——被弯曲板料面积，mm²。
r——弯曲角内侧圆角半径，mm；
Q——压料力，N；
c——系数，一般取1.3。

常用材料弯曲时需要压力（N/mm^2）见表 3-14：

表 3-14　常用材料弯曲时需要的压力（N/mm^2）

材　　料	厚　　度/mm			
	<1	1～3	3～6	6～10
铝	14.7～19.6	19.6～29.4	29.4～39.2	39.2～49
黄铜	19.6～29.4	29.4～39.2	39.2～58.8	58.8～78.4
A_1,A_2,08,10,20	29.4～39.2	39.2～58.8	58.8～78.4	78.4～98
A_3,25,30,16Mn09M_{u2}	39.2～49	49～68.6	68.6～98	98～117.6

3.4.6 压弯模具

钣金工常用的为单工序压弯模，可分为通用模具和专用模具。

（1）专用模具，如图 3-20 所示。

（2）通用模具，如图 3-21 所示。

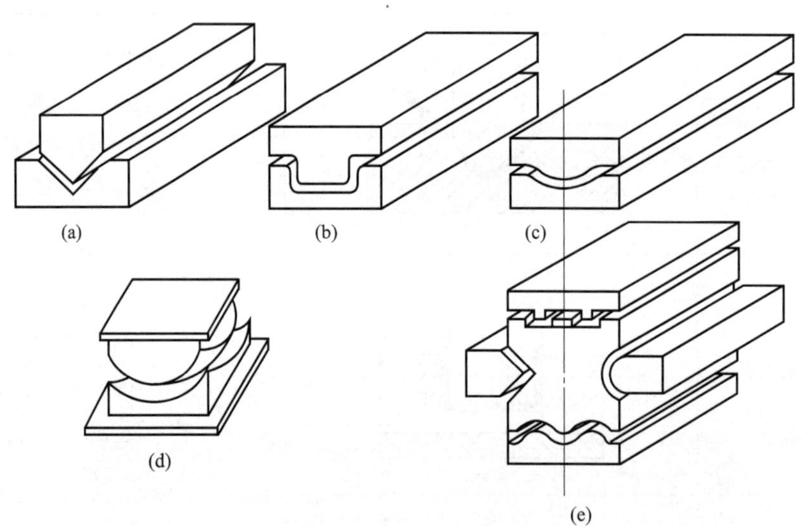

(a)　(b)　(c)　(d)　(e)

图 3-20　专用压弯模具

通用模具的上模多为 V 形，分直臂式和曲臂式两种，如图 3-21（a）、（b）所示。上模夹角一般 15°。下模一般是由四个面上分别制出几种固定槽口，如图 3-21（c）所示。槽口的形状成 V 形，也有制成矩形的。

当选用通用弯曲模时，对于下模槽口的宽度不应小于零件的弯曲半径与零件板材厚度之和的两倍，再加上 2mm 的间隙，即：

$$B>2(\delta+R)+2$$

式中　B——下模槽口宽度；

δ——零件钣材厚度；

R——零件的弯曲半径。

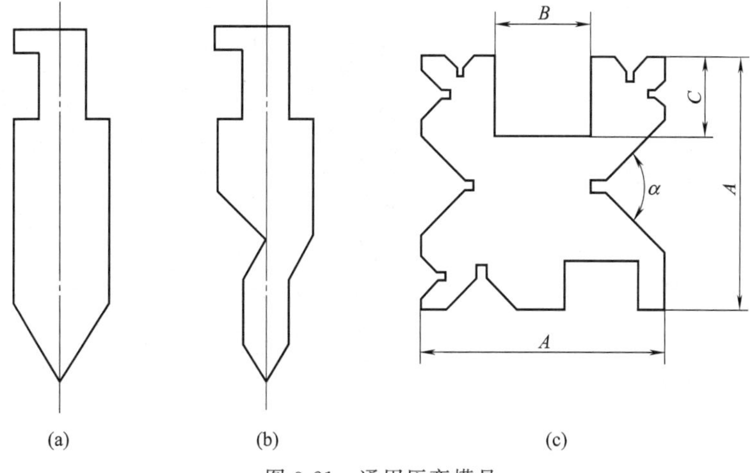

图 3-21 通用压弯模具

当板材为硬材时，应选用较宽的槽口，而软料应选用较小的槽口。在弯曲已有弯边的零件时，下模槽口中心至其边缘距离不应大于所弯曲部分的直边长，如图 3-22（a）所示。尺寸 B 必须小于 A。对已弯成钩形的零件，再行弯曲时，应采用躲避槽的下模进行弯曲加工。如图 3-22（b）所示。

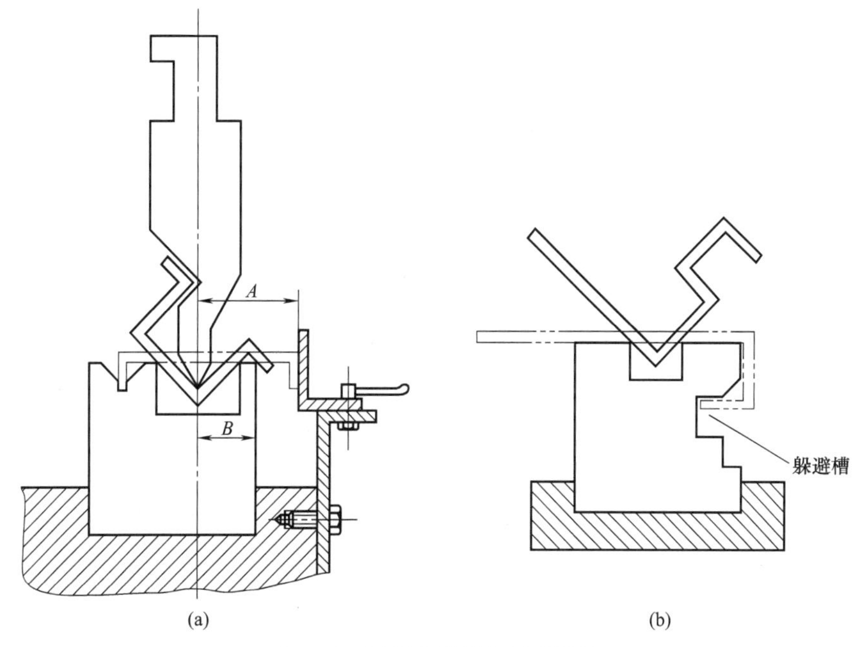

图 3-22 采用躲避槽的压弯模具

压弯设备

钣金工常用的压弯设备有机械弯板机、液压弯板机及摩擦压力机，如图 3-23（a）、（b）、（c）所示。

(a) 机械弯板机

(b) 液压弯板机

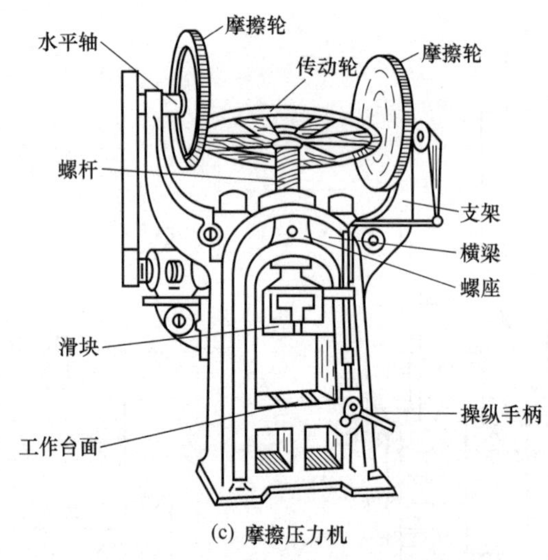

(c) 摩擦压力机

图 3-23　压弯设备

3-48 弯曲回弹

弯曲变形中，塑性变形和弹性变形同时存在。弯曲时，板料外表面受拉伸，内表面受压。当外力去除后，弯曲将要发生角度和半径的回弹。影响回弹的因素主要是下面几个方面：

（1）材料的屈服极限 σ_s 越高，弹性越好，回弹越大。

（2）弯曲程度，可用弯曲半径 R 和材料厚度 δ 的比值 $\frac{R}{\delta}$ 表示，$\frac{R}{\delta}$ 越大，回弹也越大。

（3）弯曲角度越大，弯曲半径越大，回弹也越大。

（4）V 形零件的回弹大于⊔形零件。V 形零件凹模槽口宽度对回弹影响较大。⊔形零件，模具间隙越小，回弹越小。

（5）自由弯曲比用模具弯曲回弹大。

回弹值的大小受多种因素影响，很难计算，一般通过试验，反复修正模具工作部分，以消除回弹。减少弯曲回弹的方法，有下列几种：

① 对于 V 形零件的弯曲，可采用图 3-24 所示的上模，使圆角处能得到比较集中的压力易贴近模面，使回弹值达到最小值。

② 为使弯曲零件在终止时能得平整的底面，减小回弹，可采用图 3-25 所示带有托料板的弯曲下模。

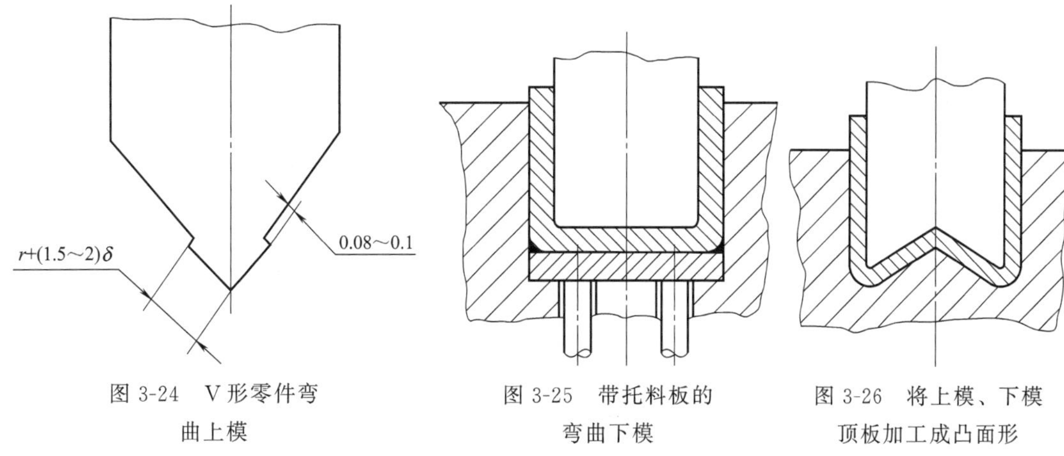

图 3-24　V 形零件弯曲上模

图 3-25　带托料板的弯曲下模

图 3-26　将上模、下模顶板加工成凸面形

③ 为减小弯曲后的回弹，将上模和下模的顶板加工成凸面形，当外力去掉后，由于零件底部曲面的伸直，可以补偿弯曲角的回弹。如图 3-26 所示。

3-5 压延

3-5-1 压延概述

压延就是用压延模具在机械或液压的压力作用下，将一定形状的平板毛料压制成开口空心的零件，这种加工过程又叫拉伸。压延的形式有改变板厚和不改变板厚的两种形式。

压延模的工作部分为环形凹模和凸模，凸凹模之间具有大于毛料厚度 δ 的间隙。由于零件毛料直径 D 大于凹模孔的直径 d，在压力作用下，毛料将沿圆周方向产生压缩，毛料的中心部分成为压延零件的底部，环形部分被凸模压入凹模口内，成为压延零件的侧壁。毛料圆环部分在被转变成侧壁时，其中必定有多余金属被挤出。若是这些多余金属不能被挤出，在外力作用下，多余金属会随凸模下降当压延应力大于毛料临界应力时，就会使零件上口起皱，如图 3-27 所示。

为了避免压延中的起皱现象，必须根据材料塑性来合理选择变形程度，并采用防止起皱的压料装置，如图 3-28 所示。

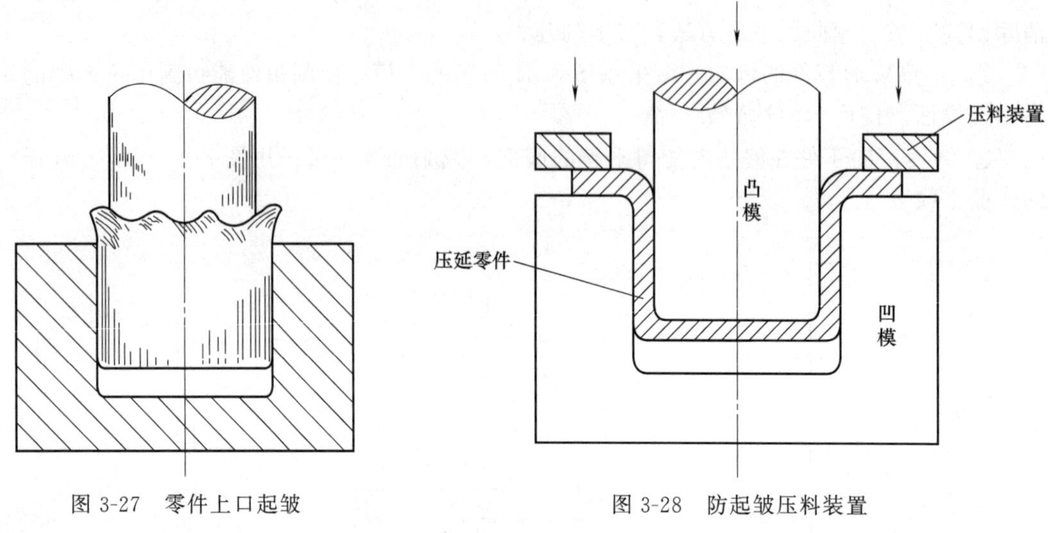

图 3-27　零件上口起皱　　　图 3-28　防起皱压料装置

3-5-2 压延零件毛料展开尺寸的确定

（1）毛料的面积等于零件的面积。

（2）毛料形状与零件横截面形状相似，例如零件横截面是圆的，则毛料的形状也应是圆的。若零件是方形的，则毛料形状也应是方形的。

举例：图 3-29 为平底圆筒零件，已知 d_1、d_2、h、r，其毛料尺寸计算程序如下：

筒形体表面积 $F'=f_1+f_2+f_3$

式中：筒柱表面积 $f_1=\pi d_2 h$

90°圆角处的表面积 $f_2=\dfrac{\pi}{4}(2\pi d_1 r+8r^2)$

筒底圆面积 $f_3=\dfrac{\pi d_1^2}{4}$

则毛料面积 $F=F'=\dfrac{\pi D^2}{4}$

即 $\dfrac{\pi D^2}{4}=\pi d_2 h+\dfrac{\pi}{4}(2\pi d_1 r+8r^2)+\dfrac{\pi d_1^2}{4}$

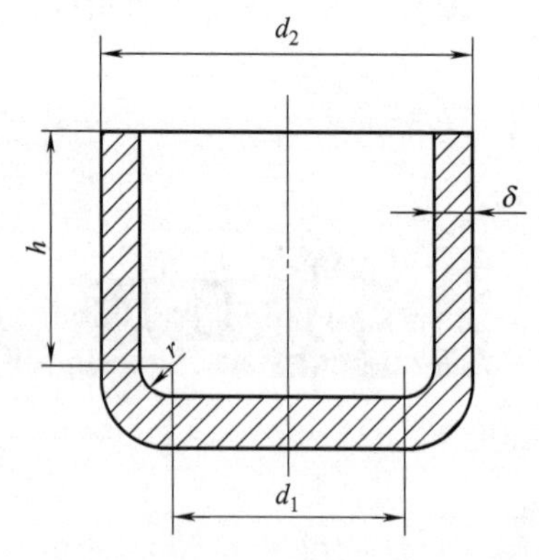

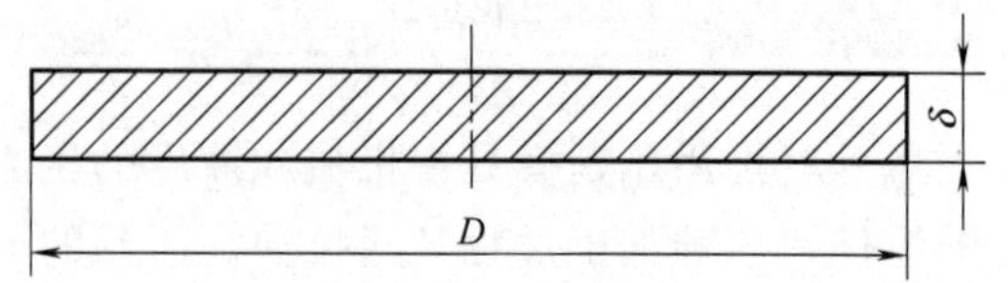

图 3-29　平底筒形零件毛料尺寸的确定

[注]：毛料厚度与零件厚度基本相等，变化甚小。

$D=\sqrt{d_1^2+2\pi d_1 r+8r^2+4d_2 h}$

（3）各种旋转体简单形状的零件毛料的面积可由表 3-15 查得：

表 3-15 各种旋转体简单几何形状的表面积公式

序号	名称	简图	表面积
1	圆片	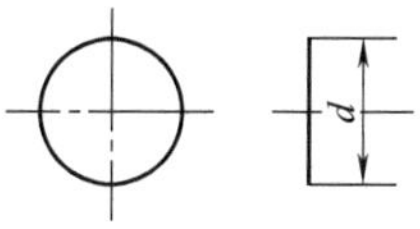 d	$\frac{\pi d^2}{4}$
2	环	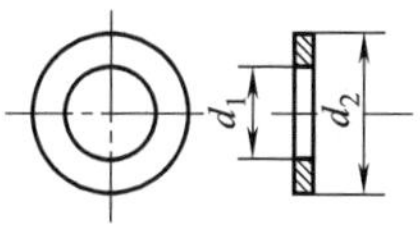 d_1 d_2	$\frac{\pi}{4}(d_2^2-d_1^2)$
3	圆筒	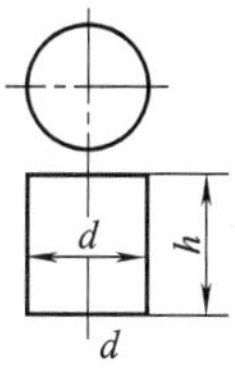 d h d	πdh
4	圆锥	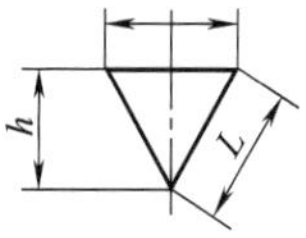 h L	$\frac{\pi dL}{2}$
5	圆锥台	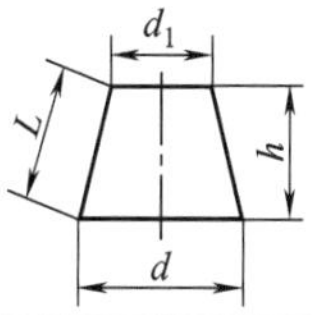 d_1 L h d	$\frac{\pi L}{2}(d+d_1)$
6	半圆球	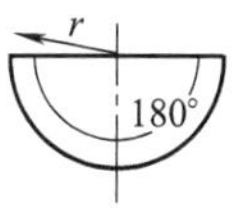 r 180°	$2\pi r^2$
7	球面片	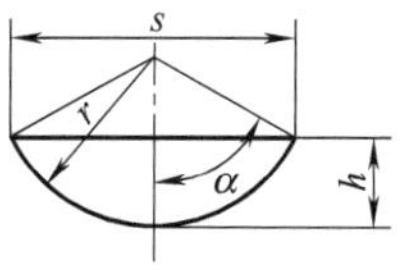 s r α h	$2\pi rh$
8	球面片	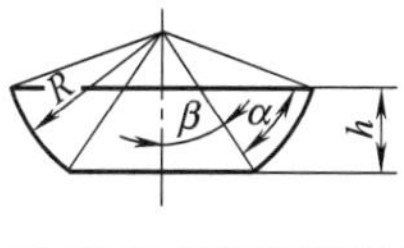 R β α h	$2\pi p$、h
9	四分之一圆环(凹)	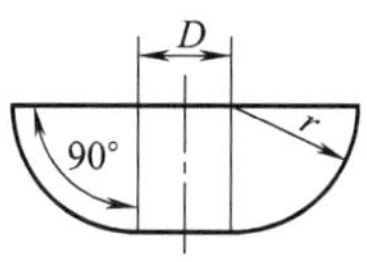 D 90° r	$\frac{\pi}{2}(\pi D+2.28r^2)$

续表

序号	名称	简图	表面积
10	四分之一圆环(凹)		$\frac{\pi}{2}(\pi D+2.28r^2)$ 或$\frac{\pi}{4}(2\pi D_1 r-8r^2)$
11	部分圆环(凹)		$\pi(DL+2rh)$ 其中 $L=\frac{\pi rD}{180}=0.0172r\alpha$
12	部分圆环(凹)		$\pi(DK-2rh)$ 其中 $L=\frac{\pi r\alpha}{180}=0.0172r\alpha$

实际工作中常见的一般零件，其毛料直径可查表 3-16。

3-5-3 有规则旋转体零件的毛料直径的计算公式（表 3-16）

表 3-16　规则旋转体零件毛料直径的计算公式

序号	零件形状	毛料直径 D
1		$\sqrt{d^2+4dh}$
2		$\sqrt{d_1^2+4d_2h+2\pi d_1 r+8r^2}$
3		$\sqrt{d_1^2+2\pi d_1 r+8r^2}$

续表

序　号	零 件 形 状	毛料直径 D
4	d_2, r, d_1	$\sqrt{d_2^2+4d_1h}$
5	d_2, h, $r=0.5t$, $r=0.5t$, d_1	$\sqrt{d_1^2+2\pi r_2d_1+8r_2^2+4d_2h+2\pi r_1d_2+4.56r_1^2}$ 若 $r_1=r_2=r$ $\sqrt{d_1^2+4d_2h+2\pi r(d_1+d_2)+4\pi r^2}$
6	d_4, d_3, d_1, h, r_1, r_2, d_2	$\sqrt{d_1^2+2\pi r_2d_1+8r_2^2+4d_2h+2\pi r_1d_2+4.56r_1^2+d_4^2-d_3^2}$ 若 $r_1=r_2=r$ $\sqrt{d_1^2+4d_2h+2\pi r(d_1+d_2)+4\pi r^2+d_4^2d-d_3^2}$
7	d_2, h_2, h_1, d_1	$\sqrt{d_2^2+4(d_1h_1+d_2h_2)}$
8	d_2, h, s, d_1	$\sqrt{d_1^2+2s(d_1+d_2+4d_2h)}$
9	d_2, s, d_1	$\sqrt{d_1^2+2s(d_1+d_2)}$

续表

序　　号	零 件 形 状	毛料直径 D
10	d_3 d_2 s d_1	$\sqrt{d_1^2+2s(d_1+d_2)+d_1^2-d_2^2}$
11	d_2 h s d_1	$\sqrt{d_1^2+2[s(d_1+d_2)+2d_2h]}$
12	d r h	$\sqrt{d^2+4h^2}$
13	d r	$\sqrt{2d^2}=1.414d$
14	d h r	$1.414\sqrt{d^2+2dh}$
15	d_2 d_1 r h	$\sqrt{d_2^2+4h^2}$

续表

序号	零件形状	毛料直径 D
16		$\sqrt{d_1^2+d_2^2+4d_1h}$
17		$\sqrt{d^2+4(h_1^2+dh_2)}$
18		$\sqrt{d_2^2+4(h_1^2+d_1h_2)}$

由于压延零件边缘不够整齐，必须在压延后修正边缘；因而在计算毛料尺寸时应作适当放大，作为修边余量。修边余量一般可查表 3-17、表 3-18 确定。

表 3-17 筒形零件（无凸缘）**壁部修边余量**$\left(\text{相对高度}\frac{h}{d}\right)$

工作高度 h/mm	相对高度 $\frac{h}{d}$			
	0.5～0.8	0.8～1.6	1.6～2.5	2.5～4
10	1	1.2	1.5	2
20	1.2	1.6	2	2.5
50	2	2.5	3.5	4
100	3	3.8	5	6
150	4	5	6.5	8
200	5	6.3	8	10
250	6	7.8	9	11
300	7	8.5	10	12

表 3-18 筒形零件（有凸缘）**凸缘部分的修边余量**$\left(\text{凸缘的相对直径}\frac{d_{缘}}{d}\right)$

凸缘直径 $d_{缘}$/mm	凸缘的相对直径 $\frac{d_{缘}}{d}$/mm			
	<1.5	1.5～2	2～2.5	2.5～3
25	1.6	1.4	1.5	1
50	2.5	2	1.8	1.6
100	3.5	3	2.5	2.2
150	4.3	3.6	3	2.5
200	5	4.2	3.5	2.7
250	5.5	4.6	3.8	2.8
300	6	5	4	3

3-5-4 零件所需压延次数的确定

零件的压延次数取决于零件毛料的压延系数，所谓压延系数，就是指毛料直径 D 与零件直径 d 比值 m

$$m=\frac{d}{D}$$

确定压延次数的具体方法：

(1) 计算平底筒形零件的毛料直径 D

$$D=\sqrt{d_1^2+4d_2h+2\pi d_1R+8R^2}$$

(2) 计算筒形毛料的相对厚度 δ_1

$$\delta_1=\frac{\delta}{D}\times100\%$$

式中 δ——材料厚度；

D——毛料直径。

(3) 确定是否用压边圈

相对厚度大于 2mm 时不用压边圈，当相对厚度小于 1.5mm 时，则要用压边圈。

(4) 计算零件所需压延次数 m

$$m=\frac{d}{D}$$

(5) 查表 3-19 得毛料允许的压延系数 m_1 值，当 $m>m_1$，则可一次压延成形，如 $m<m_1$ 时，则必须二次以上拉伸压延成形。

表 3-19 无凸缘筒形零件的压延系数（不用压边圈）

压延系数	毛料的相对厚度$\frac{\delta}{D}\times100\%$				
	1.5	2	2.5	3	3 以上
m_1	0.65	0.6	0.55	0.53	0.7
m_2	0.8	0.75	0.75	0.75	0.7
m_3	0.84	0.8	0.8	0.8	0.7
m_4	0.87	0.84	0.84	0.84	0.78
m_5	0.9	0.87	0.87	0.87	0.82
m_6	—	0.9	0.9	0.9	0.85

(6) 计算零件第二次拉伸压延是否可以成形

经过第一次压延后，筒体上口直径为 $d_1=Dm_1$

经第一次压延后，筒体相对厚度 $\delta_2=\frac{\delta}{\delta_1}\times100\%$

查表 3-20m_2，根据计算得到的相对厚度，确定 m_2 值。

当 $m_1\times m_2<m$，则可以两次拉伸压延成形。若 $m_1\times m_2>m$，则两次拉伸压延不能成形。

表 3-20　无凸缘筒形零件的压延系数（使用压边圈）

压延系数	毛料的相对厚度 $\delta/D\times100\%$					
	2～1.5	1.5～1	1～0.6	0.6～0.3	0.3～0.15	0.15～0.08
m_1	0.48～0.5	0.5～0.53	0.53～0.55	0.55～0.58	0.58～0.6	0.6～0.63
m_2	0.73～0.75	0.75～0.76	0.76～0.78	0.78～0.79	0.79～0.8	0.8～0.82
m_3	0.76～0.78	0.78～0.79	0.79～0.8	0.8～0.81	0.81～0.82	0.83～0.84
m_4	0.78～0.8	0.8～0.81	0.81～0.82	0.82～0.83	0.83～0.85	0.85～0.86
m_5	0.8～0.82	0.82～0.84	0.84～0.85	0.85～0.86	0.86～0.87	0.87～0.88

(7) 计算零件第三次拉伸压延是否能成形

按 (6) 计算，若相对厚度 $\delta_3>m$，查表中 m_3 值，若 $m_1\times m_3<m$，则该零件经三次拉伸压延才能成形。

上面两个表格适用于低碳钢筒形零件，其他金属材料筒形零件的压延系数见表 3-21。

表 3-21　其他金属材料筒形零件的压延系数

材料名称 / 压延系数	铝、铝合金	硬铝	黄铜	紫铜	白铁皮	酸洗钢板
第一次压延 m_1	0.52～0.55	0.56～0.58	0.52～0.54	0.5～0.55	0.6～0.65	0.54～0.58
以上各次压延 m_n	0.7～0.75	0.75～0.8	0.68～0.72	0.72～0.8	0.8～0.85	0.75～0.78

压延力及压边力

压延力——将平板毛料经一次或几次压成空心零件所需的力。

(1) 筒形零件压延力的计算公式

第一次压延　$P_1=\pi d_1\delta\sigma_b n_1$

以后各次压延　$P_n=\pi d_n\delta\sigma_b n_n$

式中　P_1、P_n——压延力；

d_1——第一次压延半成品的直径；

d_n——第 n 次压延半成品的直径；

n_1、n_n——修正系数见表 3-22；

σ_b——材料强度极限；

δ——零件材料厚度。

表 3-22　修正系数 n_1、n_n 的数值

m_1	0.55	0.57	0.6	0.62	0.65	0.67	0.7	0.72	0.75	0.77	0.8	—	—	—		
n_1	1	0.93	0.86	0.79	0.72	0.66	0.6	0.55	0.5	0.45	0.4	—	—	—		
m_2、m_3、m_4……m_n	—	—	—	—	—	—	0.7	0.72	0.75	0.77	0.8	0.85	0.9	0.95		
n_n	—	—	—	—	—	—	1	0.95	0.9	0.85	0.8	0.7	0.6	0.5		

(2) 盒形零件压延力的计算公式

$$P=\delta\sigma_b(2\pi rC_1+LC_2)$$

式中 P——压延力；

r——零件的圆角半径；

L——四个直边部分的长度之和；

C_1、C_2——修正系数。

当深度$h=(5\sim6)r$时，$C_1=0.2$

$h>6r$时，$C_1=0.5$

当无压边圈有较大半径r时，$C_2=0.2$

有压边圈时$C_2=0.3$

对于底部是任意不规则形状的零件，其压延力公式是

$$P=KL\delta\sigma_b$$

式中 L——底部周边总长；

K——小于1的系数，取0.8。

(3) 压边力的确定

为防止起皱采用压边圈。压边力是通过试验确定的，压边力q值如表3-23所示。

表3-23 压边力

材料	碳钢	黄铜	紫铜	铝及铝合金	硬铝	1Cr18Ni9Ti
q值	1.96～2.45	1.47～1.96	1.18～1.76	0.78～0.98	1.37～1.76	2.74～3.14

压边圈总压力 $$Q=Fq$$

式中 F——压边圈下的毛料板的面积；

q——单位面积上的压边力，N/mm^2；其值取决于材料的种类、厚度、压延系数。

对于筒形零件，压边圈下的毛料面积

第一次压延 $$F_1=\frac{\pi}{4}[D^2-(d_1+2r_{凹})^2]$$

以后各次压延 $$F_n=\frac{\pi}{4}[d_n^2-(d_n+2r_{凹})^2]$$

式中 $r_{凹}$——凹模圆角半径；

d_1——第一次压延半成品的直径；

d_n——第n次压延半成品或零件的直径；

D——毛料板的直径。

3-5-6 对压延零件的有关规定

① 筒形零件 $H\leqslant(0.5\sim0.7)d$，如图3-30(a)所示。

② 盒形零件 $H\leqslant(0.7\sim0.9)d$，如图3-30(b)所示。

③ 有凸缘零件 $\frac{d}{D}\geqslant0.4$，D是毛料板直径。

④ 有凸缘有压边圈的零件 $d_{中}\geqslant d+12\delta$，如图3-30(c)所示。

⑤ 有凸缘的圆筒零件带有锥度时，筒壁斜度 α 不小于 30°，如图 3-30（d）所示。

⑥ 筒形零件　$r_{凹} \geqslant (3\sim5)\delta$

$r_{凹} \geqslant (5\sim10)\delta$

⑦ 盒形零件　$r_{凹} \geqslant 3\delta$

$r \geqslant 0.2H$

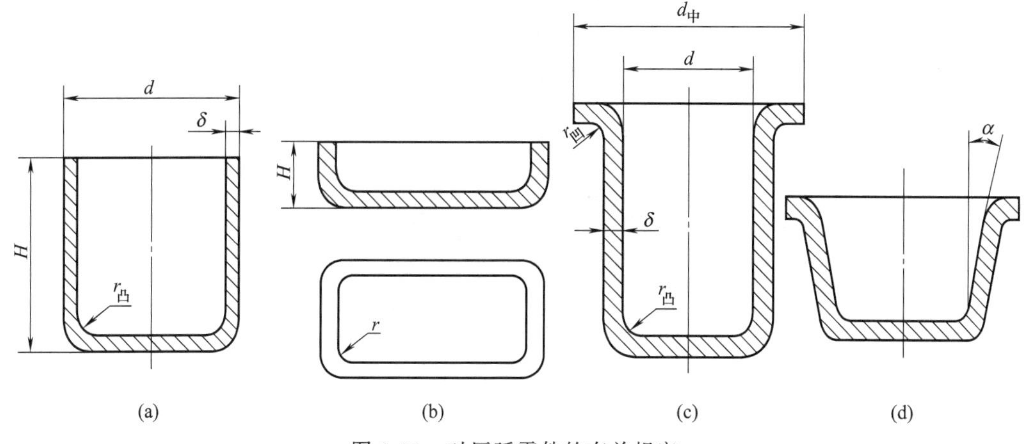

图 3-30　对压延零件的有关规定

3-5-7 压延模

（1）简单压延模

图 3-31 为简单压延模，在底盘上装有凸模，凸模的周边有压边圈即压料板，压边圈一方面防止压延时起皱，另一方面在顶杆的作用下起顶工件的作用，以防止零件贴在凸模上。

（2）复合压延模

图 3-32 为复合压延模，此模是落料、压延、冲孔的复合模，它是由上模板、下模板、导向装置、顶料装置、卸料装置、落料压延凹凸模、压延冲孔凹凸模、冲孔凸模等组成。

3-5-8 压延凹凸模的圆角半径

（1）凹模圆角半径 $r_{凹}$

凹模圆角半径过大，会使毛料过早地离开压边圈而起皱，凹模圆角过小时，则将使毛料在圆角处的弯曲变形增加，引起毛料变薄和变形抗力加大，同时使凹模容易磨损。

首次压延凹模圆角半径 $r_{凹}$ 可按表 3-24 选取。

表 3-24　首次压延凹模圆角半径

材　料	毛料厚度/mm		
	<3	3～5	6～20
钢	(6～10)δ	(4～6)δ	(2～4)δ
铝、黄铜、紫铜	(5～8)δ	(3～5)δ	(1.5～3)δ

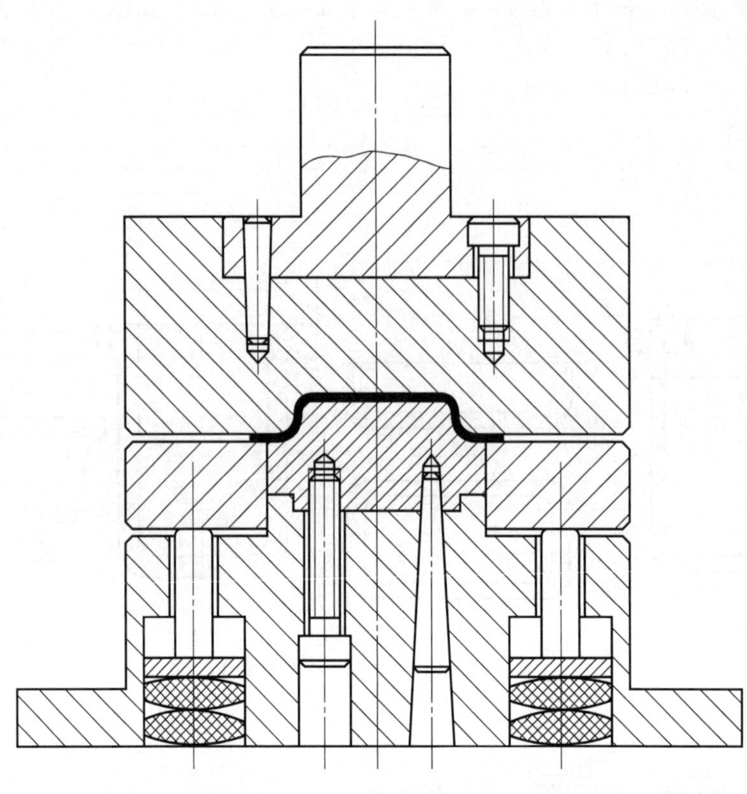

图 3-31　简单压延模

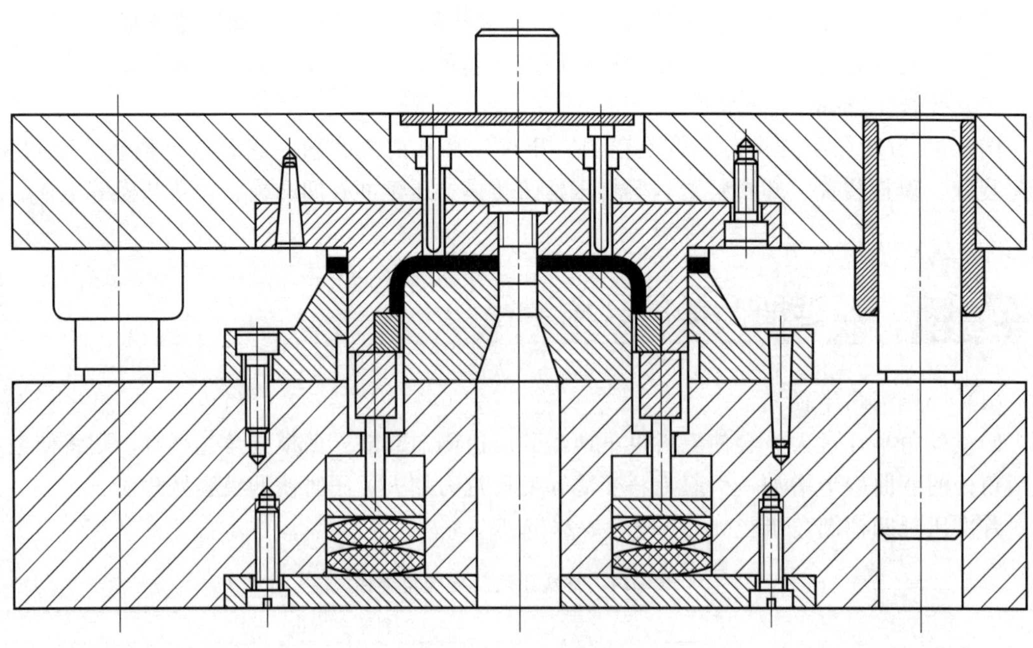

图 3-32　复合压延模

以后各次压延中，凹模圆角半径逐渐减小，可按下式计算：

$$r_{凹n}=(0.7\sim0.8)r_{凹n}-1$$

（2）凸模圆角半径 $r_{凸}$

首次压延时，$r_{凸}=(0.5\sim1)r_{凸}$

中间压延时，$r_{凸}=\dfrac{d_{n-1}-d}{2}$

最后一次压延时，$r_{凹}$＝零件底部的圆角半径，当材料厚度 $\delta<6\text{mm}$ 时；

$r_{凸}\geqslant(2\sim3)\delta$，当材料厚度 $\delta>6\sim20\text{mm}$ 时；

$r_{凹}\geqslant(2\sim1.5)\delta$。

3-5-9 凸凹模之间间隙

钣金工零件压延时，间隙过大，零件容易起皱，间隙过小能使零件筒壁变薄或降低模具寿命。一般模具之间的间隙应大于钣厚。常用材料模具的间隙如表 3-25 所示。

表 3-25 凸凹模之间的间隙数值

材　料	间隙/mm	
	第一次压延	以后各次压延
低碳钢	$(1.3\sim1.5)\delta$	$(1.2\sim1.3)\delta$
黄铜、铝合金	$(1.3\sim1.4)\delta$	$(1.15\sim1.2)\delta$

3-5-10 凸凹模尺寸的确定

（1）对外形尺寸要求准确的零件

$$d_{凹}=(d-0.75\Delta)+\delta_{凸}$$

$$d_{凸}=(d-0.75\Delta-2Z)-\delta_{凸}$$

（2）对内形尺寸要求准确的零件

$$d_{凸}=(d+0.4\Delta)-\delta_{凸}$$

$$d_{凹}=(d+0.4\Delta+2Z)+\delta_{凹}$$

式中　d——零件名义尺寸；

$d_{凸}$——凸模直径；

Δ——零件制造公差；

Z——公差带位置要素；

$d_{凹}$——凹模直径；

$\delta_{凸}$、$\delta_{凹}$——凸凹模制造公差。

3-6 钣金焊接

钣金零件的焊接变形分析

焊接种类较多，常用的是电弧焊。它是利用电弧高温（6000～7000℃）使连接处钢材熔化，同时电焊条也在逐渐熔化，一滴一滴地滴入连接处，冷却后凝结成整体，形成焊缝。

由于焊接过程中的加热不均匀的客观原因，往往会出现焊接残余应力和焊接残余变形。金属内部抵抗变形的能力，叫内力，物体内单位面积所承受的内力称应力，应力使物体变形。

(1) 焊接应力产生的原因：

① 加热时——伸长

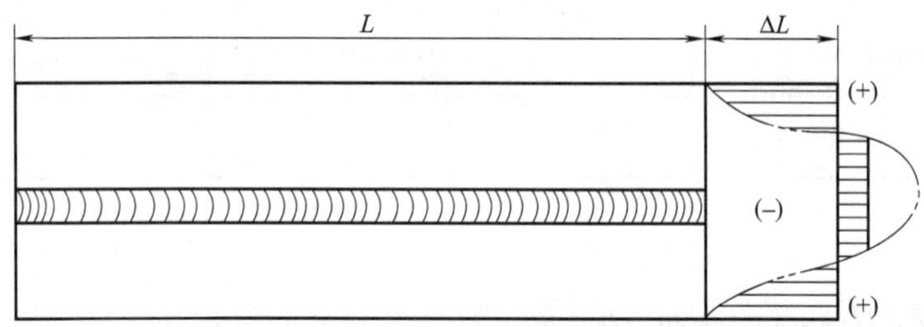

钢板中部对接时，沿焊缝的温度最高，根据金属材料热胀冷缩及伸长量与温度成正比的原理，焊件将产生大小不等的纵向膨胀。由于受焊区两边金属的阻碍产生了压力则远离缝区金属受到拉伸应力作用，当压应力超过屈服极限时，该部分金属就会产生热塑性变形，焊件原尺寸 L 伸长 ΔL。

② 冷却时——缩短

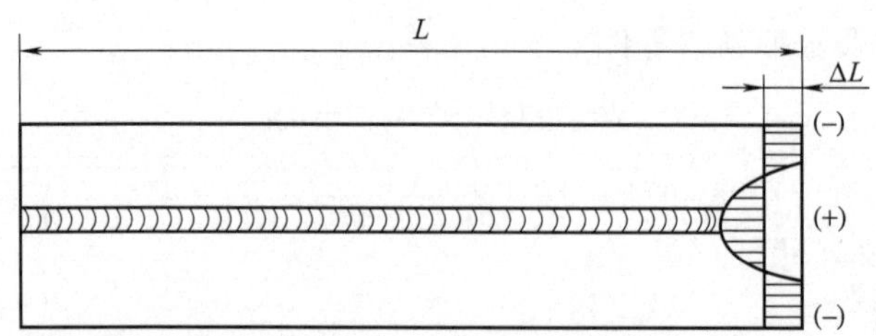

当焊件冷却时，其最后长度要比原来 L 要缩短 ΔL。

以上表明焊接过程中对焊件进行局部不均匀加热，是产生焊接应力与变形的根本原因。

(2) 焊接变形的几种基本形式

① 纵向变形，如上图所示。

② 横向变形，与纵向变形原理相同，导致焊后产生横向缩短。对接焊的横向收缩随板厚的增大而增加；同样板厚，坡口角度越大，横向收缩也越大；同一条直焊缝，最后焊的部分横向变形最大。

③ 弯曲变形

焊接梁、柱、管道等，其焊接变形以挠度的数值 f 来度量。

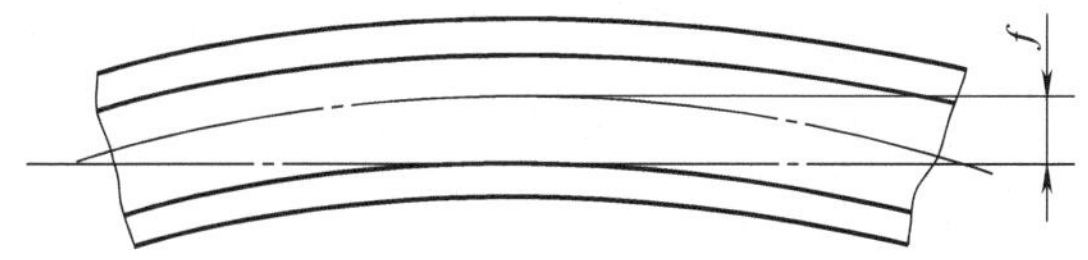

横向收缩变形造成的弯曲变形如下图

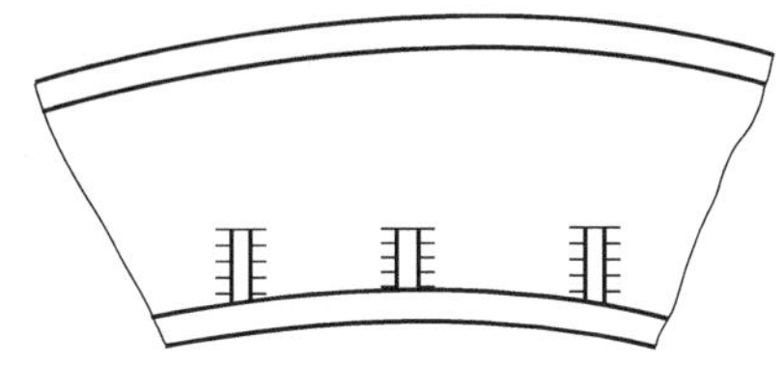

纵向收缩变形造成的弯曲变形如下图

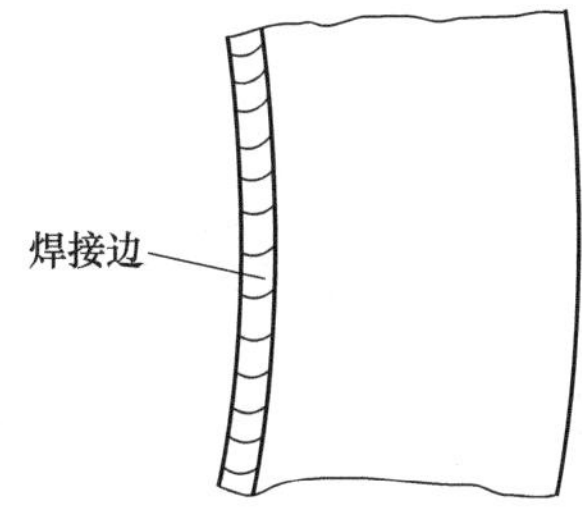

④ 角变形

较厚的钢板单面焊接时，在厚度方向上的温度分布不均匀，这时就会产生角变形。

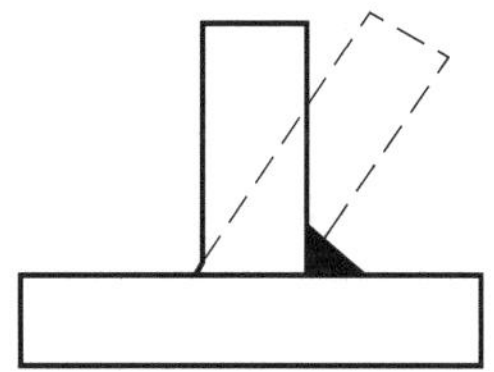

由于温度高的一面受热膨胀较大，另一面膨胀小，甚至不膨胀，焊接面膨胀受阻会出现较大的横向压缩塑性变形，在冷却时，就会产生在厚度方向上收缩不均匀现象，一面收缩大，一面收缩小，因而产生了角变形。

⑤ 波浪变形

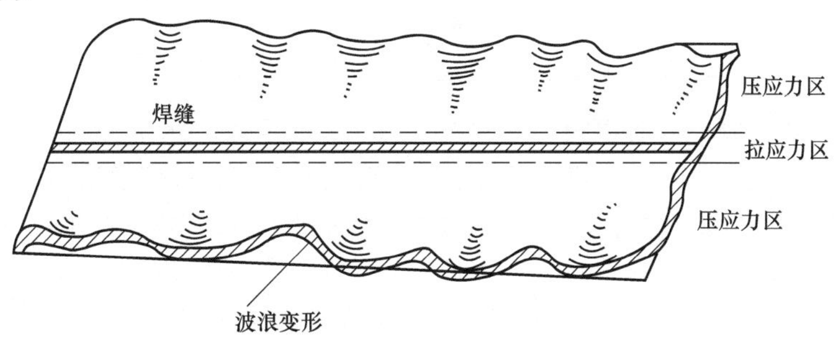

由于薄板构件焊接时的纵向变形和横向变形，使薄板失去了稳定而造成波浪变形。

⑥ 扭曲变形

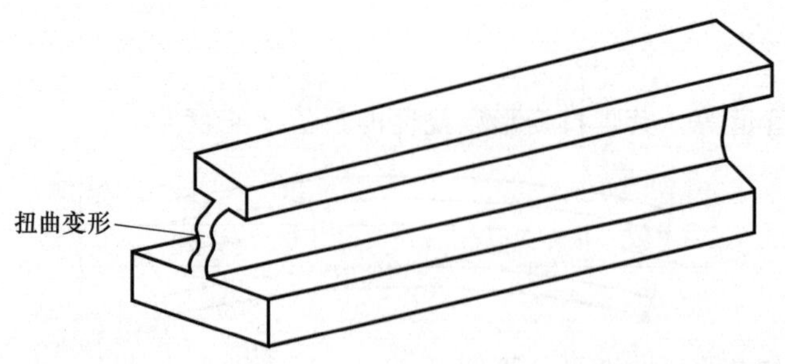

扭曲变形产生的原因很多。

① 焊件本身质量不好，焊件在焊接之前位置和尺寸不符合图样要求。

② 焊接零件形状不正确而强行装配。

③ 焊件在焊接时，位置搁置不当。

④ 没有对称焊缝进行焊接。

(3) 影响焊接残余变形的因素

① 焊缝在焊接结构上的位置不对称，往往造成零件弯曲变形。

② 焊接结构的刚性影响，拘束度大，则刚性大，就不容易变形。

金属结构的刚性主要取决于结构截面形状及其尺寸大小，截面积越大，抗抵拉伸刚性越大，变形就越小。一般封闭截面的抗弯曲刚性比不封闭截面大；板厚大，抗弯曲刚性大。当截面形状、面积、尺寸相同时，长度小、则刚度大。同一根封闭截面的箱形梁，垂直放置比横向放置时的抗弯曲刚度大。结构截面是封闭的形式，其抗弯曲刚度比不封闭的截面大。

总的说，短而粗的焊接结构，其抗弯曲刚度大，而细而长的构件，其抗弯刚度小。

③ 焊接结构的装配及焊接顺序对变形的影响。

结构整体的刚性总是比零、部件的刚性大，所以要尽可能先装配成整体，然后再焊接。但是，并不是所有焊接结构都可以采用先总装后再焊接的，关键要有合理的焊接顺序，以工字形钢为例：若按1′、2′、3′、4′的顺序焊接，焊后会产生上拱的弯曲变形，如果按1′、4′、3′、2′的顺序焊接，焊后的弯曲变形会减小。

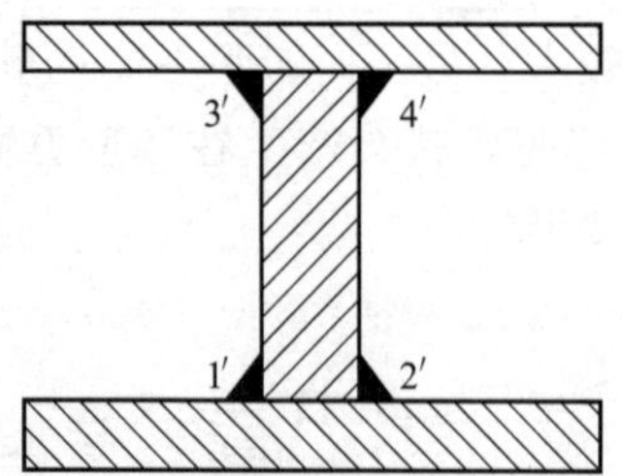

④ 金属材料线膨胀系数的影响。焊接材料的线膨胀系数 α 大的金属，焊接变形大，例如铝、不锈钢、16锰钢、碳素钢的线胀系数依次减小，铝的焊后变形最大。

⑤ 焊接电流与速度的影响。焊接电流增大，变形也增大，焊接速度的增大，而变形则会减小。

⑥ 焊接方向的影响。对于一条直焊缝来说，如果按同一方向，从头至尾焊接（直通

焊），则焊缝越长，焊后变形越大。

⑦ 装配间隙太大，坡口角度过大，也会增大焊后变形。

（4）控制焊接残余变形的措施

① 选择合理装配顺序，使焊接时产生均匀变形，防止太大变形。

例如下图所示，先将大小隔板与上盖板装配好，随后焊接焊缝 1，由于焊缝 1 几乎与盖板装配重心重合，故无甚变形，接着按图示焊接，不仅结构刚性加大，而且 2、3 焊缝对称，所以焊后整体变形很小。

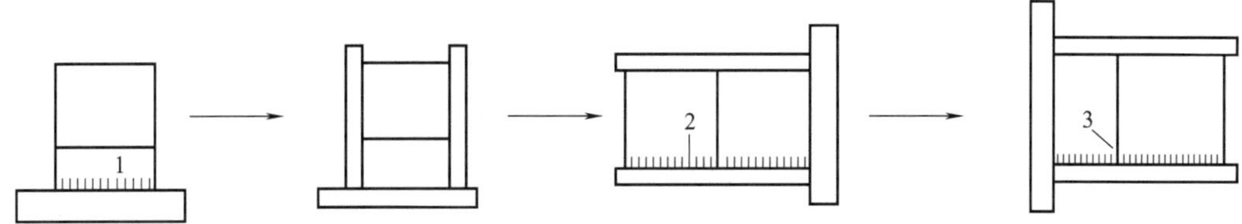

② 采用不同的焊接方向和顺序

a. 对称焊接——焊接顺序尽量做到对称，以便能最大限度地减小结构变形。

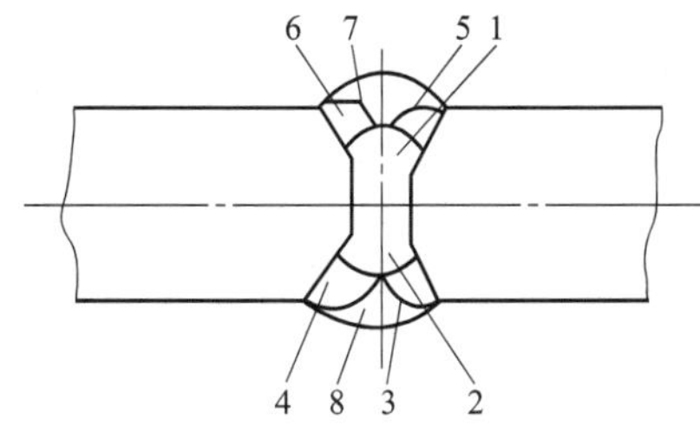

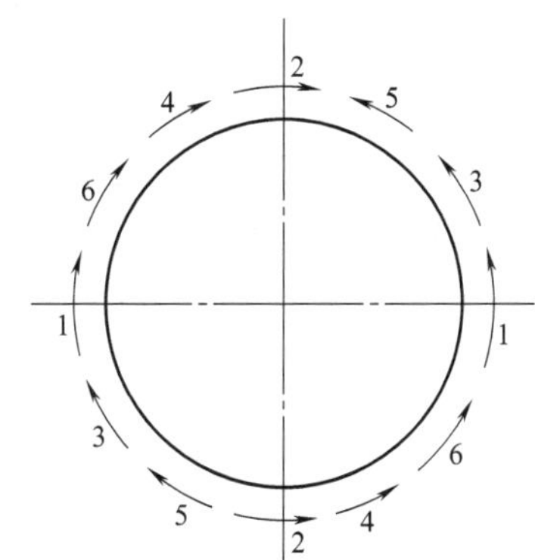

上图圆筒体对接焊缝，是由两名焊工对称地按图中顺序同时地施焊的对称焊接。

b. 不对称焊缝——应先焊焊缝少的一侧，使后焊的焊缝变形足以抵消前一侧的变形。从而使整体变形减小。

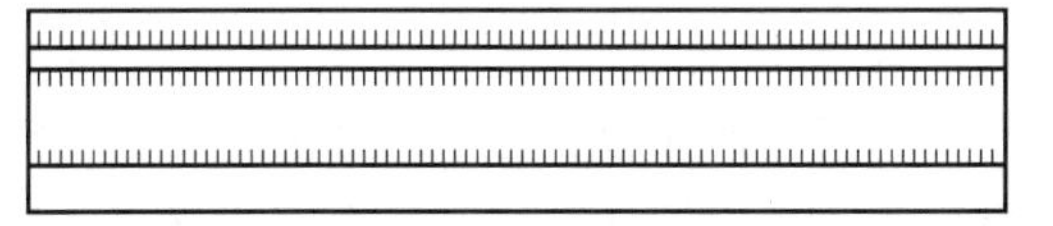

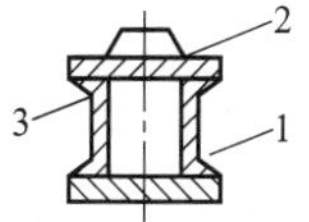

例如上图所示零件，应先焊接 1 处，然后焊接 2 处，最后焊接 3 处。

③ 采取分段焊接，并适当改变焊接方向。

例如对于长焊缝，将连续焊改为分段焊，并适当改变焊接方向。

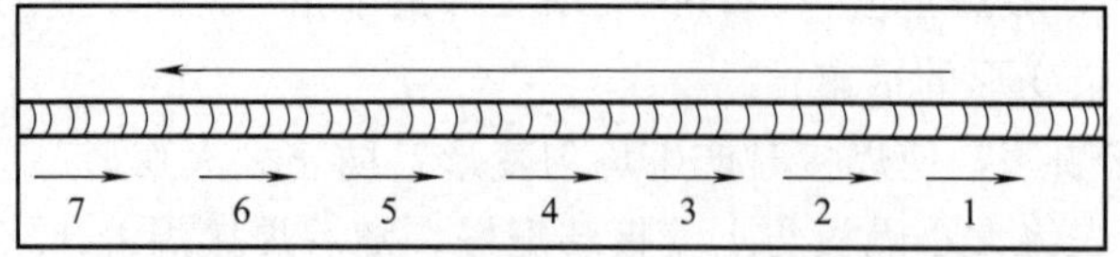

(a) 分段退焊法—— 每小段100～350mm，长度1m以上的构件。

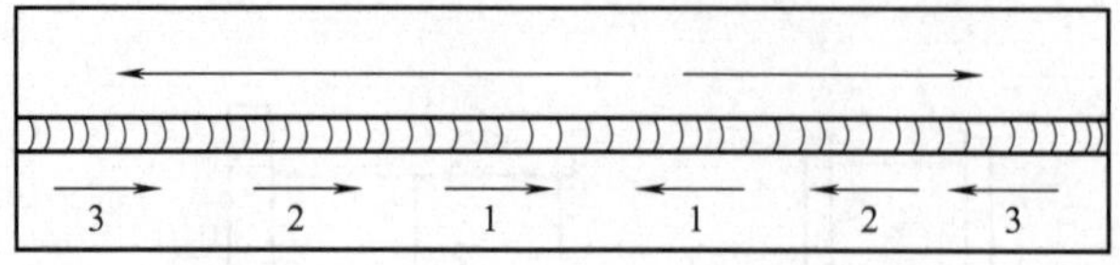

(b) 分中分段退焊法 —— 长度1m以内。

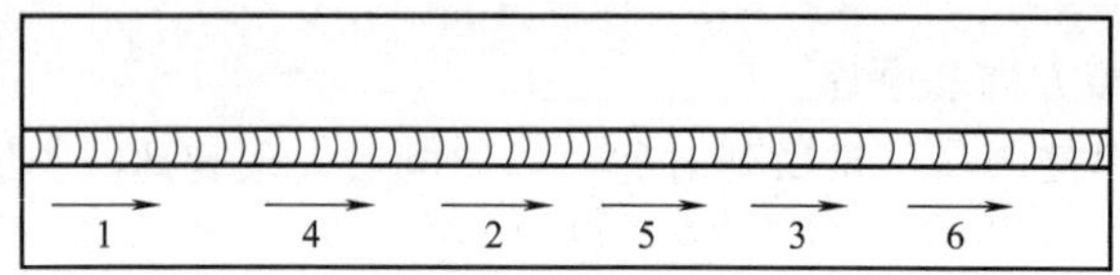

(c) 跳焊法 —— 长度1m以上，分段长度100～350mm。

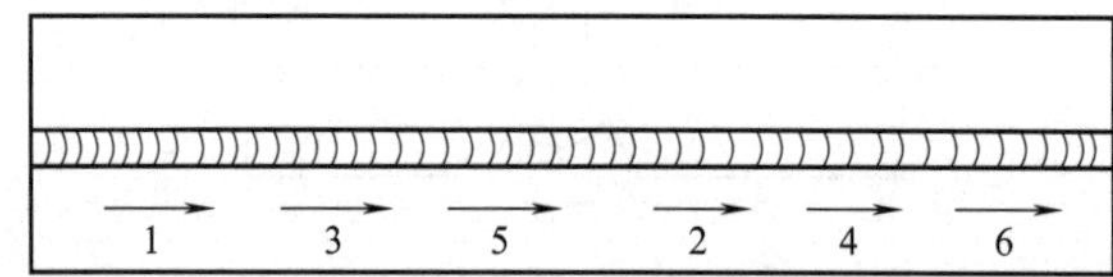

(d) 交替焊法—— 长度1m以上，实际使用不多。分段长度100～350mm。

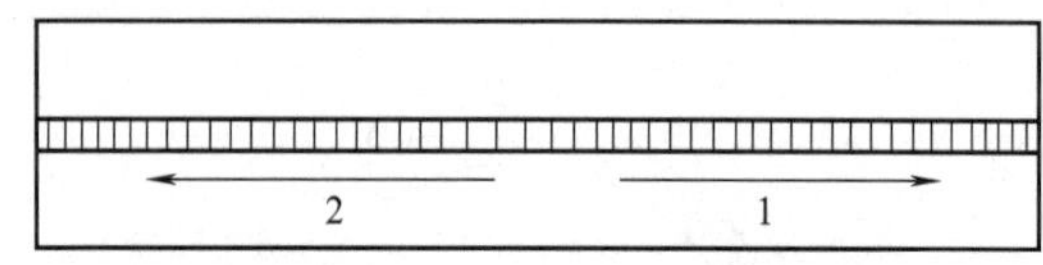

(e) 分中对称焊法 —— 长度0.5～1m的焊缝。

④ 反变形法

根据实践已掌握的变形规律，预先将焊件人为地制成一个变形，使这个变形与焊后发生的变形方向相反而数值相等，以达到防止残余变形的目的。

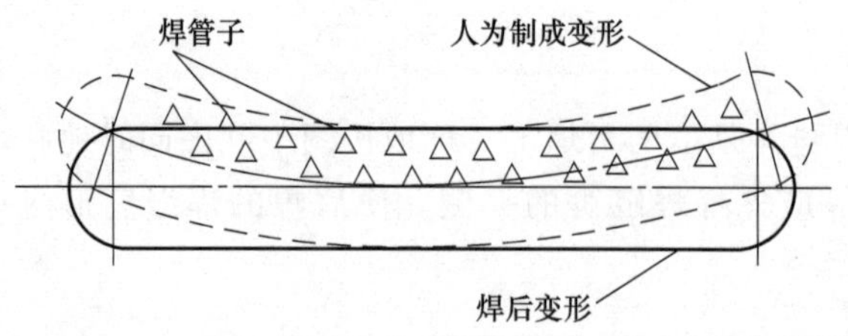

⑤ 刚性固定法

将焊件固定在足够刚性的基础上，使焊件在焊接时不能移动，待焊接完全冷却后，再将工件放开，这时，工件的变形是较小的。选用这种方法必须有焊接夹具。它是按焊件形状设计的，不仅要求确保控制变形，同时还要求快速装夹、快速卸下。常用的有手动装焊夹具，如下图。

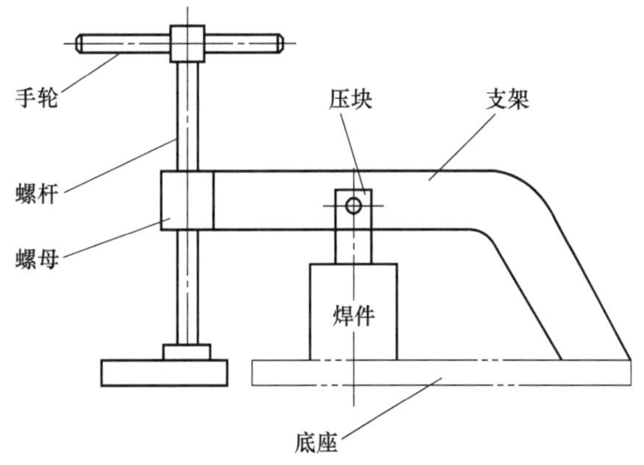

钣金零件的检验方法

(1) 非受压钣金零件的检验

① 钢材检验的公差要求

a. 钢板

对于用钢板制作的零件，其公差有两项重点要求：一是钢板表面的局部波状平面度(▱)，可用平尺检查。偏差应符合国标要求，一般为1～2mm。二是钢板的厚度公差，对冲压件的质量有重要影响，具体数值可查有关手册。

b. 型钢

例如角钢、槽钢，其检查项目为直线度（—）和垂直度（⊥），

角钢一般直线度 $f \leqslant (2/1000)L$

垂直度 $f \leqslant (1/100)b$

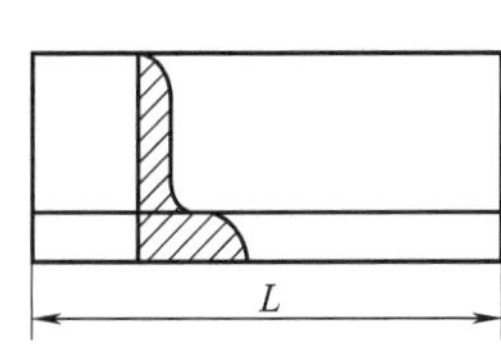

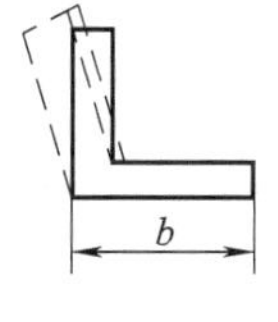

槽钢一般直线度 $f \leqslant (2/1000)L$

翼板、腹板垂直度 $f \leqslant (1/100)b$

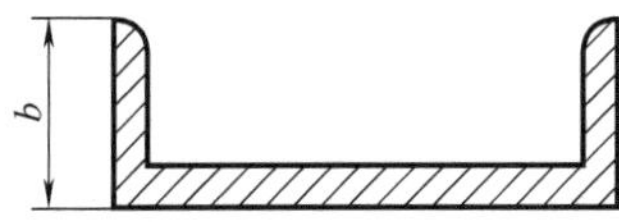

② 钣金钢材下料的公差要求

a. 样板——分为下料用样板和各种长样板、样板多用0.35～1mm的薄钢板制成，样板尺寸应−0.5～1.5mm，以确保装配间隙。

b. 剪切下料

剪切后，零件切口与表面的垂直度，倾斜度允差为(1/10)Z，Z为板厚。剪切后，切断边的表面刻痕不超过1mm，不得有高度大于0.5mm的毛刺。

c. 气割下料

气割线与号料线的偏差不超过（±1.5～±1.0mm），手工气割为±1.5mm，自动气割为±0.10mm。

气割切割表面结构要求、平面度、切口上缘熔化程度、挂渣状态、缺陷极限间距、切口直线度、切口切割面与钢板平面垂直度等均有表3-26～表3-33可查得。

表3-26　气割表面的表面结构要求 *Ra*

等级	波纹平均高度 *Ra*	简　图
0	≤40	
1	≤80	
2	≤160	
3	≤320	

表3-27　切割面平面度的公差　mm

等级	平面度(*B*)		简　图
	t<20	*t*=20～150	
0	≤1%*t*	≤0.5%*t*	
1	≤2%*t*	≤1%*t*	
2	≤3%*t*	≤1.5%*t*	
3	≤4%*t*	≤2.5%*t*	

表3-28　切口上缘熔化程度

等　级	熔化程度及状态说明
0	基本清角，塌边宽≤0.5mm
1	上缘有圆角，塌边宽≤1mm
2	上缘有明显圆角，塌边宽≤1.5mm，边缘有熔滴
3	上缘有明显圆角，塌边宽≤2.5mm，边缘有连续熔融条状物

表3-29　气割断面挂渣状态

等　级	挂　渣　状　态
0	挂渣很少，可自动剥离
1	有挂渣，容易清除
2	有条状挂渣，用铲可清除
3	难清除，留有残迹

表3-30　切割面上缺陷极限间距　mm

等　级	每两个缺陷间的间距
0	≥5
1	≥2
2	≥1
3	≥0.5

表 3-31　切割线直线度公差　mm

等　级	直线度的公差(p)	简　图
0	≤0.4	
1	≤0.8	
2	≤2	
3	≤4	

表 3-32　切割面垂直度公差　mm

等　级	垂直度的公差(c)	简　图
0	≤1%t	
1	≤2%t	
2	≤3%t	
3	≤4%t	

表 3-33　钣金零件的尺寸公差　mm

零件尺寸	厚　度							
	6	10	16	20	40	80	100	150
	允差(±)							
≤100	1.0	1.25	1.5	1.75	2.0	2.5	3.0	3.8
>100～250	1.25	1.5	1.75	2.0	2.3	2.6	3.2	4.0
>250～650	1.5	1.75	2.0	2.4	2.8	3.5	4.5	5.0
>650～1000	1.75	2.0	2.5	3.0	3.5	4.5	5.5	6.0
>1000～1600	2.0	2.3	2.7	3.2	3.8	4.8	5.8	6.8
>1600～2500	2.2	2.6	3.0	3.6	4.5	5.5	6.8	7.5
>2500～4000	2.5	3.0	3.5	4.0	4.8	5.8	7.0	8.0
>4000～6500	2.8	3.2	3.8	4.4	5.0	6.0	7.2	8.2
>6500～10000	3.0	3.6	4.2	4.8	5.5	6.7	7.5	8.5

(2) 受压钣金零件的检验

受压容器零件公差的要求（看有无内件装配而定）：

① 压力容器圆形工件的公差要求，如储气罐、锅炉、筒体通径 D 的公差。椭圆度 e，受内压 $e \leqslant (1/100)D$，不大于 25mm。

受外压力或真空 $e \leqslant (0.5/100)D$，不大于 25mm。

② 环焊缝对口错边量 b

壁厚 $S \leqslant 6$mm 时，

$b \leqslant S \leqslant 10$ 时，$b \leqslant (20/100)S$

壁厚 $S > 10$mm 时，$b \leqslant (10/100)S + 1$mm，且不大于 6mm。

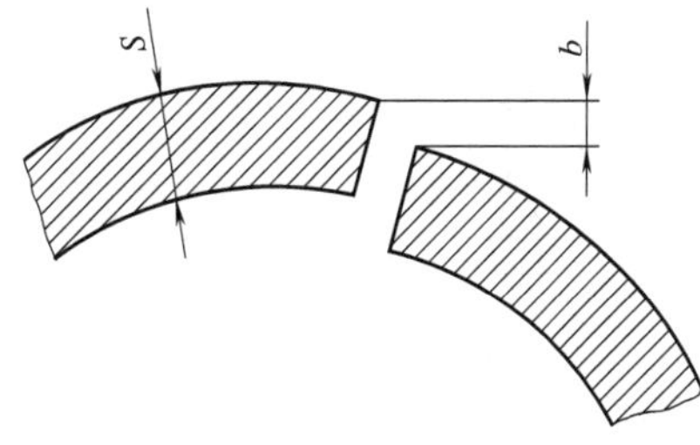

对接焊接不等厚的钢板，当薄板厚度≤10mm时，两板厚度差超过3mm时，或者薄板厚度>10mm，两板厚度差大于薄板厚度的3%，或超过5mm时，应当削薄厚板边缘。

③ 筒体不直度Δ

筒体长度$H \leqslant 20$m时　$\Delta \leqslant (2H/1000)$mm，

$20 < H \leqslant 30$m时　$\Delta \leqslant (H/1000)$mm，

$30 < H \leqslant 50$m时　$\Delta \leqslant 35$mm。

(3) 无损检测

① 着色探伤和荧光探伤

在检验部位着色剂，擦干净，然后涂以显现粉，此时，浸入裂缝的着色剂遇到显现粉，便呈现出缺陷的形状来。

荧光探伤是将被检验部位涂煤油，等几分钟，擦干净，撒上荧光粉末，再擦干净，在暗室用紫外线照射，渗入物即发出荧光，而显现缺陷形状。

② 磁粉探伤

将铁粉撒在需要探伤的部位，然后用通电线圈在探伤部位往复运动，这时，在探伤部位的金属裂纹处的铁粉自动排列在裂纹线上，便可清晰地发现金属裂纹。

③ 射线探伤

在缺陷部位的射线强度高于无缺陷部位，经处理后，有缺陷部位的黑度大，由此可以判断缺陷的所在部位。

④ 超声波探伤

超声波脉冲反射式探伤仪，由超声频电发生器，产生高频脉冲电压通过接收机——放大接收信号，换能器——产生与接收超声波，指示器——将放大信号显示出来。

焊接连接是钢结构产品应用最广泛的连接方法，焊接连接的焊缝应先定位点焊，待定位点焊组装固定后，再对产品施焊，焊后变形部位要加以矫正，以确保装配质量。

装配的顺序为：零件装配、部件装配、产品总装。

3.6.3 钣金焊接图

焊接在现代制造业中广泛应用，焊接是不可拆的连接，而且有很高的强度和良好的密封性能，常用的焊接接头形式有对接接头、搭接接头、T形接头、角接接头等。

焊缝型式主要有对接焊缝、点焊缝、角焊缝等。

(1) 焊缝符号

焊接图样上的焊缝可采用焊缝符号表示，焊缝符号是由基本符号、辅助符号、指引线和焊缝尺寸符号组成。

① 基本符号　表示焊缝横剖面形状的符号

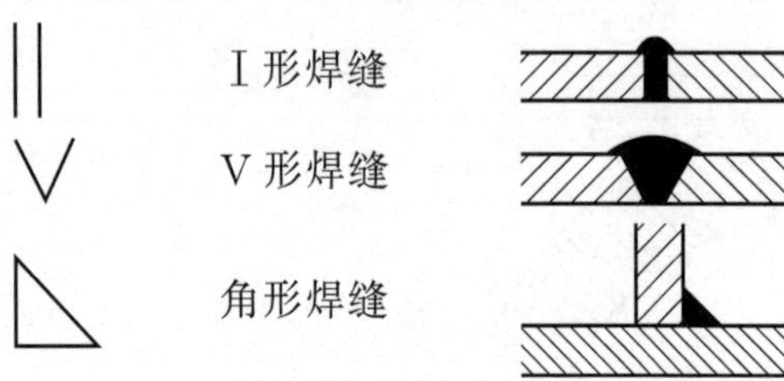

○　点焊缝

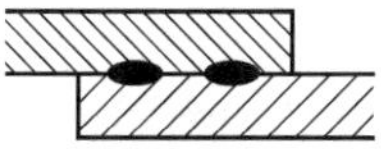

② 辅助符号　表示焊缝表面形状特征的符号，当焊缝无特征要求时，不必表示。

——　焊缝表面平齐

⌣　焊缝表面凹陷

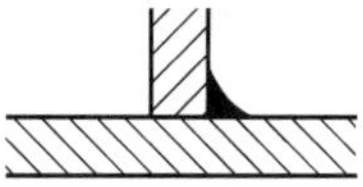

⌢　焊缝表面凸起

③ 补充符号　补充说明焊缝某些特征的符号

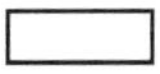

▭　表示焊缝底部有垫板

⊏　表示三面有焊缝开口方向与焊缝一致

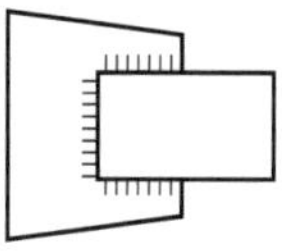

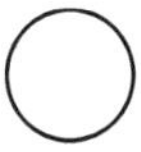

○　表示环绕工件周围均有焊缝

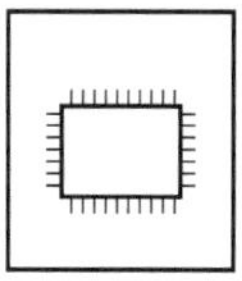

表示在现场或工地上进行焊接

Z　表示焊缝由一组交错断续相同的焊缝组成

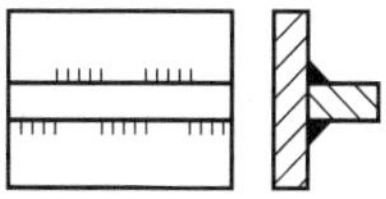

④ 焊缝尺寸符号　必要时，基本符号可附带尺寸符号及数据

常用焊缝尺寸符号

符号	名　称	示　意　图	符号	名　称	示　意　图
δ	板材厚度	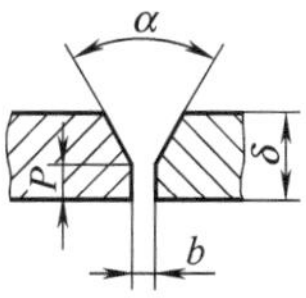	d	熔核直径	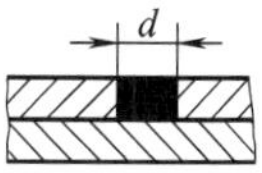
α	坡口角度				
P	钝边高度				
b	根部间隙		c	焊缝宽度	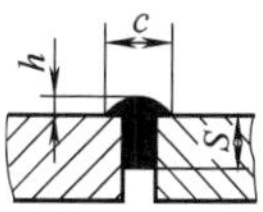
R	根部半径	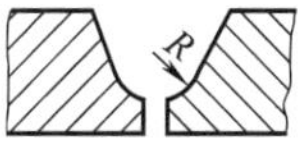	h	余高	
			S	焊缝有效厚度	
K	角焊高度	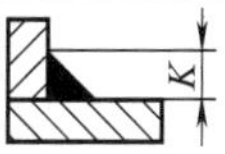	H	坡口深度	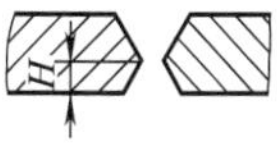
l	焊缝长度	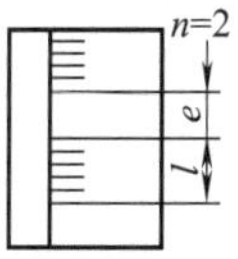 $n=2$			
e	焊缝间距		β	坡口面角度	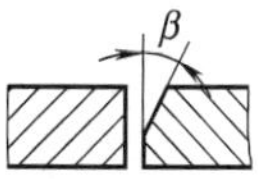
n	焊缝段数				

（2）焊缝标注

① 焊缝代号标注规定

a. 基本符号、辅助符号、补充符号的线宽应与图样中尺寸符号、表面粗糙度符号的线

宽相同。

b. 指引线的画法。指引线由带箭头的箭头线和两条基准线组成，其中一条基准线为实线，另一条基准线为虚线，虚线基准线可以画在实线基准线的下侧，有时也可以画在实线基准线的上侧，基准线一般应与图样的底边平行。指引线为细实线。指引线画法如下图。

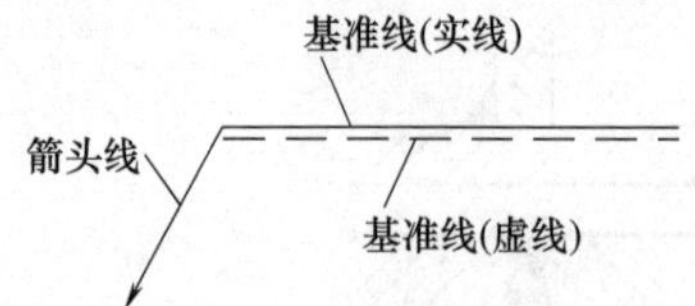

c. 基本符号与基准线的相对位置。当焊缝在接头的箭头侧，则将基本符号标注在实线基准线一侧；当焊缝在接头的非箭头侧，则将基本符号标注在虚线基准线一侧；当焊缝为对称焊缝或双面焊缝时，只需画实线基准线，不必画虚线基准线。

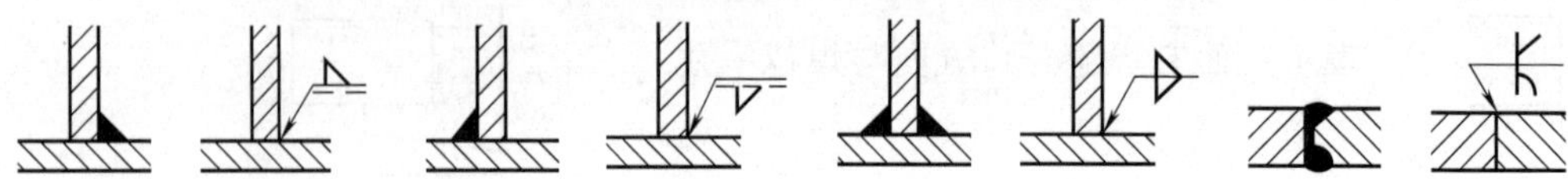

② 焊缝基本符号的标注

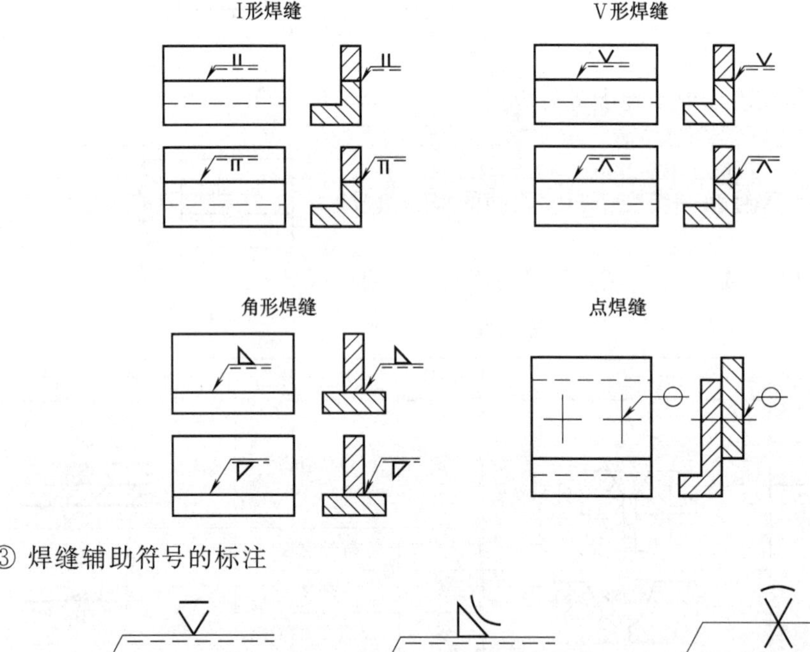

③ 焊缝辅助符号的标注

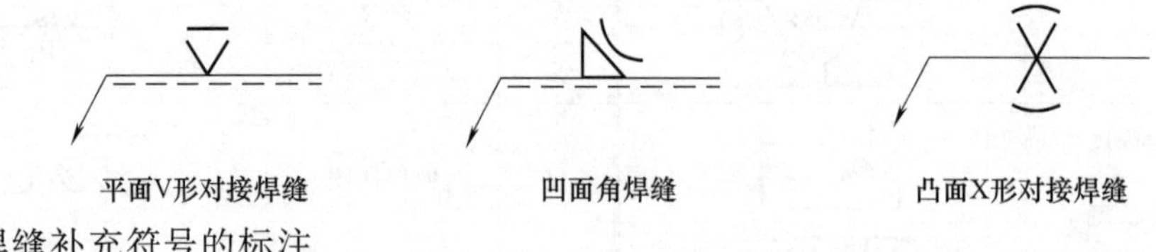

④ 焊缝补充符号的标注

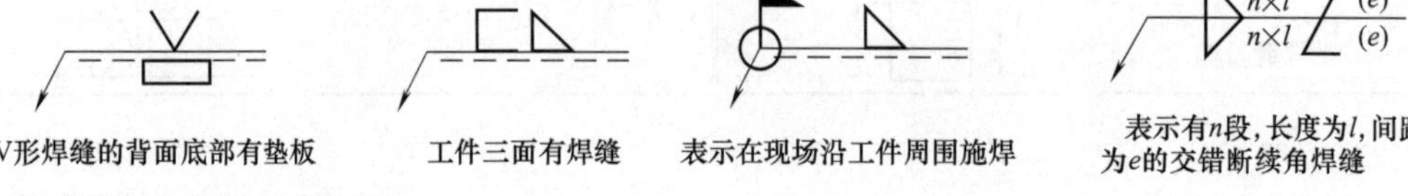

⑤ 焊缝尺寸符号的标注

a. 焊缝横剖面的尺寸如钝边、高度 P、坡口深度 H、焊角高度 K、焊缝宽度 C 等符号及数值，规定标注在基本符号的左侧。

b. 焊缝长度方向的尺寸如焊缝长度 l、焊缝间距 e、相同焊缝段数 n 等标注在基本符号的右侧。

c. 焊缝坡口角度 α、坡口面角度 β、根部间隙 b 等符号或数值规定标注在基本符号的上侧或下侧（基本符号注在虚线基准线一侧时，则 α、β、b 标注在基本符号的下侧）。

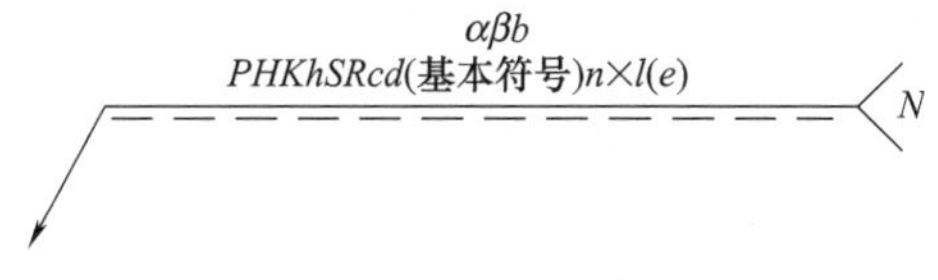

焊缝尺寸标注原则

d. 相同焊缝数量 N 规定标注在基准线尾部分叉处。

e. 如果有若干条焊缝的焊缝符号相同时，可采用公共基准线进行标注。如下图所示。

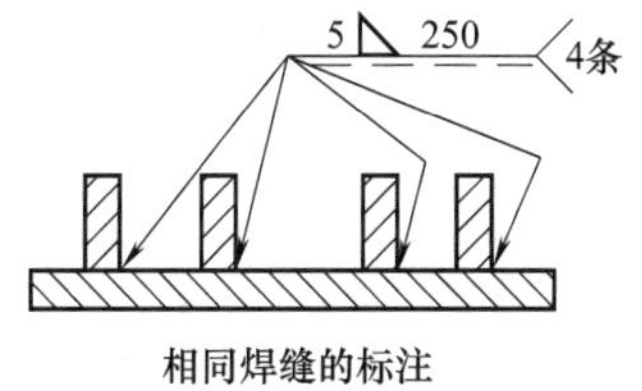

相同焊缝的标注

(3) 图样上焊缝综合标注

① 对接接头

a. V形焊缝，坡口角度 α，根部间隙 b，有 n 条焊缝，焊缝长 l，焊缝间距 e。

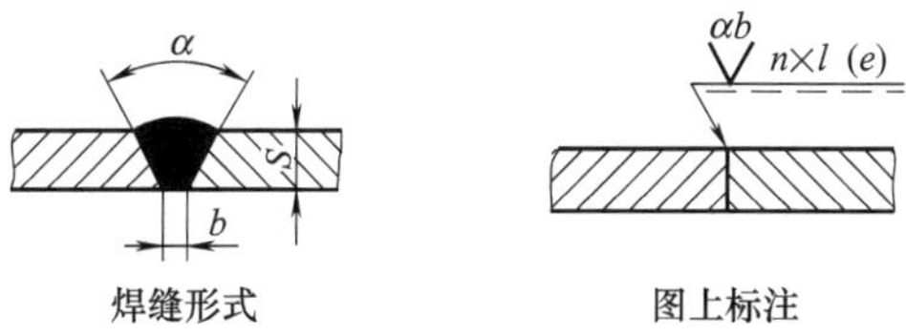

焊缝形式　　图上标注

b. Ⅱ形焊缝，焊缝的有效厚度 S

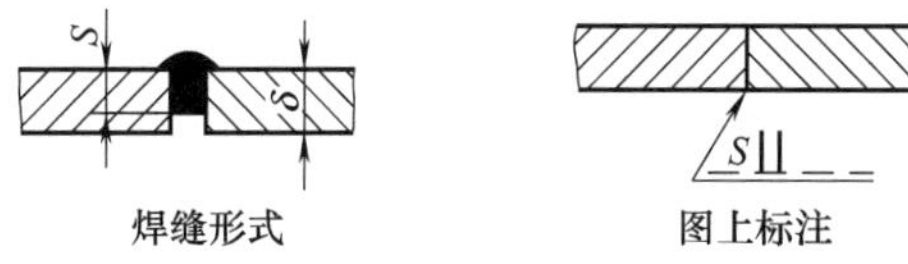

焊缝形式　　图上标注

c. 带钝边的X形焊缝，钝边高度 P，坡口角度 α，根部间隙 b，焊缝表面平齐

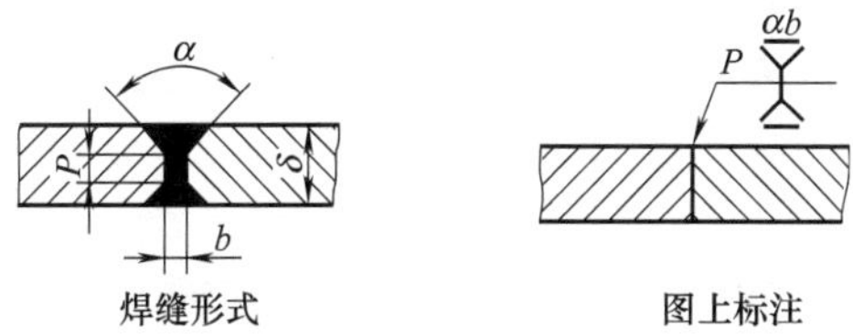

焊缝形式　　图上标注

② T形接头

a. 在现场装配时焊接，焊角高度 K。

焊缝形式

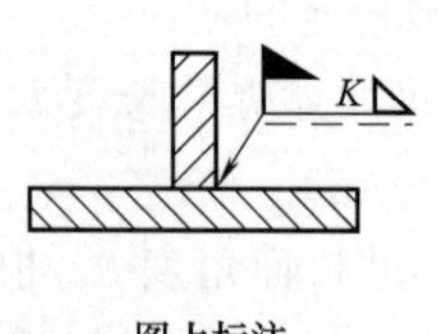

图上标注

b. 有 n 条双面断续状角焊缝，焊缝长度 l，焊缝间隙 e，焊角高度 K。

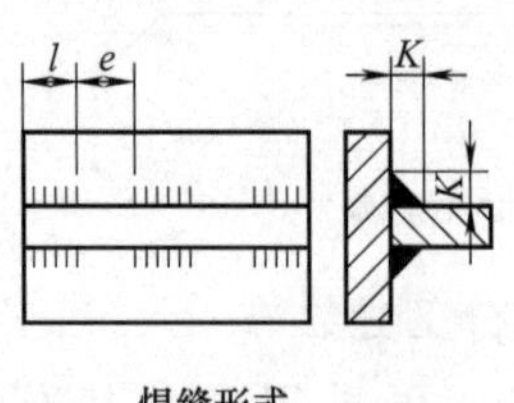

焊缝形式

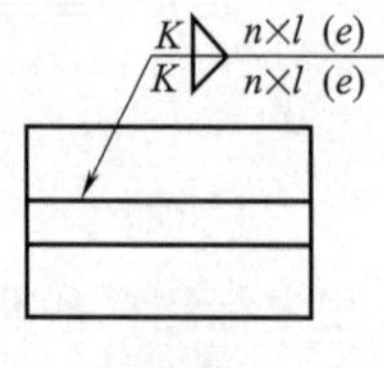

图上标注

c. 有 n 条交错的断续角焊缝，焊缝长度 l，焊缝间距 e，焊角高度 K。

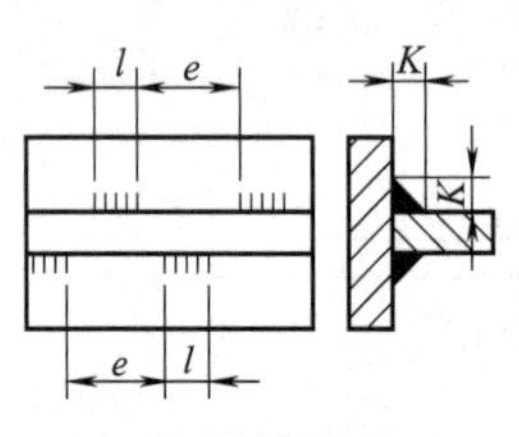

焊缝形式

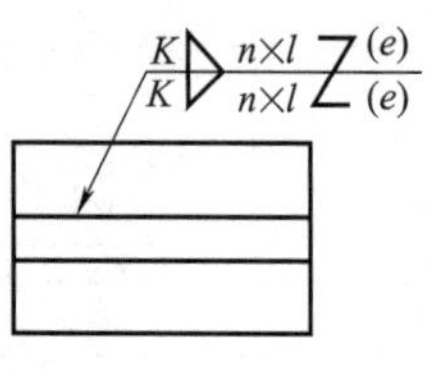

图上标注

d. 有对角的双面角焊缝，焊角高度 K 和 K_1。

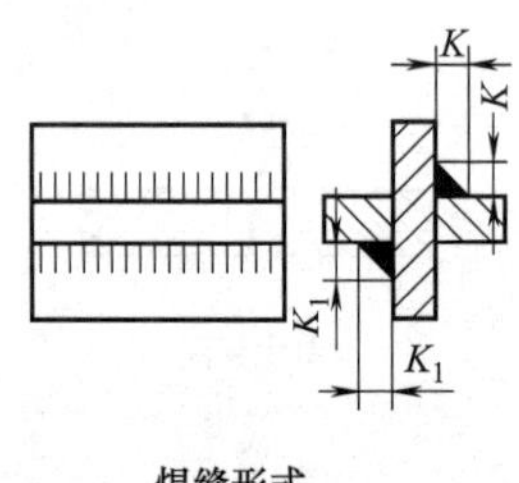

焊缝形式

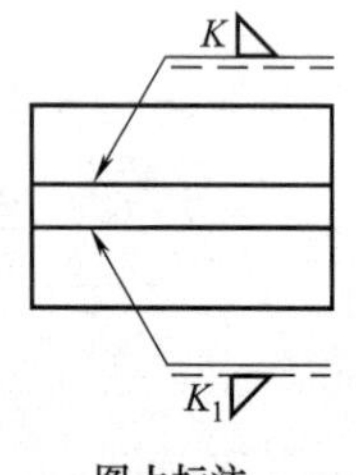

图上标注

③ 角接接头

双面焊缝，上面为单边 V 形焊缝，下边为角焊缝。

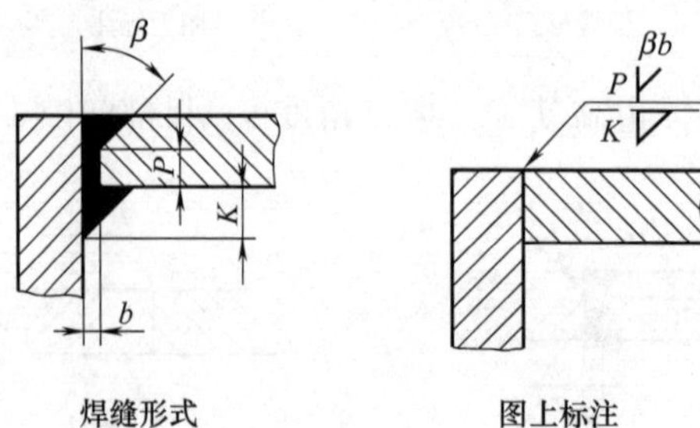

焊缝形式　　图上标注

④ 搭接接头

点焊，熔核直径 d，共 n 个焊点，焊点间距 e。

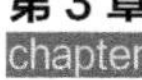

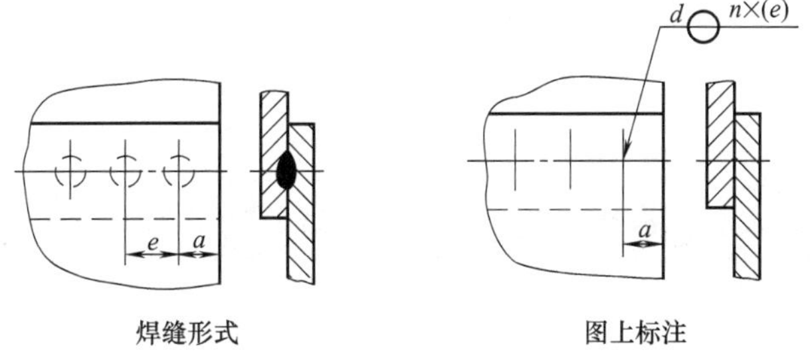

焊缝形式　　　　图上标注

⑤ 零件焊接图的识读示例——读支架焊接图

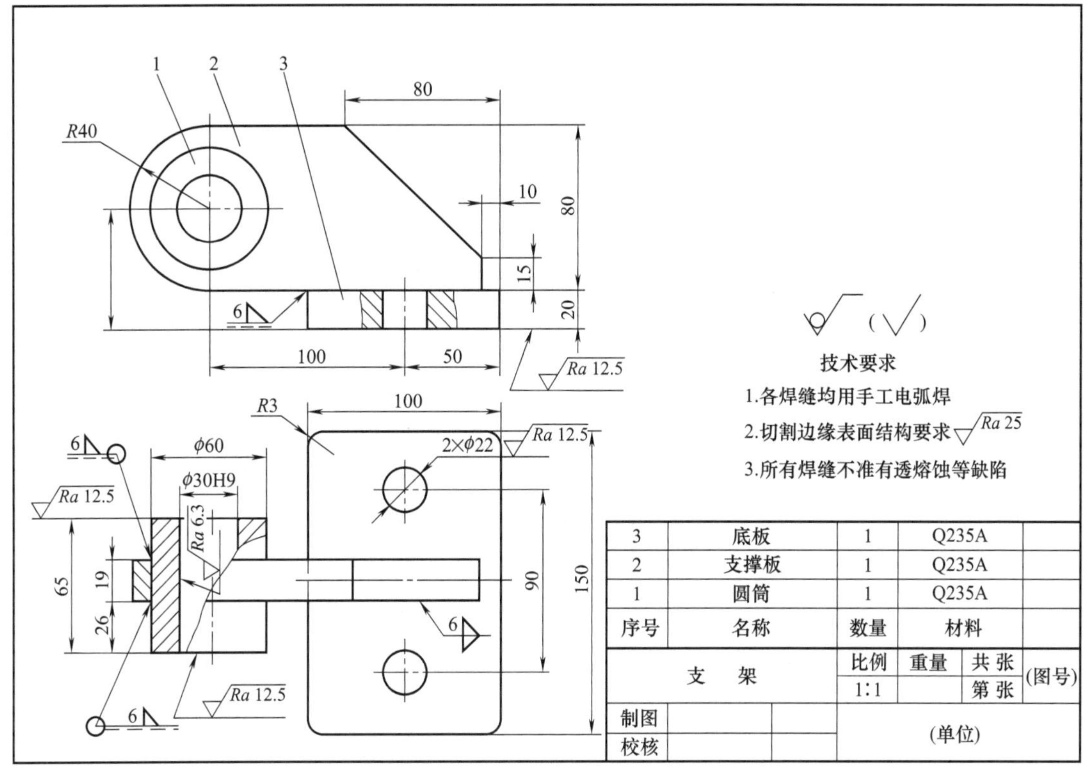

支架焊接图

支架焊接图识读：

① 支架是由 1 号件圆筒、2 号件支撑板、3 号件底板等焊接而成。

② 材料 Q235A 是普通碳素结构钢，A 是质量等级。

③ 主视图有一处焊缝符号表示 3 号件底板和 2 号件支撑板之间为角焊缝，其焊角高度为 6mm。

④ 俯视图左边两处有焊缝符号，表示 2 号件支撑板与 1 号件圆筒之间的焊缝形式为角焊缝，焊角高度为 6mm。指引线上的小圆圈表示环绕圆筒进行焊接。

⑤ 俯视图右边有一处焊缝符号表示 2 号件支撑板与 3 号件底板之间为双面角焊缝，焊角高度为 6mm。

⑥ 该支架各焊缝均采用手工电弧焊，所有切割边缘的表面结构要求应为 $\sqrt{Ra\,25}$。

3-7 钣金手工成形工艺

钣金工制件的手工制作中，往往需要弯曲、放边、收边、拨缘、拱曲、卷边、咬缝、校整、锡焊等手工操作。下面重点介绍一下弯曲、放边、收边、卷边、咬缝等操作方法。

3-7-1 手工弯曲

（1）角形零件的弯曲

对于直角形板料零件，首先按其展开图下料，划出弯曲线，然而将弯曲线对准规铁的角，用左手压住板料，右手用拍板先将两端拍弯成一定角度，以便定位，然后再全部弯曲成形，如图 3-33（b）所示。

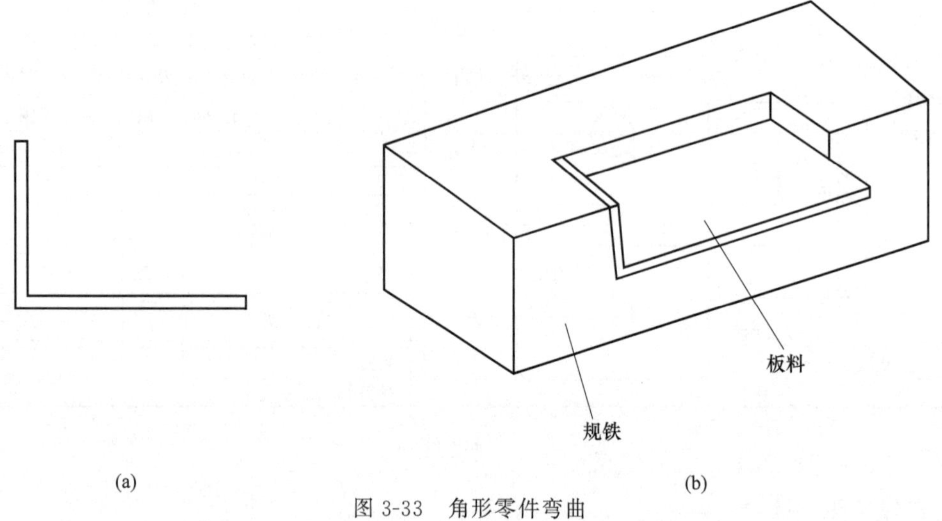

图 3-33　角形零件弯曲

（2）U 形零件的弯曲

图 3-34 当 $a>b$，且零件批量小，不便于在弯板机上加工，再说制作专用模具增加了成本，故多采用手工弯曲。首先在展开料上划好弯曲线，用两块平整的方铁夹在台虎钳上，弯曲两边成形，如图 3-34（b）所示。

（3）□形零件的弯曲

对于□形零件，先将展开板料上已划好的弯曲线对准规铁的角、规铁装夹在台虎钳上，并略高出垫板 2～3mm，然后弯曲两边成⊔形，使口朝上，最后弯曲成形。

注意，规铁是一块与零件尺寸相当的方铁，将板料与规铁同时夹紧，按弯曲线进行弯曲，如下图所示。

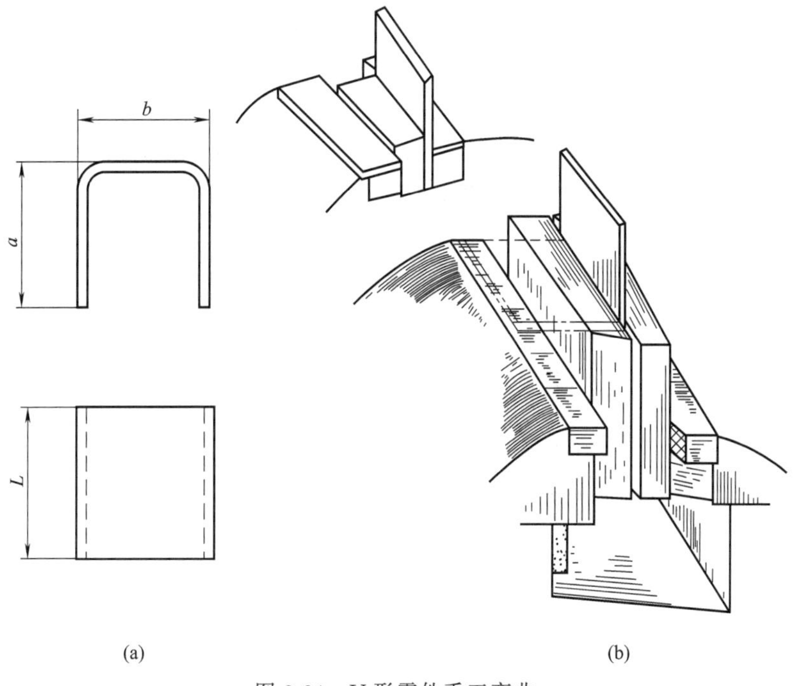

(a) (b)

图 3-34 U形零件手工弯曲

3-7-2 放边的手工工艺

钣金制件的放边就是把零件的某一边或某一部分打薄或拉薄。

(1) 打薄放边

加工凹曲线弯边的钣金零件，可用角铁在铁砧或平台上捶放角材的边缘，使边缘材料厚度变薄，面积变大，弯边伸长，越靠近弯材边缘伸长越大，而靠近内缘的地方伸长越小，这样本来是直线的角材逐渐被捶放成曲线的弯边钣金零件，如图 3-35 所示。

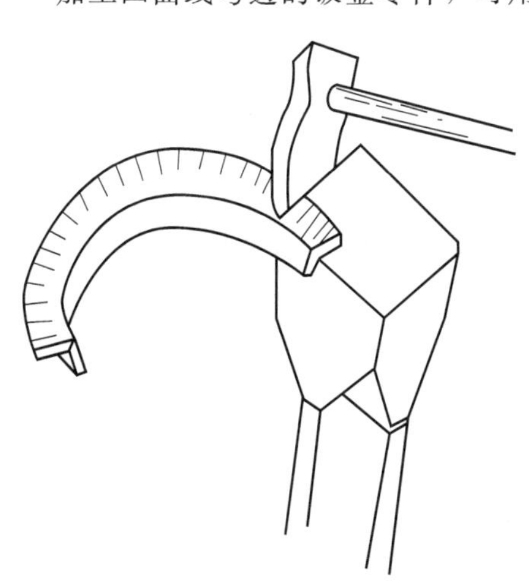

图 3-35 打薄放边

打捶是有计划地打捶。首先要计算出钣金制件的展开尺寸，并通过划线，剪切出展开毛料，在弯板机上先弯成角材，再进行捶放。注意，角材底面必须与铁砧的上表面保持水平，以防翘曲。锤击的面积占弯边宽度的 3/4，锤痕要均匀呈放射线状。经过锤击，板料可能会冷作硬化，需要退火处理，以防打裂。放边过程中，要不断用样板检查，最后修整切割锉光。

(2) 拉薄放边

在制作凹曲线钣金制件时，为防止捶击产生裂纹，可以先对展开料拉薄，然后再弯制弯边，如此交替进行，弯成凹曲线钣金零件。

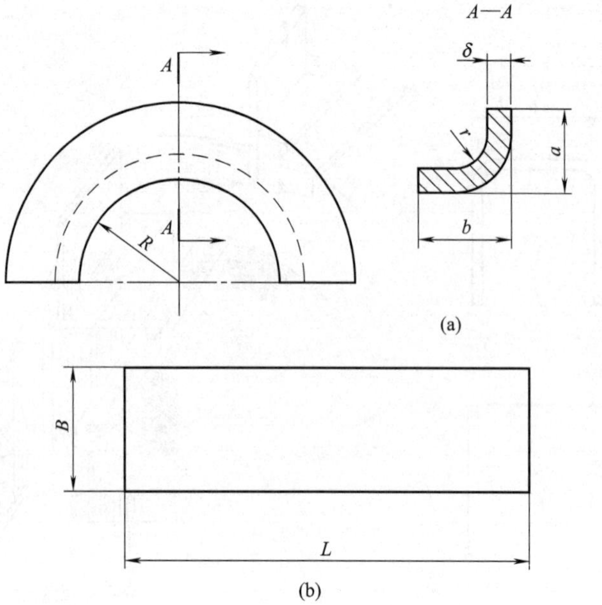

A—A

(a)

(b)

图 3-36 半圆制件放边展开料尺寸计算

(3) 钣金制件放边展开料尺寸的计算

① 半圆形零件【图 3-36 (a)】

$$B=a+b-\left(\frac{r}{2}+\delta\right)$$

式中 B——展开料宽度；

a、b——弯边宽度；

r——圆角半径；

δ——材料厚度。

$$L=\pi\left(R+\frac{b}{2}\right)$$

式中 L——展开料长度；

R——零件弯曲半径；

b——放边一边的宽度。

注意：放边时，各处材料伸展程度不同、外缘变薄量大、伸展多，内缘伸直少、所以展开长度取捶放一边的宽度$\frac{1}{2}$处的弧长来计算的，如图 3-36 (b) 所示。

② 直角形钣金零件

图 3-37 (a) 为直角形钣金放边零件，其展开料尺寸的计算如下：

展开料宽度 $$B=a+b-\left(\frac{r}{2}+\delta\right)$$

长度 $$L=L_1+L_2+\frac{\pi}{2}\left(R+\frac{b}{2}\right)$$

式中 L_1、L_2——直线部分的长度；

R——弯曲半径；

b——放边的一边的宽度。

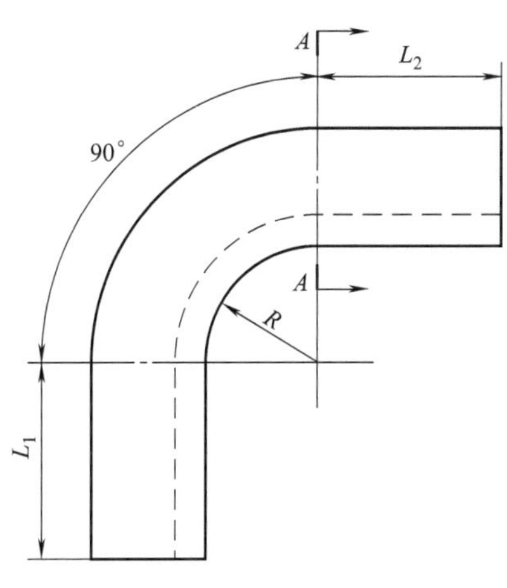

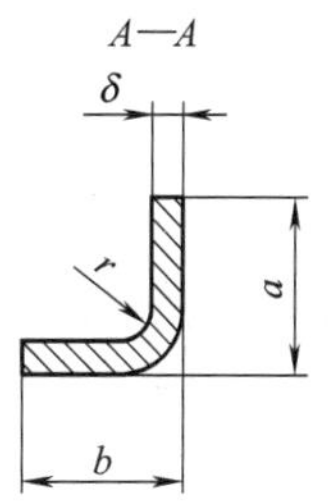

(a)

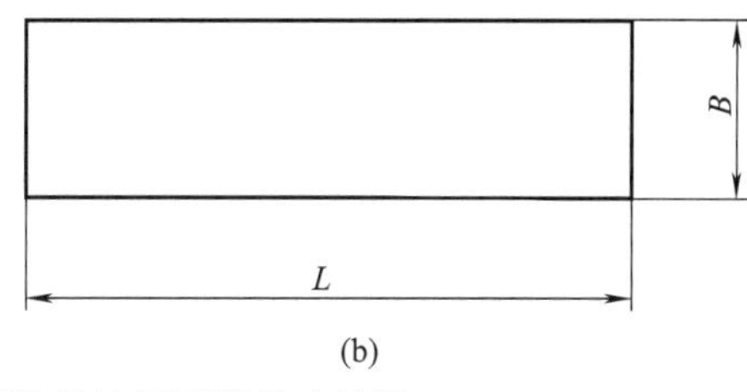

(b)

图 3-37 直角形钣金零件放边展开料尺寸计算

注：图 3-37（b）即是凹曲线钣金制件放边展开料尺寸图，B、L 是通过上面的计算公式而得到的。

3-7-3 收边的手工制作

钣金制件的收边，是先使毛料起皱，再把起皱处锤平，但要防止伸展复形。这样实际上材料会收缩、长度会减少，而使厚度有所增加。收边零件的展开料计算如下。

① 将角料收边成半圆形零件

图 3-38（a）表达一半圆形零件，其展开料尺寸计算如下：

宽度 $B=a+b-\left(\frac{r}{2}+\delta\right)$

长度 $L=\pi(R+b)$

式中 a、b——弯曲件弯边宽度；

r——圆角半径；

R——弯曲半径；

δ——材料厚度。

② 将角材弯曲收边成直角形零件

图 3-39（a）表示直角形零件，它在制作前展开料的尺寸计算如下。

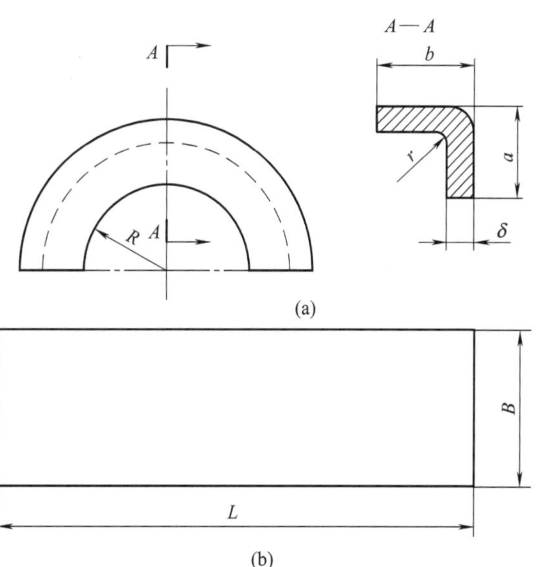

图 3-38 角料收边成半圆形（凸曲线弯边）

宽度 $$B=a+b-\left(\frac{r}{2}+\delta\right)$$

长度 $$L=L_1+L_2+\frac{\pi}{2}(R+b)$$

式中 a、b——弯曲两边宽度；

L_1、L_2——直线部分长度；

r——圆角半径。

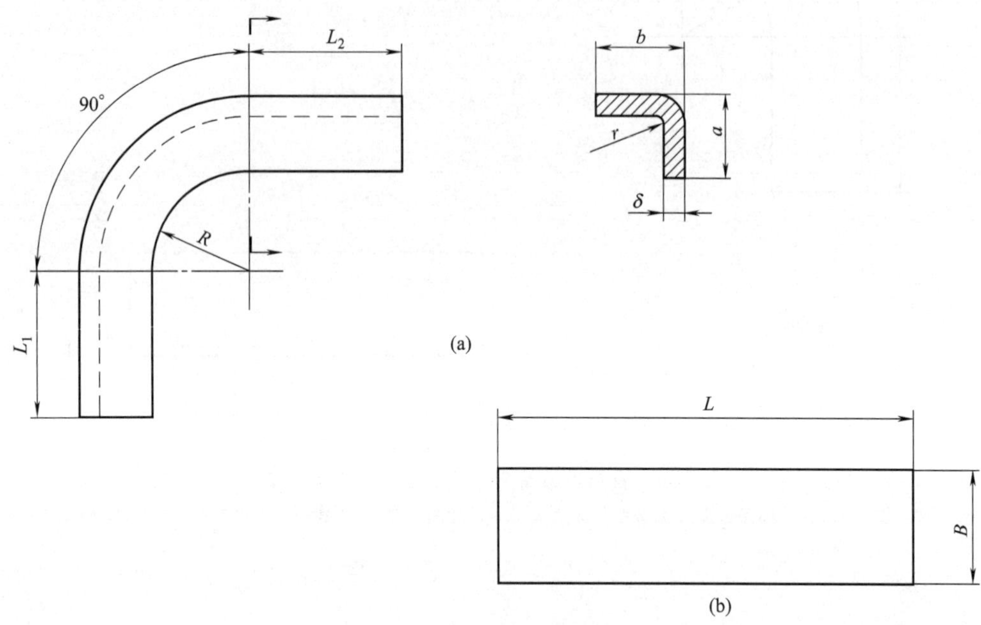

图 3-39 直角零件收边

注：图 3-39（b）为角材弯曲收边展开料的计算后而得到的长宽尺寸，B、L 是通过上式计算而得到的。

3.7.4 手工打管卷边

对于薄板钣金制件，为了提高其边缘的刚度和强度，可以将边缘卷制成管状，或包入铅丝，或者空心的，这种操作过程称为打管卷边，简称卷边。一般被包入的铅丝或铁丝的直径应是板料厚度的 3 倍以上，包卷边缘的尺寸应是所包铅丝或铁丝直径的 2.5 倍至 3 倍。

（1）卷边钣金制件展开料尺寸的计算

卷边零件是由直线部分和卷曲部分组成的，所以在计算展开料的长度时，主要是计算卷曲部分的长度，然后再加上直线部分，最后算出总的展开料长度。例如图 3-40 所示钣金制件的展开料长度 L 的计算方法。

$$L=L_1+\frac{d}{2}+L_2$$

式中 L_2——板料 270°卷曲部分的长度；

d——铁丝直径；

L_1——板料直线部分长度。

∵ $$L_2=\frac{3\pi}{4}(d+\delta)=2.35(d+\delta)$$

∴ $$L=L_1+\frac{d}{2}+2.35(d+\delta)$$

式中 δ——板材厚度。

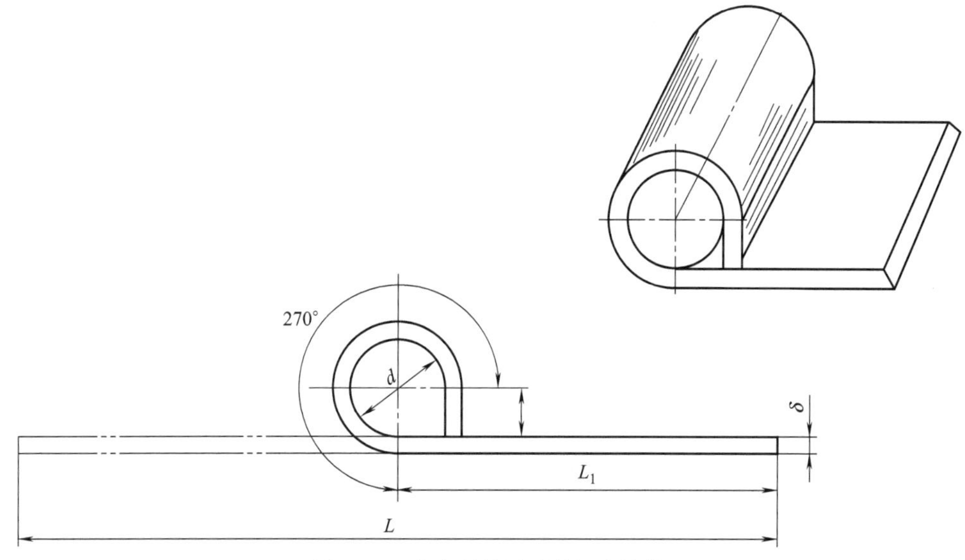

图 3-40 卷边制件展开料长度计算

(2) 手工卷边工艺程序

图 3-41 表示手工夹丝卷边的工艺程序：

① 在展开毛料上划线，如图 3-41 (a)，划出两条卷边线

$$L_1=2.5d；L_2=\left(\frac{1}{4}\sim\frac{1}{3}\right)L_1 \text{（}d\text{ 为铁丝直径）}$$

② 弯边，将钣金毛料放在平台上，使其露出平台端部的尺寸等于 L_2，左手按紧毛料，右手持拍板或木槌敲打露出平台部分的边缘，使其向下弯曲成 85°～90°，如图 3-41 (b) 所示。

③ 外伸弯曲卷边，直至平台边缘对准第二条线为止，即钣金毛料的 L_1 露出平台端部为止。并将第一次敲打的毛料端头经敲打靠上平台端侧，如图 3-41 (c)、(d) 所示。

④ 翻转钣金毛料，使卷边朝上，均匀敲打卷边向里扣，使卷边部分逐渐成圆弧形，如图 3-41 (e) 所示。

⑤ 包铁丝，将铁丝放入卷边圆圈内，先将一端铁丝扣住，以防弹出，然后放入一段扣好一段，直至全部扣完，轻轻敲拍，使卷边贴紧铁丝为止，如图 3-41 (f) 所示。

⑥ 翻转钣金毛料，使卷边搁在平台面角上，使其余未卷面贴紧平台侧面上，再均匀轻拍，使接口咬紧，如图 3-41 (g) 所示。若是不包铁丝的空心卷边，其操作过程与上述相同，只是不要将铁丝扣得太紧，以便敲好后，再把铁丝抽拉出来。

3.7.5 手工咬缝工艺

将两块展开的板料（或者一块板料的两边缘）的边缘折转扣合在一起，并彼此压紧连接

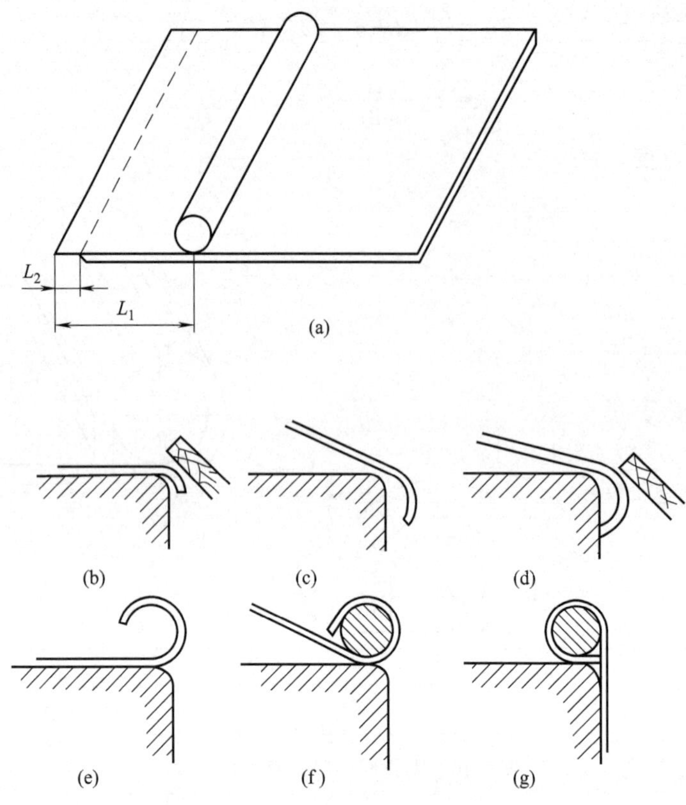

图 3-41　手工卷边工艺程序

在一起，称为咬缝或称咬口。实际生产中，根据需要咬缝的形式按结构可分为挂扣，单扣，双扣。按形式分为站扣、卧扣。按位置可分为纵扣、横扣、钣金加工中最常用的是卧缝挂扣，卧缝单扣两种结构形式。图 3-42 中（a）为单扣，（b）为双扣，均为站扣。（c）为双扣卧缝，（d）为双扣平卧缝，（e）为多扣平卧缝。双扣或多扣平卧缝咬缝牢靠，且有较好的密封性，多用于水壶、盆、桶的咬缝。

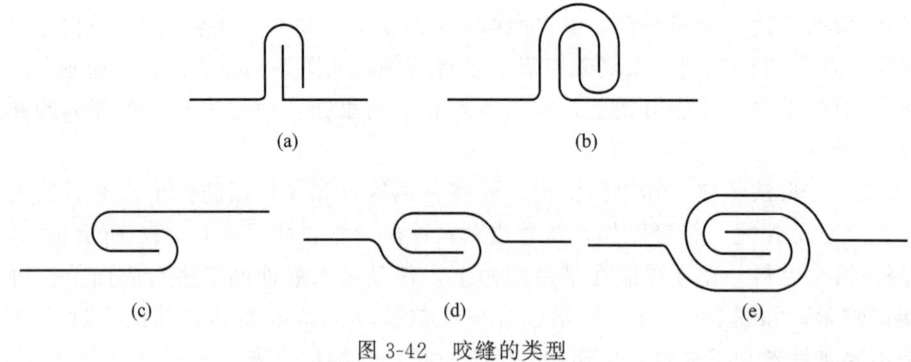

图 3-42　咬缝的类型

（1）咬缝余量的确定

需要咬缝的板料、应先留出咬缝余量，否则零件的尺寸会变小甚至报废。按常规 1mm 以下的薄板咬缝余量为 3～4mm，大于 1mm 的板料则根据扣缝的形式而定。例如卧缝单扣可在一块板料上留出等于咬缝宽度的余量，而在另一块板料上，应留出咬缝宽度的两倍的余量，因而加工单扣缝的余量是咬缝宽度的 3 倍。

(2) 手工咬缝操作过程(以卧缝单扣为例)

① 在工作台上对板料划出扣缝的折弯线。

② 把板料放在规铁或角铁上,使折弯线对准规铁或角铁的边缘,弯折伸出部分呈 90°角,如图 3-43(a)、(b)、(c) 所示。

③ 将板料翻转朝上,再把折弯边向里扣,留出相当一个板厚的间隙,如图 3-43(c) 所示。

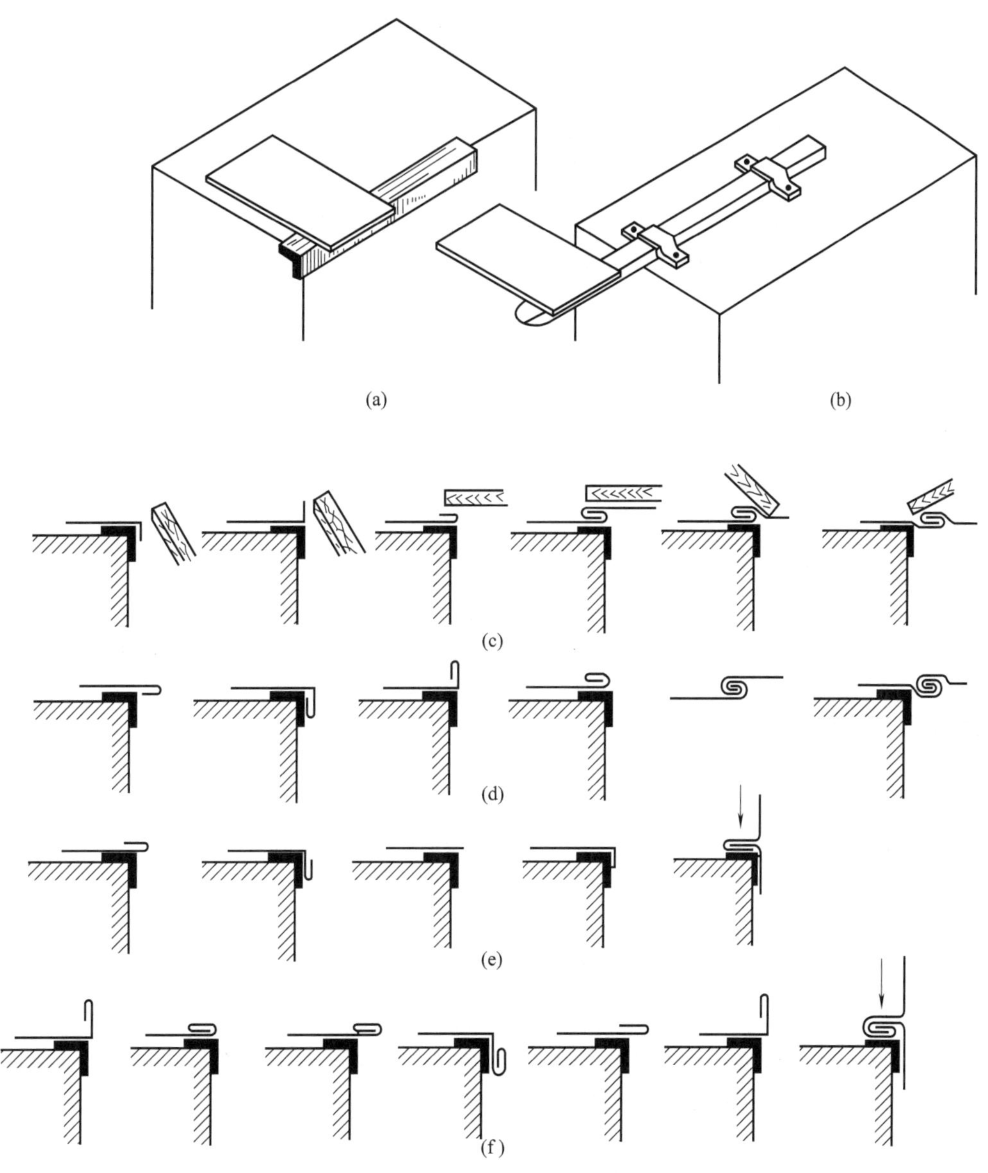

图 3-43 手工咬缝操作过程

④ 用同样的方法弯折另一块板料的边缘,然后互相扣上,锤击压合,并将缝的边部敲凹平、防止松脱,如图 3-43(c) 所示。

⑤ 最后检查,并用拍板扣紧打实。

图 3-43 中的(d)、(e)、(f) 分别表示其他结构形式的咬缝的手工咬缝操作过程,读者可根据图示去想象,这里不再赘述。

3-8 板厚处理

板厚处理的概念

本书前面第二章中所介绍的钣金制件的展开图画法中，完全没有考虑到金属板料的厚度问题，而是按板料的中性层画的展开图。但对于厚度较大的板料或内径较大的筒体来说。板厚对接口的影响很显著，往往必须加以修正，这样才能使所画的展开图正确适用。这也就是说，在画出中性层（指板厚的中央部分）展开图的基础上，还要考虑到接口的形式及板厚的因素，再增加适当的放量，这就是板厚处理的问题了。下面就谈谈怎样来掌握板厚因素带来的放量。

板厚影响分析

设内径 d、板厚 δ，则外径为 $d+2\delta$，外周长是 $(d+2\delta)\pi=d\pi+2\pi\delta$ 由此可知，在对板料展开时，既要根据内径尺寸得出的周长 $d\times3.1416$，还要再加上修正的尺寸 $2\delta\times3.1416$，才能保证制品尺寸的正确性。

精确零件往往不用内径作为计算基础，而是用中性层的周长来计算的。中性层的直径为 $d+\delta$，中性层周长即是 $\pi(d+\delta)=\pi d+\pi\delta$，其外圆周长应是 $(d+2\delta)\pi=\pi d+2\pi\delta$，可见外圆周长比中性层圆周长多 $2\pi\delta-\pi\delta=\pi\delta$，即多出板厚的 3 倍多。

板厚处理的方法

工厂实际生产中多采用板厚 7 倍的方法，也可以采取板厚 3 倍的方法来处理。根据零件内径要求精确的程度，可在 3～7 倍的范围内选择。

板厚处理的一般原则

① 当板厚小于 1mm 的薄板，可不必作板厚处理，当板厚 $\delta\geqslant1.5$mm，则画展开图时就应考虑板厚处理。

② 管件的展开，凡断面为圆形或曲线形时，均以板厚中心层展开长度为准。

③ 弯曲件的展开，凡断面为折线形时，一般以板件的里口伸直长度加上每个角（即折弯 90°处）的$\frac{1}{2}$板厚系数为准。

④ 侧面倾斜的零件高度，在放样或作展开图时，一律以板厚的中心层的高度为准。

⑤ 相交零件的放样高度和展开高度，不论是否会产生坡口，一律以接触部位尺寸为准。如是里口接触，则以里口尺寸为准。若是中心层接触，则以中心层尺寸为准。

⑥ 要想正确画出展开图，首先要看懂施工图，搞清零件的形状和尺寸，再按规定进行板厚处理，确定各部位的展开尺寸，最后画出钣金制件的展开图。

总的来说，画展开图时，必须将板厚因素考虑在内，也就是说在求它的圆周长时，要加上板厚的修正值尺寸，从而获得展开料的实际尺寸。从而满足使用要求。

对于薄板钣金制件，其材料多为马口铁、镀锌薄板，其接口方法多为咬口、锡焊。对于中等以上厚板的钣金制件则多用焊接接口，关于接口的形式已在钣金焊接中讲过，这里特别强调对于压力容器制件的加工质量至关重要，一定要注意。

附录

附录一 几种典型弯曲零件展开料长计算公式

（1）典型圆角弯曲零件展开料长计算公式

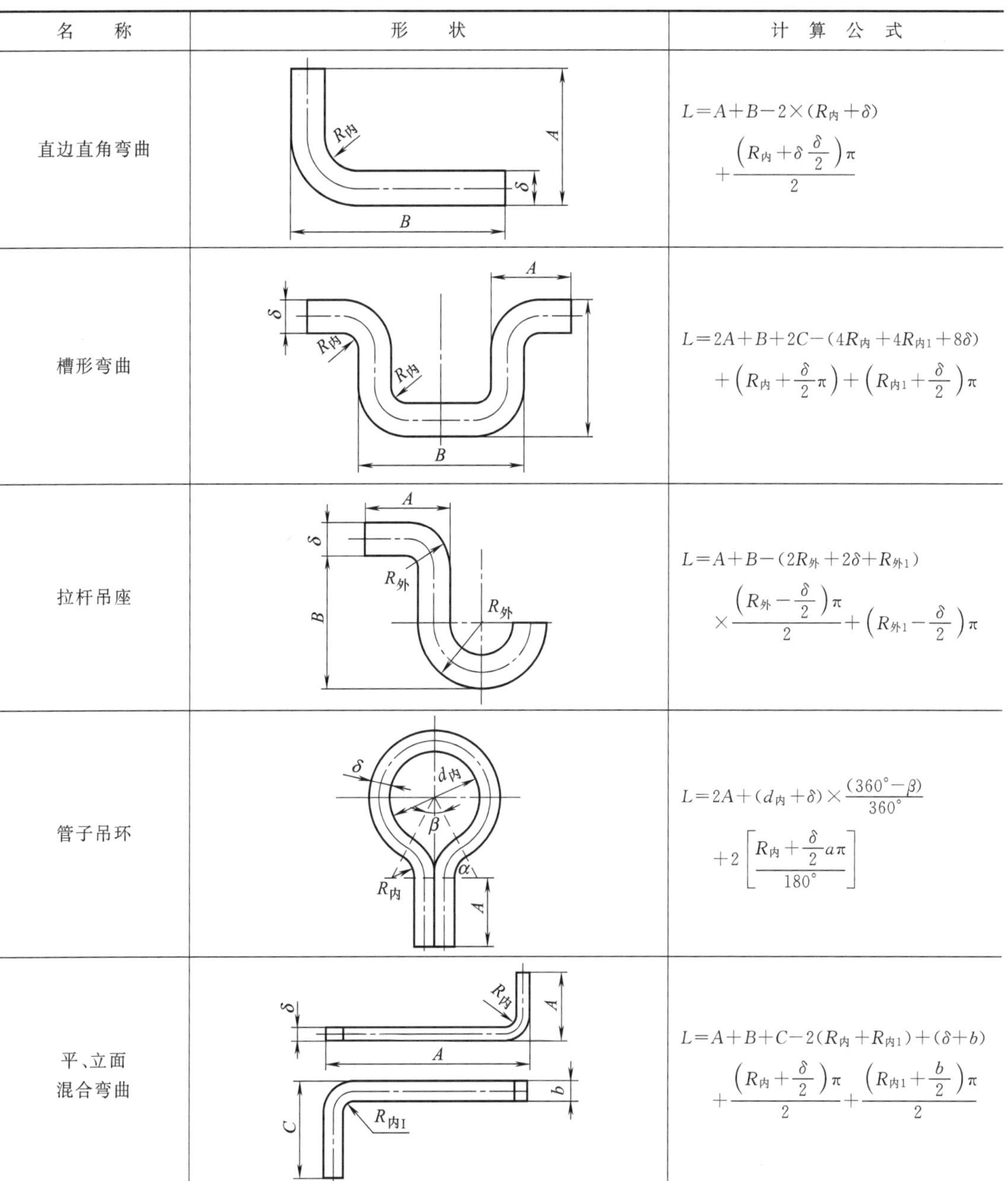

名　称	形　状	计　算　公　式
直边直角弯曲		$L=A+B-2\times(R_{内}+\delta)+\dfrac{\left(R_{内}+\delta\dfrac{\delta}{2}\right)\pi}{2}$
槽形弯曲		$L=2A+B+2C-(4R_{内}+4R_{内1}+8\delta)+\left(R_{内}+\dfrac{\delta}{2}\pi\right)+\left(R_{内1}+\dfrac{\delta}{2}\right)\pi$
拉杆吊座		$L=A+B-(2R_{外}+2\delta+R_{外1})\times\dfrac{\left(R_{外}-\dfrac{\delta}{2}\right)\pi}{2}+\left(R_{外1}-\dfrac{\delta}{2}\right)\pi$
管子吊环		$L=2A+(d_{内}+\delta)\times\dfrac{(360^{\circ}-\beta)}{360^{\circ}}+2\left[\dfrac{R_{内}+\dfrac{\delta}{2}a\pi}{180^{\circ}}\right]$
平、立面混合弯曲		$L=A+B+C-2(R_{内}+R_{内1})+(\delta+b)+\dfrac{\left(R_{内}+\dfrac{\delta}{2}\right)\pi}{2}+\dfrac{\left(R_{内1}+\dfrac{b}{2}\right)\pi}{2}$

注：表内式中均按$\dfrac{R_{内}}{\delta}>5$列出，如$\dfrac{R_{内}}{\delta}\leqslant 5$，应查相关表按 X_0 系数计算。

(2) 90°折角弯曲

直线切口弯曲零件展开料长的计算公式和切口尺寸作法

序号	图形	计算公式	切口尺寸作法
1	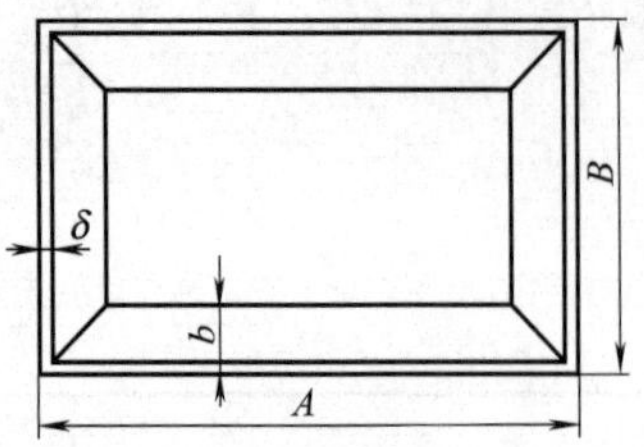	$L=2(A+B)-8\delta$	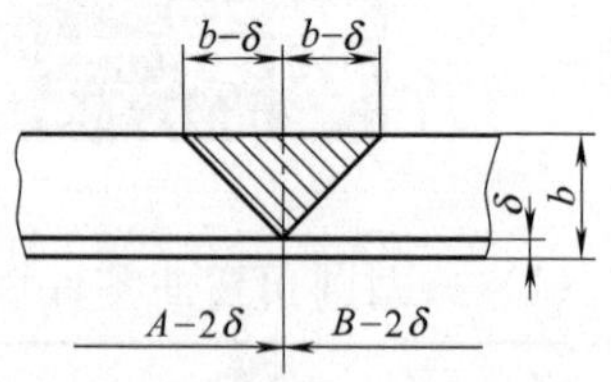
2	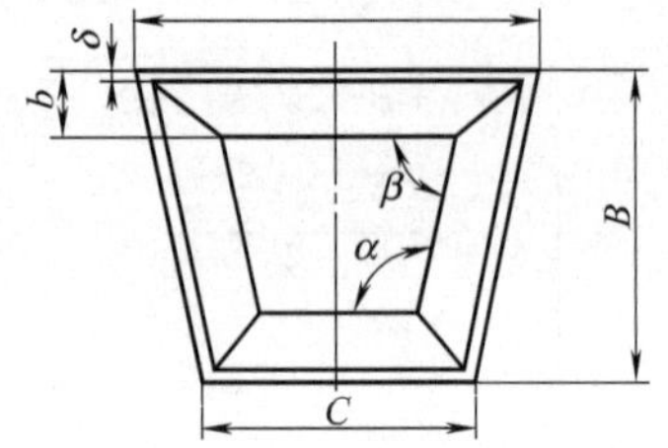	$L=A+C+2B-8\delta$	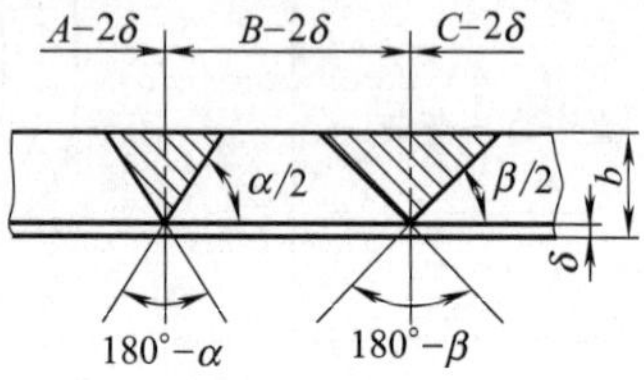
3	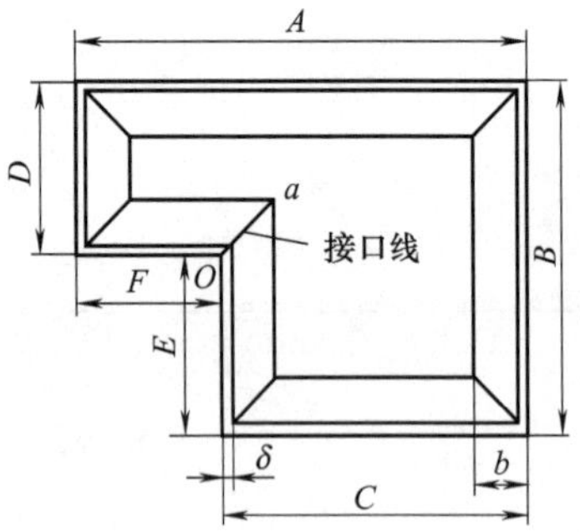	$L=A+B+C+D+E+F-2nb$ 式中:m——内角数 h——外角数(图中 a)	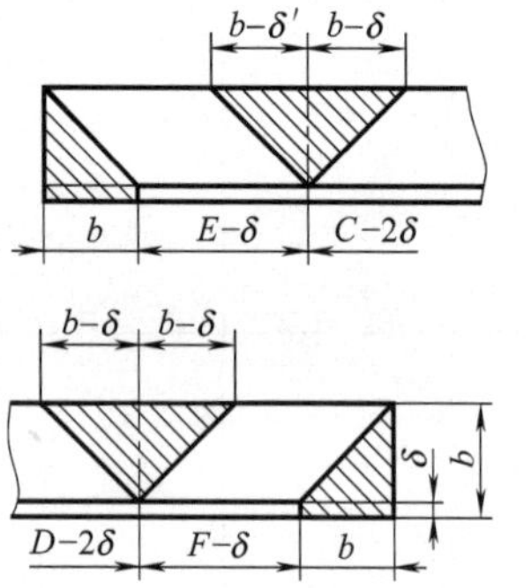
4	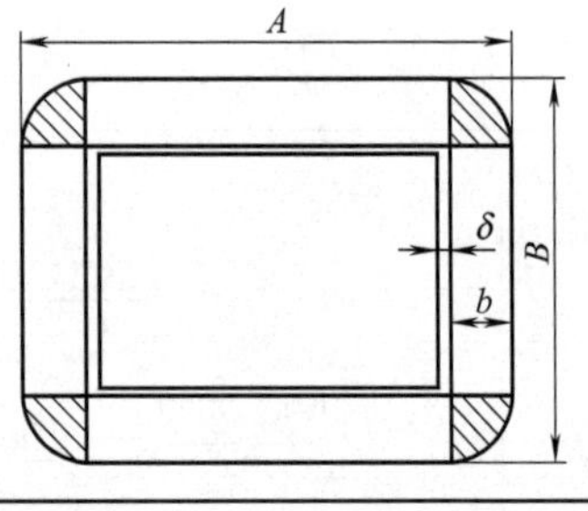	$L=2(A+B)-8\delta$	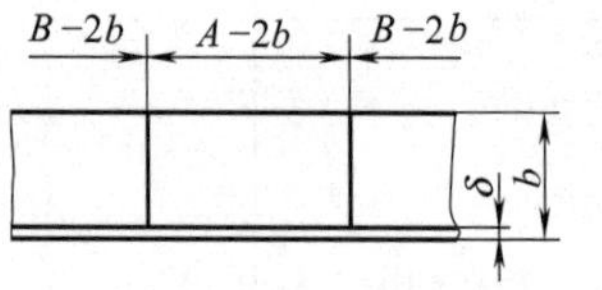

(3) 钢板与型钢弯曲成圆筒和圆环(椭圆展开料长)的计算公式

类别	名称	形状	计算公式	式中说明
钢板(扁钢、圆钢、钢管)	圆筒及圆环	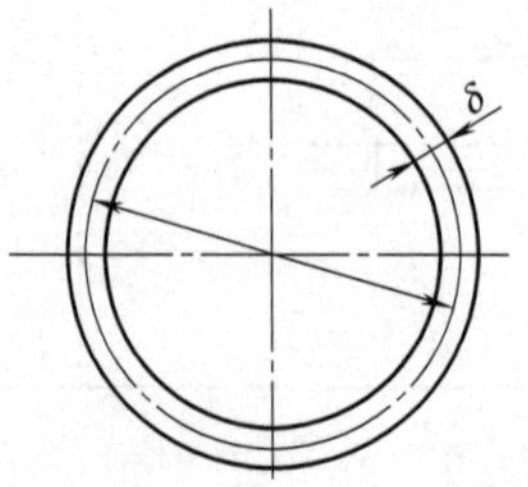	$L=d\pi$	L——展开料长 d——圆中径

续表

类　别	名　称	形　状	计算公式	式中说明
等边角钢	内弯圆	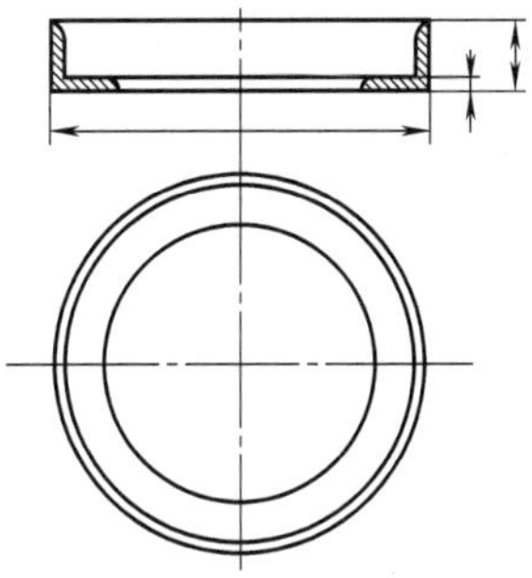	$L=(d-2z_0)\pi$	d——圆外径 z_0——重心距
	外弯椭圆	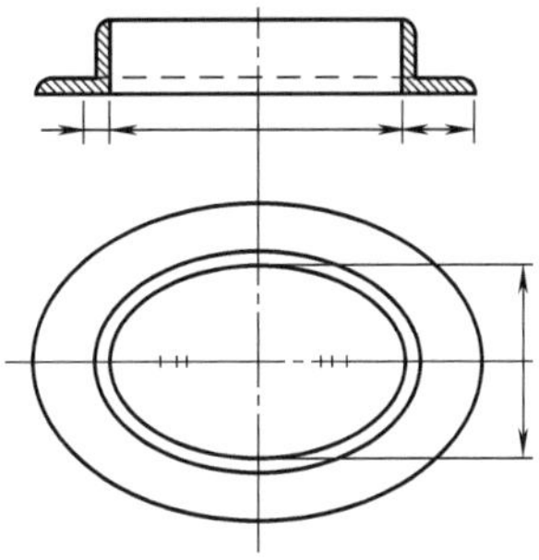	$L=\frac{(d_1+d_2+4z_0)\pi}{2}$	s_1——内长径 d_2——圆中径
不等边角钢	小面直立 内弯圆	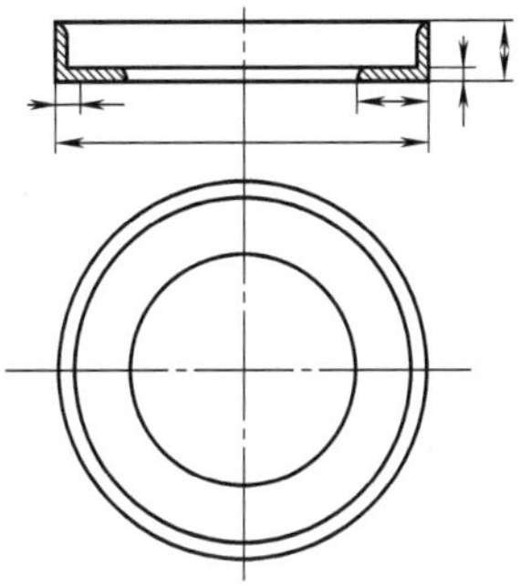	$L=(d-z_0)\pi$	d——外直径 z_0——重心距
槽钢	外弯圆	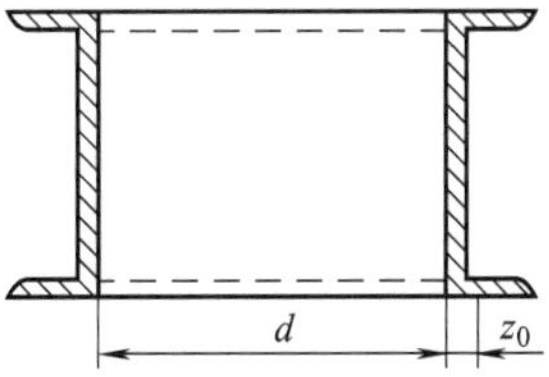 d　z_0	$L=(d+d_2+2z_0)\pi$	d——内直径
	卧弯圆	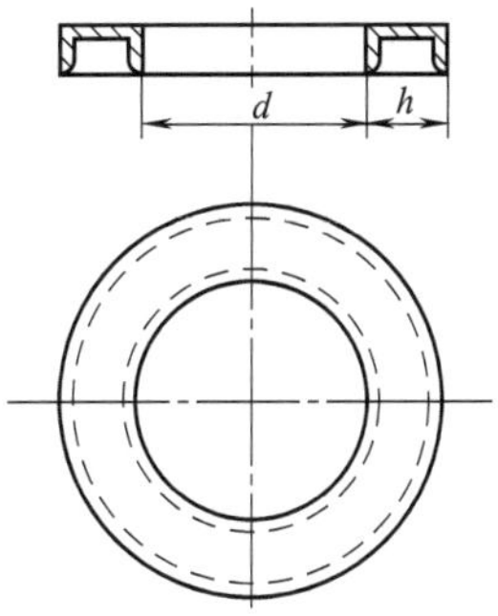 d　h	$L=(d+h)\pi$	d——内直径 h——槽钢高

续表

类别	名称	形状	计算公式	式中说明
工字钢	立弯圆	d b	$L=(d+d_2+2z_0)\pi$	d——内直径
	卧弯圆	d h	$L=(d+h)\pi$	d——内直径 h——槽钢高

附录二 常用金属材料牌号

一、 碳素钢

1. 普通碳素结构钢

Q235、Q2375、Q195、Q215、Q255 等，Q 为屈服点的字母、后面的数值为屈服点的数值。

这类钢含碳量低、塑性好、经热处理后可改善性能。

2. 优质碳素结构钢

① 低碳优质碳素结构钢

08F、08、10F、10、15F、15、20F、20、25、15Mn、20Mn、25Mn 等。

② 中碳优质碳素结构钢

30、35、40、45、50、55、30Mn、35Mn、40Mn、45Mn、50Mn 等。

数字表示含碳量万分之几，这类钢材热处理调质后，有很好的力学性能。切削性能好。

③ 高碳优质碳素结构钢

60、65、70、75、80、85、60Mn、65Mn、7Mn 等。

这类钢强度好，可制作弹簧、钢板、钢带、钢丝及钳工工具。

二、 碳素工具钢

T7、T8、T8Mn、T9、T10、T11、T12、T13 等。

T 是碳的拼音第一个字母，后面的数字表示平均含碳量的千分之几。这类钢材含碳量高、硬度高，切削困难，可以球化退火、降低硬度。淬火后、耐磨性好。

三、 工程铸钢

ZG 200—400；ZG 230—450；ZG 270—500；ZG 310—570；ZG 340—640。

ZG 表示铸钢，前面的数字是屈服强度，后面的数字是抗拉强度。

四、 合金钢

1. 合金渗碳钢

15、20、15Cr、2Cr、20MnV、20CrMnTi。

2. 合金调质钢

40Cr、45Mn2、35CrMo、40CrNi、30CrMnSi、40CrNiMo、38CrMoA1A 等。

3. 合金弹簧钢

60Si2Mn；50CrVA、65Mn 等。

4. 滚动轴承钢

GCr15；GCr9；GCr15MnSi。

Cr 后面的数字表示含 Cr 量千分之几。

五、 合金工具钢

1. 合金刀具钢

① 低合金刀具钢

9SiCr；9Mn2V；CrMn；Cr；WMn；CrW5；Cr2 等。

② 高速钢（又称白钢或锋钢）

W18Cr4V；W6Mo5Cr4V2。

2. 合金模具钢

① 冷作模具钢

9SiCr；9Mn2V；CrWMn；Cr6WV；Cr12；Cr12MoV。

② 热作模具钢

5CrMnMo；5CrNiMo；3Cr2W8V。

3. 合金量具钢

GCr15；CrMn；CrWMn。

4. 特殊合金钢（不锈钢）

1Cr13 和 2Cr13、3Cr13 和 4Cr13，1Cr18Ni9；2Cr18Ni9，1Cr18Ni9Ti。

六、铸铁

1. 灰口铸铁

HT100、HT150、HT200、HT250 等。

HT 为灰口铸铁，后面的数字是抗拉强度

2. 可锻铸铁

KTH300—06；KTZ450—06；KTB350—64。

3. 球墨铸铁

QT400—18； QT450—10； QT500—07； QT600—03； QT700—02； QT800—02，QT900—02。

七、有色金属

1. 铝及铝合金

① 纯铝 A1—1、A1—2、A1—3

② 合金铝　LF2、LF5、LF10、LF11、LF21、LY1、LY4、LY10、LY11、LY12、LC4、LC6、LD2、LD5、LD7 等。

2. 铸造铝合金

ZL102、ZL101、ZL107、ZL105、ZL109、ZL201、ZL301、ZL1401。

代号第一位数字为合金代号：

1——铝硅系铸造铝合金

2——铝铜系铸造铝合金

3——铝镁系铸造铝合金

4——铝锌系铸造铝合金

3. 铜及铜合金

(1) 纯铜

T1、T2、T3、T4

(2) 黄铜

① 普通黄铜

H62、H65、HSn62—1，HA159—3—2，HSi65—1—5—3，HPb74—3，HMn58—2

② 特殊黄铜

HA159—3—2

数字表示：铜 Cu=59%，铝 Al=3%、Ni=2%

③ 青铜

ZCu　Sn4—Zn4—Pb2.5

(铸造青铜，Sn4%，Zn4%，Pb2.5%)

ZQA19—4

(特种青铜)

QBe2

(铍青铜，其强度相当中等强度的钢、弹性好)。

后　记

在那流逝的岁月里，我曾编织过金色的梦，也曾憧憬过理想的目标，前半生是在浩瀚苍穹的狂涛中搏击而赢得五彩纷呈的人生。作为饱受生活煎熬的我，在激涡中奋争，在崎岖中跋涉。我经历了西部铁路大建设的磨炼，在从事千里铁道线上机车制动机工程技术中，有多项技术革新，后来登上高等学校讲台三十多年专门讲授机械制图、技术测量课程。“图物对照”、“实用为主”是我的教学理念。

古稀之年，该另辟蹊径潇洒享受人生了，然而我以为人生的价值在于高尚人格和不断创造的追求。这几年我利用退休休闲之余，专心编著了《画法几何及机械制图典型题解300例》、《机械零件测量技术及实例》等五本书，以此扯开退休离岗烦恼的游丝，丢掉无聊的苦思。如果这些书还算不上精品，但它却为我撑起了失落的风帆，留住了美妙年华的痕迹，让我品味到超越的甜蜜。漫说万里风尘都是梦，绵绵征途确有璀璨的闪光点，坎坷的人生也有明晃晃的宝珠。

《钣金展开图及工艺基础》的出版问世，是我三更灯火五更鸡、迎寒流战酷暑的又一个奋斗结晶，感谢这盛世新时代赋予我写书的灵感，我夫人宋兰英为了让我集中精力写书，承担了全部家务，倾心奉献。青年书法家吴小兵先生盛情挥毫恭贺，其工整楷书，犹如刀刻印刷的一般，甚是靓丽。著名诗人黄祖求挚友为本书赴梓的题词，如行云流水，寓意深远，实为本书增辉添彩，在此一并致谢。

喜看自己倾心编著的作品，自然令人欣慰，然而，由于水平所限，欠缺和疏误定是难免，诚请读者指正。

马德成

二〇一四年元旦江苏靖江

作者简介

马德成，1938 年出生，江苏靖江人，高级讲师，江苏省工程图学会会员，扬州市工程图学会第四届理事会理事。毕业于济南铁道学院铁道车辆制造专业，先后在北京铁路局、上海铁路局、铁道部戚墅堰机车车辆厂担任铁道车辆制造与检验工作，尤其精于列车自动制动机的检测技术工作，被业内誉为“三通阀专家”，曾设计三通阀自动研磨机，提高工效十二倍，并在全路推广。1972 年在戚墅堰机车厂试制“东方红号”五千马力高速内燃机车中担任审图工作，因及时发现谬误，获得嘉奖。

1973 年调常州铁路机械专科学校担任机械制图教师。1984 年调靖江电视大学担任大专机械制图面授主讲。1995 年为江苏省电大系统 100 多位制图教师开了公开课“机件的表达方案”，在《靖江日报》及省电大刊物上都给予了极高的评价。1996 年被评为靖江市“江山杯”十佳教师，靖江市优秀共产党员。

退休后，仍然受聘于多家院校从事机械制图主讲教学工作，教学效果得到聘用单位很高评价。

近年来主要著作有《机械工人识图与绘图》、《机械图样识读》、《画法几何及机械制图典型题解 300 例》、《机械零件测量技术及实例》。